高等职业教育系列教材

并网光伏发电系统设计与施工

主　编　胡昌吉　孙韵琳　屈柏耿

副主编　赵　杰　谭建斌

参　编　陈思铭　段春艳　章大钧

程光蕾　冯　源　林　涛

机械工业出版社

本书以光伏工程项目 4 个阶段（项目规划、设计、实施和系统运行）为主线来组织，并将内容由浅入深、由简单到复杂分成 4 个项目，包括通用并网光伏发电系统的设计与施工、某别墅家庭分布式并网光伏发电系统的设计与施工、某学院楼顶 50kWp（kWp 是指光伏组件的峰值总功率）光伏电站的设计与施工、顺德某医院 BIPV 并网光伏发电系统的设计与施工。这些项目基本涵盖了并网光伏系统设计与施工的基本知识和基本技能，满足了岗位能力需求。本书概念清楚、逻辑性强、层次分明、案例丰富，适合教师课堂教学和学生自学。

本书的配套课程网站——新能源类专业教学资源库课程学习平台（http://180.212.82.145/learning/?q= node/90695）中提供了大量与本书内容相关的视频、动画、PPT 电子课件、习题等课程资源，方便教师网上课程教学和学生自主学习。

本书可作为高职高专院校光伏相关专业学生的教材，也适合新能源类产业方面的技术人员学习和参考。

图书在版编目（CIP）数据

并网光伏发电系统设计与施工 / 胡昌吉，孙韵琳，屈柏耿主编. —北京：机械工业出版社，2017.6(2025.1 重印)

高等职业教育系列教材

ISBN 978-7-111-57173-5

Ⅰ. ①并… Ⅱ. ①胡… ②孙… ③屈… Ⅲ. ①太阳能光伏发电-系统设计-高等职业教育-教材 ②太阳能光伏发电-工程施工-高等职业教育-教材 Ⅳ. ①TM615

中国版本图书馆 CIP 数据核字（2017）第 146560 号

机械工业出版社（北京市百万庄大街 22 号　邮政编码 100037）

策划编辑：王　颖　　责任编辑：王　颖

责任校对：佟瑞鑫　　责任印制：张　博

北京建宏印刷有限公司印刷

2025 年 1 月第 1 版 · 第 4 次印刷

184mm×260mm · 13 印张 · 318 千字

标准书号：ISBN 978-7-111-57173-5

定价：49.90 元

电话服务

客服电话：010-88361066

010-88379833

010-68326294

网络服务

机　工　官　网：www.cmpbook.com

机　工　官　博：weibo.com/cmp1952

金　　书　　网：www.golden-book.com

机工教育服务网：www.cmpedu.com

高等职业教育系列教材
电子类专业编委会成员名单

出版说明

党的二十大报告首次提出“加强教材建设和管理”，表明了教材建设国家事权的重要属性，凸显了教材工作在党和国家事业发展全局中的重要地位，体现了以习近平同志为核心的党中央对教材工作的高度重视和对“尺寸课本、国之大者”的殷切期望。教材作为教育目标、理念、内容、方法、规律的集中体现，是教育教学的基本载体和关键支撑，是教育核心竞争力的重要体现。建设高质量教材体系，对于建设高质量教育体系而言，既是应有之义，也是重要基础和保障。为落实立德树人根本任务，发挥铸魂育人实效，机械工业出版社组织国内多所职业院校（其中大部分院校入选“双高”计划）的院校领导和骨干教师展开专业和课程建设研讨，以适应新时代职业教育发展要求和教学需求为目标，规划并出版了“高等职业教育系列教材”丛书。

该系列教材以岗位需求为导向，涵盖计算机、电子信息、自动化和机电类等专业，由院校和企业合作开发，由具有丰富教学经验和实践经验的“双师型”教师编写，并邀请专家审定大纲和审读书稿，致力于打造充分适应新时代职业教育教学模式、满足职业院校教学改革和专业建设需求、体现工学结合特点的精品化教材。

归纳起来，本系列教材具有以下特点：

1）充分体现规划性和系统性。系列教材由机械工业出版社发起，定期组织相关领域专家、院校领导、骨干教师和企业代表开展编委会年会和专业研讨会，在研究专业和课程建设的基础上，规划教材选题，审定教材大纲，组织人员编写，并经专家审核后出版。整个教材开发过程以质量为先，严谨高效，为建立高质量、高水平的专业教材体系奠定了基础。

2）工学结合，围绕学生职业技能设计教材内容和编写形式。基础课程教材在保持扎实理论基础的同时，增加实训、习题、知识拓展以及立体化配套资源；专业课程教材突出理论和实践相统一，注重以企业真实生产项目、典型工作任务、案例等为载体组织教学单元，采用项目导向、任务驱动等编写模式，强调实践性。

3）教材内容科学先进，教材编排展现力强。系列教材紧随技术和经济的发展而更新，及时将新知识、新技术、新工艺和新案例等引入教材；同时注重吸收最新的教学理念，并积极支持新专业的教材建设。教材编排注重图、文、表并茂，生动活泼，形式新颖；名称、名词、术语等均符合国家有关技术质量标准和规范。

4）注重立体化资源建设。系列教材针对部分课程特点，力求通过随书二维码等形式，将教学视频、仿真动画、案例拓展、习题试卷及解答等教学资源融入到教材中，使学生学习课上课下相结合，为高素质技能型人才的培养提供更多的教学手段。

由于我国高等职业教育改革和发展的速度很快，加之我们的水平和经验有限，因此在教材的编写和出版过程中难免出现疏漏。恳请使用本系列教材的师生及时向我们反馈相关信息，以利于我们今后不断提高教材的出版质量，为广大师生提供更多、更适用的教材。

机械工业出版社

前　言

可再生能源与清洁能源的推广和应用是应对全球气候变化、解决能源危机、改善能源结构、缓解能源矛盾的有效途径之一。太阳能（尤其是光伏发电技术）的应用是可再生能源应用中发展潜力最大、增长比例最高、未来能源结构中占比最多的能源种类之一。自 2000 年以来，光伏应用在全球范围内全面铺开，尤其是从 2011 年开始，全球每年新增容量都超过了 30GWp，我国光伏的应用近年来更是势不可挡，截止到 2015 年底，中国以 43.18GWp 的累计光伏装机量首次超过德国占据世界光伏应用市场的头把交椅。2016 年度我国光伏装机新增量达 34.24GWp，遥遥领先其他国家。

在光伏电站的实施过程中，勘查与设计是非常基础，也是非常重要的阶段。由于光伏系统自身的特殊性，光伏项目选址的好坏将对项目后期的收益产生决定性的影响。后期由于树木、建筑物等对光伏阵列产生的阴影遮挡等影响，将直接降低项目的发电能力，减少项目的发电量。在设计环节，由于对系统的安装、角度计算、现场条件的判断等能力不足，将会导致间距不合理、维护不方便等问题，也会严重影响系统后期的发电能力。

光伏项目实施过程中的采购与施工阶段也是非常重要的环节。质量优良的设备可以有更高的可靠性和稳定性，能够有效避免频繁的故障和维修造成的损失，这对投资方来说是一种比较好的保障。同样，好的施工单位和训练有素的施工队伍可以保障项目的施工质量，从而提升光伏电站的发电能力。

编者结合自己的实际工程经验，在设计和施工方面以实际案例为分析对象，为读者介绍光伏电站设计和施工的过程以及需要注意的事项。通过对本书的学习，读者可以提高在项目实施过程中对设计和施工环节的认识，提升实际操作能力，为读者在未来的实际项目中提供指导方向和依据。

本书由胡昌吉、孙韵琳、屈柏耿等编写。其中项目 1 由孙韵琳、赵杰编写，项目 2 由胡昌吉、程光蕾编写，项目 3 由屈柏耿、冯源、章大钧编写，项目 4 由谭建斌、段春艳、陈思铭、林涛编写。章大钧、段春艳、胡昌吉、程光蕾、冯源负责教材配套教学资源建设。本书的编写过程得到了顺德中山大学太阳能研究院、广东中光能投资有限公司、佛山市永光太阳能科技有限公司等单位的大力支持与帮助，提供了大量的企业案例，在此表示衷心的感谢。

由于时间仓促，加之编者水平有限，本书难免有疏漏和错误之处，请专家和读者批评指正。

编　者

目　录

项目1　通用并网光伏发电系统的设计与施工

1.1　项目规划

任务目标：

通过本任务的实施，掌握光伏电站的现场勘查方法，太阳能资源的评估方法，并网光伏发电系统发电量估算方法，光伏组件、并网光伏逆变器和光伏电缆的技术参数与选型方法。

完成并网光伏发电系统项目规划工作，包括用户（业主）需求分析、现场勘察（评估）、项目申请、系统技术方案选择、太阳能资源分析、发电量的估算以及经济效益的评估等。

任务描述：

通过教材、杂志或网络等渠道收集并网光伏电站项目相关资料（例如光伏电站可行性研究报告、光伏电站项目简介、案例分析等），回答以下问题。

1）你收集的资料来自何处？

2）资料中提到与光伏电站相关的数字有哪些？你是如何理解这些数字的？

3）光伏电站的组成部分中有哪些设备和部件？是否了解过它们的生产厂家、型号和技术参数？

4）你认为光伏电站是如何设计并建造起来的？

光伏发电系统是利用太阳电池的光生伏打效应将太阳辐射直接转换成电能的发电系统。光伏发电系统有不同的分类标准，用户可以根据自身的需求选择安装合适类型的光伏发电系统。

通常，光伏发电系统按是否接入公共电网可分为并网光伏发电系统和离网（或称为独立）光伏发电系统。

并网光伏发电系统是光伏组件（或方阵）产生的直流电经过并网逆变器转换成符合电网要求的交流电之后直接接入公共电网的发电系统，如图 1-1 所示。并网光伏发电系统适用于当地已存在公共电网的区域，它可以将发出的电力直接送入公共电网，也可以就地送入用户侧的供电系统，由用户直接消纳，不足部分再由公共电网供给作为补充。

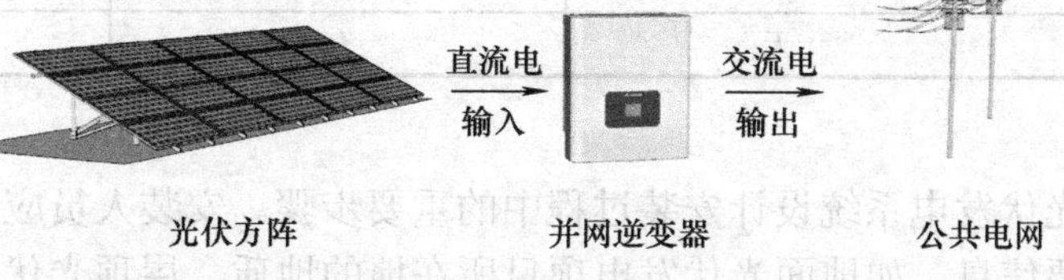

图 1-1　并网光伏发电系统示意图

离网光伏发电系统是指光伏组件（或方阵）将入射的太阳辐射能转换为电能且不与公共电网连接的发电系统，如图 1-2 所示。离网光伏发电系统一般应用于远离公共电网覆盖的区域，如山区、岛屿等边远地区，其安装容量（即系统中安装光伏组件的标称功率之和）和储能装置需满足用电力负荷的需求。

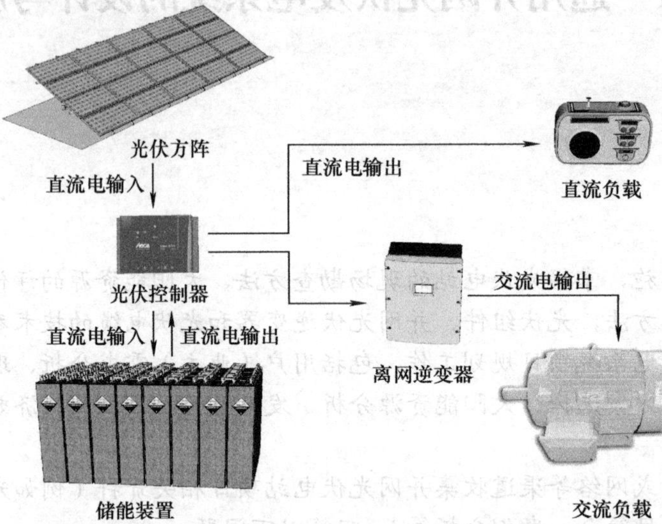

图 1-2　离网光伏发电系统示意图

除了并网光伏发电系统、离网光伏发电系统外，还有一种混合供电系统，兼具离网和并网光伏发电系统的特点，既可以并网运行，也可以离网运行，例如，目前发展较快的智能微电网系统。使用混合供电系统的目的是可以综合利用多种发电技术的优点，避免各自的缺点。综合风力、光伏和柴油发电机的一体化混合发电系统与单一能源的独立系统相比，对天气的依赖性要小。柴油发电机作为备用电源，它在工作过程中会产生一定的噪声。对于这三种光伏发电系统，可以从以下几个方面进行对比，见表 1-1。

表 1-1　不同类型光伏发电系统的对比

类型	并网光伏系统	离网光伏系统	混合供电系统
初始成本	最低	高	高
运营成本	低	高	高
备用电源（蓄电池）	无	有	有
维护	几乎免维护	需要维护	维护较多
负载匹配	较好	差	较好
噪声	无	无	有
污染	无	有	有

1．现场勘察

现场勘查是光伏发电系统设计安装过程中的重要步骤。安装人员应收集系统设计规划和优化中所需的必要信息，如地面光伏发电项目所在地的地质、屋顶光伏电站的屋顶朝向和倾角与屋顶承重情况、光伏方阵安装位置周边的可能遮挡情况等。

为了避免漏掉任何关键的信息，可参考表 1-2 准备现场勘察表格。

表 1-2 现场勘察表

现场地址	
客户联系方式	
系统类型	并网系统　离网系统
客户的目标预算	
提供安装许可的机构	
客户主配电箱信息	主断路器技术参数、具体位置；断路器空位；进户电源是单相或三相；电费清单、电表位置
逆变器建议安装位置	隔离开关位置
光伏方阵到逆变器之间连线	
屋顶规格	倾斜角、方位角、面积及尺寸、形状、遮挡物
屋顶材料和结构	状态、房龄、屋顶结构和尺寸、屋顶承重情况、屋面防水情况
地面安装	倾斜角、方位角、地质
拍摄照片清单	
拟建位置的阴影情况	
用户要求	
现场特殊情况说明	如建筑设计使用功能、使用年限
其他	如屋顶产权归属、屋顶南面是否有高楼建设规划

由于光伏电站的现场可能是屋顶、山地、农田、鱼塘或是其他地方，在去现场勘察时，需要准备勘察所需的工具，包括数码相机、GPS 坐标打点设备、测量卷尺、指南针、量角器、计算器、笔记本及铅笔和钢笔、螺钉旋具、数字万用表、太阳阴影分析仪等。

数码相机是现场勘察必不可少的工具，可以用数码照片记录整个现场勘察，以便于方案的设计。对于屋顶或地面安装的光伏发电系统，可以从光伏方阵位置的每个角度进行拍照，并对每张照片做好备忘记录。对于光伏系统设备的安装位置及可能替代的位置，也一并做好拍照记录。

GPS 坐标打点设备确认地块边界。

测量卷尺用于确定尺寸相关的信息。如测量屋顶女儿墙、楼梯间、烟囱、围栏等遮挡物高度和宽度，以便后期进行阴影分析，从而确定可以安装光伏系统的面积。

量角器用于确定屋顶倾角或是地面坡度等信息。

指南针用于确定屋顶方位角，以便在方案设计时确定光伏组件的朝向。如果使用手机指南针中 GPS 功能，还可以定位屋顶经纬度并记录，以便在方案设计时用光伏系统设计软件模拟出当地的光伏系统发电量。

数字万用表用于收集电气方面的信息。

太阳阴影分析仪用于评估光伏方阵位置周围区域的遮挡物，如树木、建筑物等，产生的阴影对光伏发电系统的影响。因为阴影会减少照射到光伏发电系统上的太阳辐射量，进而影响安装系统的投资回报率。太阳阴影在光伏组件上的形状和大小在全年的每一天都是变化的，它取决于遮挡物的形状、大小以及光伏组件安装位置和太阳所在位置。在地平坐标系（天球坐标系中的一种）中，从地球上看，太阳所处位置由太阳高度角和太阳方位角这两个角度参数来确定，如图 1-3 所示。太阳高度角是太阳入射光线

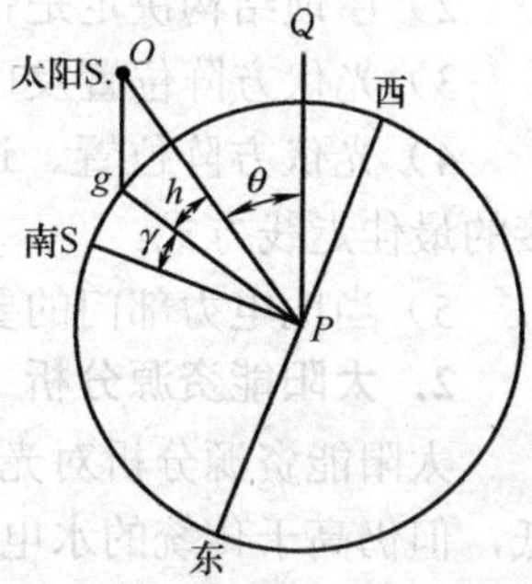

图 1-3 地平坐标系示意图

与其在地平面之间的夹角。而太阳方位角是太阳入射光线在地面上的投影与正南方之间的夹角，以正南方向为0°，往西为正，往东为负。从太阳各个时刻的位置就可以得到太阳路径图。图 1-4 为北纬 28°地区的太阳路径图。太阳的运行轨迹和遮挡物决定了阴影的情况。

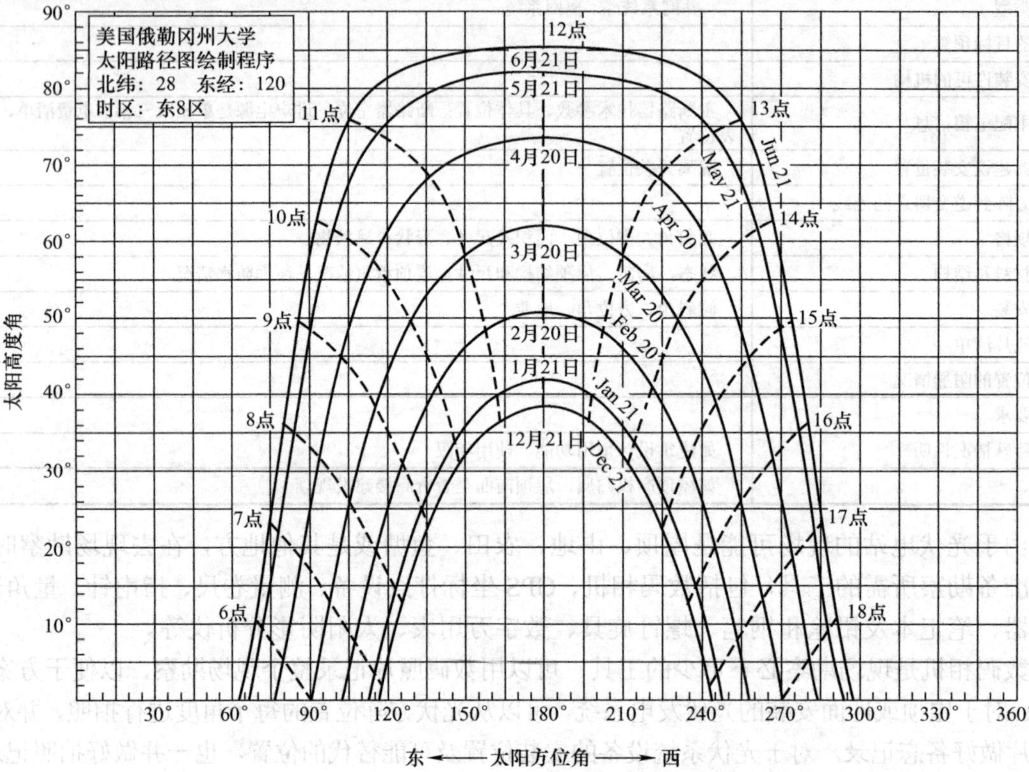

图 1-4　北纬 28°地区的太阳路径图

精确的阴影分析以及前期的光伏发电系统的设计规划，对最大化地增加光伏发电系统的太阳能量利用率以及预测光伏发电系统的太阳能量利用率有着重要的作用。常见的太阳阴影分析仪有 ASSET、Solar Pathfinder 和 Solmetric SunEye 等。

现场勘察中收集的数据信息需进一步整理和分析，以确定客户最佳光伏发电系统方案。

1）项目现场有效面积和光伏组件选型将决定光伏方阵安装容量。

2）屋顶结构决定是否需要增加支撑部件。

3）光伏方阵位置及可能容量决定了使用的光伏支架结构。

4）光伏方阵位置、逆变器拟安装位置和主配电箱（次配电箱）位置可确定电气系统连接的最佳走线方式。

5）当地电力部门的要求可确定光伏电站所有主要部件及其大概位置。

2．太阳能资源分析

太阳能资源分析对光伏发电系统建设有着重要的意义。目前，尽管光伏发电成本逐年降低，但仍高于传统的水电和煤电。太阳能资源是决定光伏系统发电量及影响光伏电站收益的主要因素之一。太阳能资源受日地运动、地理条件及气候条件等多种因素综合影响，不同季节、不同气象条件下地球上不同地区的太阳能资源分布又各不相同，因此对应于不同等级的太阳能资源。太阳能资源分析为光伏发电系统的站址选择和技术方案确定提供重要的参考依据，太阳能资源分析结果的差异对光伏发电项目启动及投资收益产生重大的影响。

因此，掌握太阳能资源的资源分布、充分利用太阳能资源、优化光伏发电系统设计是降低光伏发电成本的关键。了解我国的太阳能资源分布、采用适当的方式获取有效的太阳能资源数据，利用先进的方法处理太阳能资源数据，依据国家颁布的太阳能资源评估标准（或规范）对拟开发光伏发电项目的太阳能资源进行分析，其结果对光伏发电系统规划设计有着重要的指导意义。

我们将从以下几个方面来介绍太阳能资源。

（1）太阳能资源的特点

1）总量巨大。太阳辐射能是地球上最主要的能量来源。地球上绝大部分能源，如风能、水能、生物质能、海洋能和潮汐能，皆来源于太阳能。

2）时间长久。相对于人类历史来说，太阳的寿命非常长（至少 40 亿年），太阳可向地球源源不断地供给能量，可认为是“取之不尽，用之不竭”。

3）存在的普遍性。相对于其他能源来说，太阳能对于地球上绝大多数地区具有存在的普遍性，可就地取用，不需要开采、挖掘和运输。

4）利用的清洁性。太阳能是一种清洁能源，其开发利用过程中几乎不产生任何污染。

5）分散性。尽管到达地球表面的太阳辐射的总量巨大，但是能流密度却很低，要得到一定的辐射功率，其能量收集和转换设备所需面积较大。

6）不稳定性。由于受到季节、昼夜、地理纬度和海拔等自然条件的限制以及气象条件的影响，到达某一地面的太阳辐照度具有间歇性和不稳定性［注意：在比较长的时间尺度上（如 1 年），太阳能资源仍具有统计上的稳定性和可预测性］，这给太阳能的大规模应用增加了难度。

7）效率低和成本高。目前太阳能利用装置的效率偏低，成本较高，总的来说，经济性还不能与常规能源相竞争。

（2）评价太阳辐射的指标

1）辐照度。太阳能资源指任一特定时段内（如日、月、年）水平面上太阳总辐射量的累计值，单位为兆焦每平方米（MJ/m^2）。总辐射是表征太阳能资源的最常用物理量之一。总辐射是指水平面从上方 2π立体角范围内接收到的直接辐射和散射辐射之和。其中，直接辐射是指从日面及其周围一小立体角内发出的辐射，也可理解为太阳辐射没有被大气散射改变投射方向的平行光线。而散射辐射是指太阳辐射经过大气散射或云的反射，从天空 2π立体角以短波形式向下到达地面的辐射。

太阳辐射强度通常采用辐照度来定量描述。辐照度是指照射到单位表面积上的辐射功率，单位为 W/m^2。由于地表太阳辐射受季节、大气质量和天气影响而具有时间上的非连续性和不稳定性，因此，短时间的辐射强度不具备实际应用意义。太阳辐射强度可以用总辐照度来定量描述。总辐照度（总辐射度）是指在一段规定的时间内（根据具体情况而定为每小时、每天、每周、每月或每年）照射到某个倾斜表面的单位面积上的全部太阳辐射通量，包括直射和散射。

太阳能辐射量的单位有卡（cal）、焦耳（J）等。在太阳能资源评估过程中，常需要进行单位的换算。而辐照度的单位也有很多种，常用的有 W/m^2、$kW{\cdot}h/(m^2{\cdot}d)$、$kW{\cdot}h/(m^2{\cdot}a)$、峰值日照时数（日均和年均）等。这里需要特别指出的是，峰值日照是在晴天时地球表面的大多数地点能够得到的最大太阳辐射照度 1000W/m^2。一个小时的峰值日照就叫作峰值日照小时。峰值日照小时数是一个描述太阳辐射的单位（瓦每平方米每天，W/ m^2/d），也被叫作太阳日照率或者简称为日照率，是指一段时间内的辐照度积分总量相当于辐照度为 1kW/m^2 的光源所持续照射的时间，如图 1-5 所示，其单位为小时（h），它不同于日照时数（即太阳直接辐射辐照度≥120W/m^2 时段的总和）。峰值日照小时数可以用来比较不同地区的太阳能资源的丰富程度。例如太阳能资源极丰富的青海格尔木地区的峰值日照小时数为 5.88h，而广东广州地区则为 3.16h。同样我们可以用光伏发电站年峰值日照时数去表征光伏发电系统所在站址的太阳能资源。光伏发电站年峰值日照时数是指将光伏方阵面上接收到的年太阳总辐照量，折算成辐照度 1kW/m^2 下的小时数。

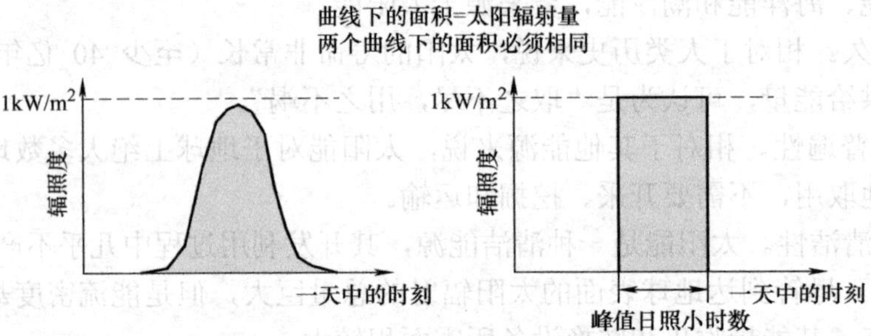

图 1-5　峰值日照小时数示意图

2）太阳辐射光谱。太阳辐射光谱是指太阳辐射中辐射能按波长的分布。太阳光实际上是具有不同频率和波长的电磁波。通常将电磁波按波段范围区分，分为紫外光、可见光、红外光等。其中，可见光由于波长的不同而呈现不同的色彩。

太阳辐射光谱在大气上界和到达地面后呈现出不同的能量分布曲线，如图 1-6 所示。

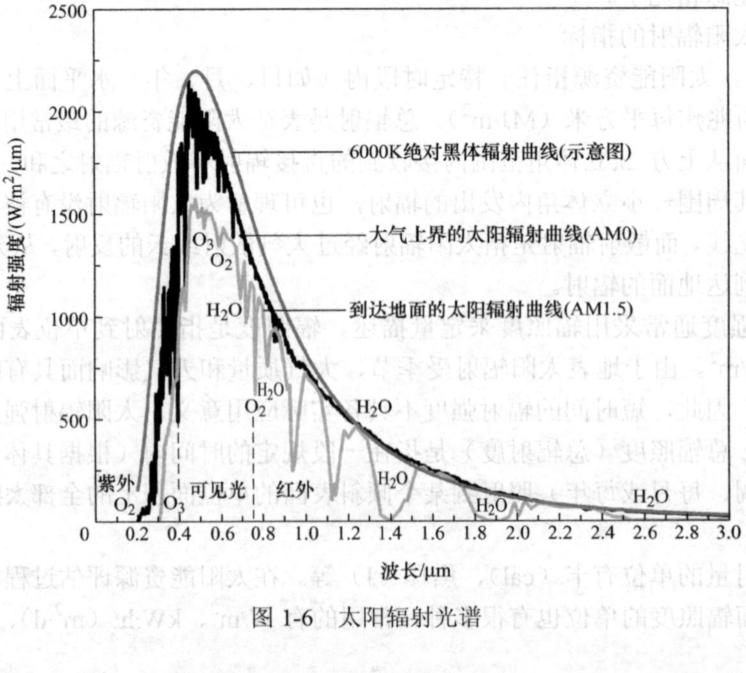

图 1-6　太阳辐射光谱

太阳表面温度约为6000K，可以把太阳辐射看作6000K的黑体辐射，其光谱能量分布曲线可由普朗克黑体辐射公式近似描述。太阳辐射主要集中在可见光部分（0.4～0.76μm），波长大于可见光的红外线（＞0.76μm）和小于可见光的紫外线（＜0.4μm）的部分较少。在全部辐射能中，波长在0.15～4μm的占99%以上，且主要分布在可见光区和红外区，前者占太阳辐射总能量的约50%，后者占约43%，紫外区的太阳辐射能很少，只占总量的约7%。

对于到达地面的太阳辐射，由于大气中不同成分气体的作用，在AM1.5（太阳光线通过大气层的实际距离为大气层垂直厚度的1.5倍）时，相当一部分波长的太阳光已被散射和吸收，如表1-3所示。

表1-3 太阳辐射在不同波长范围被大气吸收的状况

波长范围/μm	吸收状况
紫外线：<0.12	全部被高空100km的O_2及N_2所吸收
0.12～0.18	全部被高空50km的O_3所吸收
0.18～0.30	全部被25～50km的O_3所吸收
0.30～0.34	全部被O_3所吸收
0.34～0.40	几乎无损失地到达地球
可见光：0.40～0.71	几乎无损失地到达地球
红外线：0.71～3.00	大部分被低于10km的CO_2及水汽所吸收

了解太阳辐射光谱对太阳能的有效利用有重要意义。光伏发电系统中将太阳辐射转换成电能的装置——太阳电池一般只能有效吸收特定波长的太阳光谱。太阳电池对不同波长的光具有不同的响应，就是说辐照度相同而光谱成分不同的光照射到同一太阳电池上，其效果是不同的。不同类型的太阳电池的光谱响应是不同的。从太阳电池的应用角度来说，太阳电池的光谱响应特性与光源的辐射光谱特性相匹配是非常重要的，这样可以更充分地利用光能和提高太阳电池的光电转换效率。光谱的偏离会导致光伏组件发电量的损失。

3）直射辐射与散射辐射。太阳总辐射是地球表面某一观测点水平面上接收太阳的直接辐射与散射辐射的总和。由于太阳半径约为地球半径的10^9倍，且日地距离非常遥远，远大于太阳半径，因此到达地球的太阳辐射的入射角约为0.5°，可以认为到达地球大气层表面的太阳辐射基本上是互相平行的，即直接辐射。但太阳光经过大气层后，除一部分被反射和吸收外，还有一部分被大气中的尘埃、云层和雾等阻挡而改变了方向才到达地表，这部分光辐射的方向杂乱无章，具有随机性，即散射辐射。一般来说，波长与尘埃（或雾滴）尺寸接近的光辐射最容易被散射。太阳辐射穿过大气层而到达地面时，由于大气中空气分子、水蒸气和尘埃等对太阳辐射的吸收、反射和散射，不仅使辐射强度减弱，还会改变辐射的方向和辐射的光谱分布，如图1-7所示。

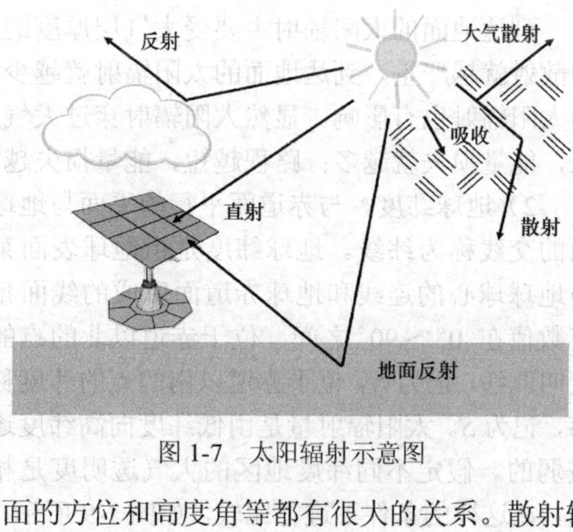

图1-7 太阳辐射示意图

通常直接辐射强度与太阳的位置以及接收面的方位和高度角等都有很大的关系。散射辐射则与大气条件，如灰尘、烟气、水蒸气、空气分子和其他悬浮物的含量以及阳光通过大气的路径等有关。一般在晴朗无云的情况下，直射辐射为主，散射辐射的成分较小，约占总辐射的15%；在阴天、多烟尘的情况下，散射辐射的成分较大。阴天或太阳被云遮挡时只有散射辐射。散射辐射的强度通常以和总辐射强度的比来表示，不同的地方和不同的气象条件，其差异很大，散射辐射强度占到总辐射强度的比例可以从太阳辐射观测仪器、气象卫星数据或meteonorm商业气象数据软件包等途径获得。

不论是散射辐射还是直射辐射，光伏发电系统都按相同的效率转化为电能。但是直接辐射在从太阳到地球表面的过程中没有被截断，因而它对光伏方阵发电量的贡献最大。而散射辐射到达地球表面的路径较为迂回，因此对光伏方阵发电量的作用较小。此外，在光伏发电系统设计，尤其是聚光光伏发电系统以及太阳追踪系统设计中，直接辐射在某一地区的太阳辐照度中所占的比例是主要的考虑因素。聚光光伏发电系统以及太阳追踪系统只有在直接辐射比例较大的地区利用效率才比较高。由于散射光入射方向随机，无法通过反射和折射等方法聚集起来，因此聚光型太阳能装置无法利用散射光。同理，在直射光比例较大的地区采用追踪太阳的装置会显著提高光伏组件或集热器接收太阳辐射能量的效率，而在散射光比例较大的地区，使用太阳追踪系统的效果会显著下降。

（3）影响地面接收到的太阳辐射的因素

地表水平面接收到的太阳总辐射量受大气质量、当地纬度、大气气象条件和海拔等因素的影响。

1）大气质量。大气质量就是太阳辐射通过大气层的无量纲路程，将其定义为太阳光通过大气层的路径与太阳光在天顶方向时射向地面的路径之比，如图1-8所示。图中，m 是大气质量，无量纲；h_2 是天顶角（天顶角指光线入射方向和天顶方向的夹角，单位为°）；h 是太阳高度角（太阳光的入射方向和地平面之间的夹角，单位为°）。

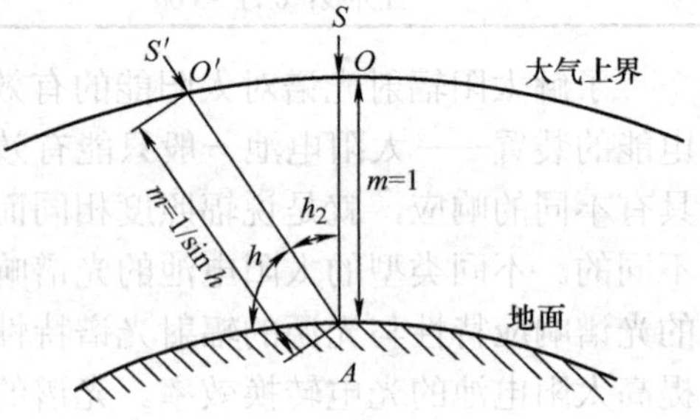

图1-8　大气质量示意图

在标准大气压下，海平面上太阳垂直入射时，大气质量 m=1。对于不同海拔，大气质量应做修正。

到达地面的太阳辐射主要受大气层厚度的影响。大气层越厚，对太阳辐射的吸收、反射和散射就越严重，到达地面的太阳辐射就越少。此外，大气的状况和大气的质量对到达地面的太阳辐射也有影响。显然太阳辐射穿过大气层的路径长短与太阳辐射的方向有关。路程越长，能量损失就越多；路程越短，能量损失越少。

2）地球纬度。与赤道面平行的平面与地球表面的交线称为纬线。地球纬度是指地球表面某点与地球球心的连线和地球赤道面所成的线面角，其数值在0°～90°之间。位于赤道以北的点的纬度叫北纬，记为 N，位于赤道以南的点的纬度称南纬，记为 S。太阳辐射量是由低纬度向高纬度逐渐减弱的。假定不同纬度地区的大气透明度是相同的，在这样的条件下进行比较，如图1-9所示，春

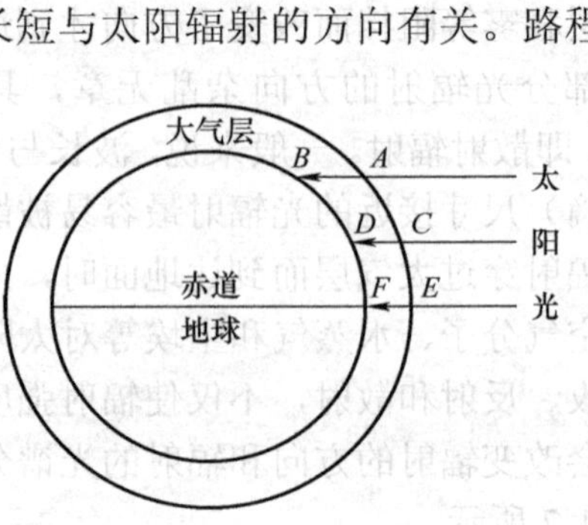

图1-9　太阳垂直辐射通量与地理纬度的关系

分中午时刻的太阳垂直照射到地球赤道 F 点上，设同一经度上有另外两点 B、D，且 B 点纬度比 D 点纬度高。由图 1-9 可知，阳光射到 B 点所需经过大气层的路程 AB 比阳光射到 D 点所经过大气层的路程 CD 长。所以 B 点的垂直辐射能量将比 D 点小。在赤道上 F 点垂直辐射通量最大，因为阳光在大气层中经过的路程 EF 最短。

3）大气透明度。大气透明度是表征大气对于太阳光线透过程度的一个参数，其大小与天空中的水汽、云雾、微尘等因素有关。在晴朗无云的天气下，大气透明度高，到达地面的太阳辐射能就多。在云雾很多或风沙很大的天气下，大气透明度很低，到达地面的太阳辐射能就较少。

4）日照时间。日照时间也是影响地面太阳辐射度的一个重要因素，可用日照时数表征。日照时间越长，地面所获得的太阳总辐射量就越多。

某地区的日照时间与地球自转和绕日公转之间存在规律性变化关系。地球绕地轴自西向东旋转，自转一周约为 24h；同时，地球绕日沿着黄道平面的椭圆形轨道运行，公转一周约为 365 天，如图 1-10 所示。

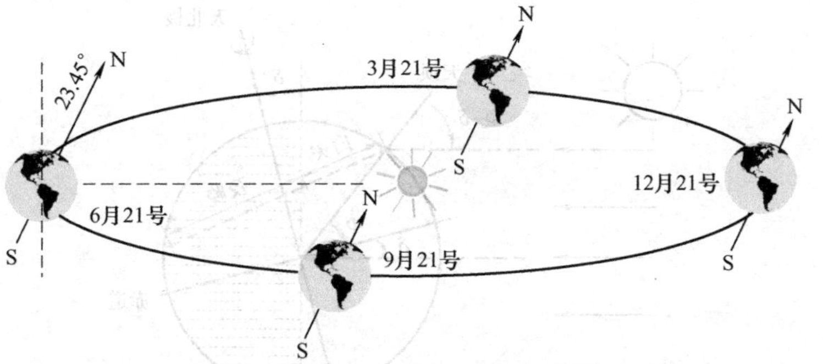

图 1-10　地球绕日轨道

地球的自转轴与公转运行轨道面（黄道平面）的法线倾斜成 23.45° 夹角（如图 1-11 所示），而地球在公转时自转轴的方向始终指向天球的北极。在天文学等领域中，天球是一个想象的旋转的球。理论上具有无限大的半径，与地球同心。天空中所有的物体都想象成是在天球上。与地球相对应，它有天赤道，天极。这就使得太阳光直射赤道的位置会随着地球公转发生周期性变化，形成地球上季节的变化。

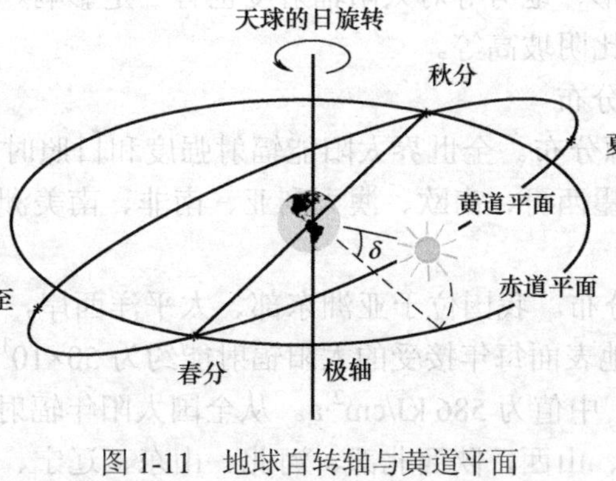

图 1-11　地球自转轴与黄道平面

太阳光直射赤道的位置的变化情况可以用赤纬角表征，如图 1-12 所示。通常将太阳直射点的纬度，即太阳中心和地心的连线与赤道平面的夹角 δ 称为赤纬角。

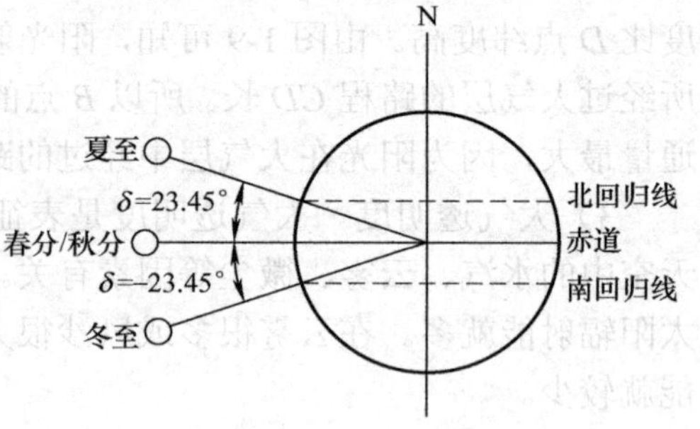

图 1-12　地球上太阳赤纬角的变化

赤纬角 δ 的大小与地球绕日运行情况相关，它随时间而变。赤纬角与地点无关，即地球上任何位置的赤纬角都是相同的。

在春分和秋分的时候，赤纬角 $\delta=0°$，太阳和地球之间的连线穿过赤道，这一天地球上白天和黑夜的时间相等。而在夏至日，$\delta=23.45°$，太阳直射点在北回归线上。这一天在北半球，白天最长，夜晚最短；在南半球正好相反。在冬至日，$\delta=-23.45°$，太阳直射点在南回归线上。这一天在北半球，白天最短，夜晚最长；在南半球正好相反，如图 1-13 所示。

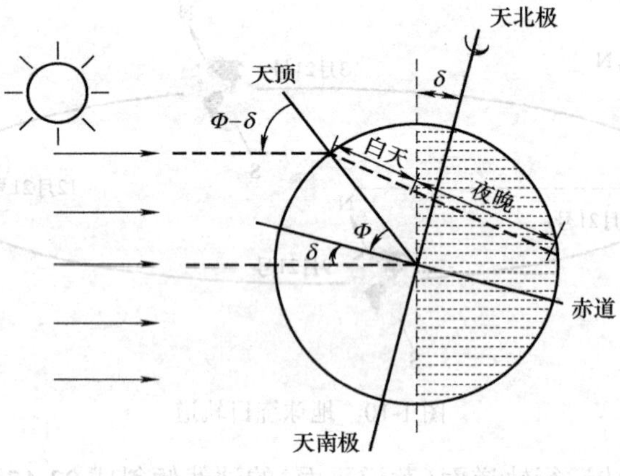

图 1-13　相对的地－日位置，负的赤纬角（在北半球为冬天，在南半球为夏天）

5）海拔。海拔越高，大气透明度越好，从而太阳直接辐射量也就越大。我国青藏高原地区，由于平均海拔高达 4000m 以上，且大气洁净、干燥，纬度又低，因此太阳总辐射量多介于 6000～8000MJ/m^2，直接辐射所占比例高。

此外，日地距离、地形、地势等对太阳辐射度也有一定影响。在同一纬度上，盘地气温要比平川高，阳坡气温要比阴坡高等。

（4）我国太阳能资源分布

1）全世界太阳能资源分布。全世界太阳能辐射强度和日照时间最佳的区域包括北非、中东地区、美国西南部和墨西哥、南欧、澳大利亚、南非、南美洲东、西海岸和中国西部地区等。

2）我国太阳能资源分布。我国位于亚洲东部、太平洋西岸，幅员辽阔，太阳能资源十分丰富。据估算，我国陆地表面每年接受的太阳辐射能约为 50×10^{18}kJ，全国各地太阳年辐射总量达 335～837kJ/cm^2·a，中值为 586 kJ/cm^2·a。从全国太阳年辐射总量的分布来看，西藏、青海、新疆、内蒙古南部、山西、陕西北部、河北、山东、辽宁、吉林西部、云南中部和西南部、广东东南部、福建东南部、海南岛东部和西部等广大地区的太阳辐射总量很大。尤其是青藏高原地区最大。例如被人们称为“日光城”的拉萨市，1961 年至 1970 年的平均值，年平均日照时间为 3005.7h，相对日照为 68%，年平均晴天为 108.5 天，阴天为 98.8 天，年平均云量为 4.8，太阳总辐射为 816kJ/cm^2 • a，比全国其他省区和同纬度的地区都高。全国以四川和贵州两省（部分地区）的太阳年辐射总量最小，其中尤以四川盆地为最，那里雨多、雾多、晴天较少。

我国太阳能资源分布情况的主要特点如下。

① 太阳能的高值中心和低值中心都处在北纬 22°～35° 这一带，青藏高原是高值中心，四川盆地是低值中心。

② 太阳年辐射总量，西部地区高于东部地区，而且除西藏和新疆两个自治区外，基本上是南部低于北部。

③ 由于南方多数地区云多雨多，在北纬 30°～40° 之间，太阳能的分布情况与一般的太阳能随纬度而变化的规律相反，太阳能不是随着纬度的升高而减少，而是随着纬度的升高而增加。

（5）太阳能辐射量的获取及数据分析方法

光伏发电系统设计首先需要对安装地点的太阳能资源进行分析，为技术方案的确定提供参考依据。光伏发电系统的用户可根据自身的不同需求从地面长期观测站、公共气象数据库（包括卫星观测数据）和商业气象（辐射）软件包等几方面获取太阳能资源数据。

1）地面长期观测站。

地面长期观测站包含气象站、辐射站、生态站等台站，相关台站能部分或全部承担气象辐射观测。对于承担气象辐射观测任务的气象站，按辐射观测内容分为一级辐射站、二级辐射站和三级辐射站。其中，一级辐射站为总辐射、散射辐射、太阳直接辐射、反射辐射和净全辐射观测的辐射观测站；二级辐射站为只进行总辐射和净全辐射观测的辐射观测站；三级辐射站为只进行总辐射观测的辐射观测站。

当对光伏发电站进行太阳能总辐射量及其变化趋势等太阳能资源分析时，应选择站址所在地附近有太阳辐射长期观测记录的气象站作为参考气象站，并应满足《光伏发电站设计规范》GB 50797—2012 中规定的条件。

目前，我国有太阳辐射长期观测记录的气象站只有近百个，实际覆盖面积较小，尤其是在我国的西北地区，大多数情况下参考气象站距光伏发电站较远，很难获得站址所在地实际的太阳能辐射状况。对于中小型光伏发电站而言，由于其规模小，各种影响相对较小，可借助公共气象数据库或其他手段进行粗略的分析推算。但大型光伏发电站，由于规模较大，辐射资源分析无论是对项目本身收益还是对接入系统的影响都比较大，因此，项目建设前期宜先在站址所在地设立太阳辐射现场观测站，并进行至少一个完整年的现场观测记录。

太阳辐射现场观测站应满足 GB 50797—2012 中规定的基本要求。

佛山职业技术学院太阳辐射现场观测站如图 1-14 所示。

① 总辐射量的测量。总辐射可以采用水平放置的总辐射表（如图 1-15 所示）直接测量。

图 1-14　佛山职业技术学院太阳辐射现场观测站

图 1-15　总辐射表

② 直射辐射量的测量。直接辐射可采用直接辐射表（如图 1-16 所示）进行测量，测量的是法向直接辐射（DNI）。水平面的直接辐射可通过公式进行换算。

③ 散射辐射量的测量。实际测量散射辐射时将总辐射中的太阳直接辐射遮蔽后即测得散射辐射，散射辐射表通常由总辐射表配上用以遮蔽太阳直接辐射的遮光装置构成。

散射辐射表由总辐射表和遮光装置两部分构成，如图 1-17 所示。散射辐射表的遮光装置有遮光环、遮光球、遮光板三种形式，其中遮光环形式较为常用。

图 1-16　直接辐射表

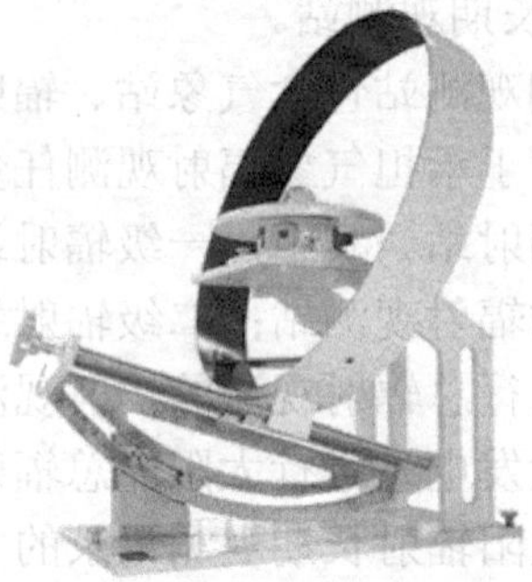

图 1-17　散射辐射表

采用遮光环形式的遮光装置由遮光环、标尺、丝杆调整螺旋、支架、底板等构成，总辐射表安装在支架平台上。遮光环固定在标尺的丝杆调整螺旋上，其宽度为 65mm，直径为 400mm，其作用是保证从日出到日落能够连续遮蔽太阳直接辐射。标尺上刻有纬度刻度与赤纬刻度，标尺与支架固定在底板上。由于遮光环不仅遮挡了直接辐射，同时也遮挡了遮光方向的散射辐射，因此，散射辐射表测得的散射辐射值较实际值偏小，需要乘以一个大于 1 的遮光环修正系数做修正。

散射辐射表安装时，使标尺指向正南北方向，遮光环丝杆调整螺旋柄朝北，转动底板上的水平调整螺旋使底板水平，按当地地理纬度固定标尺位置，将总辐射表安装在支架平台上并调整水平，按当日的太阳赤纬调整遮光环使之恰好全部遮住总辐射表的感应面和玻璃罩，并将接线柱导线与辐射记录仪连接起来。

为了能够得到太阳辐射形式等级，需要手动调节太阳辐射现场观测站中散射辐射仪的散射环的位置以获得散射辐射数据。同时这也是光伏方阵（尤其是跟踪支架）布置时的关键依据。

无论是离网光伏发电系统还是并网光伏发电系统，其全部能量都来自太阳。对于光伏发电系统的光伏方阵（有倾角）所获取的太阳资源辐射量，是通过水平太阳能辐射量计算得到。这些数据我们从参考气象站或是太阳辐射现场观测站获取后，要对这些实测数据进行处理分析，为光伏发电系统的设计提供参考依据。

● 太阳辐射基础数据的收集。

参考气象站最近连续10年以上历年各月太阳总辐射、直接辐射、散射辐射数据和日照时数数据以及太阳辐射观测站实测同期完整年的逐小时太阳辐射数据（太阳总辐射量、直接辐射量、散射辐射量）。参考气象站中应选择与光伏发电站实测太阳辐射数据相关性最好的气象站。一般要求做相关性分析，相关性系数 $R>0.8$（注：相关系数是用以反映变量之间相关关系密切程度的统计指标）。

● 太阳辐射观测数据验证与分析。

① 完整性检验。太阳辐射实测数据记录时，由于设备故障、断电等原因，有时会出现数据缺测或记录偏差，因此，需要进行实测数据完整性检验。一般来说测试数据完整率应在90%以上。

对太阳辐射观测数据应进行完整性检验，且应符合下列要求：

a．观测数据的实时观测时间顺序应与预期的时间顺序相同。

b．按某时间顺序实时记录的观测数据量应与预期记录的数据量相等。

② 合理性检验。太阳辐射实测数据记录时，由于一些特殊原因，有时会产生不合理的无效数据，因此，需要进行实测数据合理性检验。总辐射最大辐照度一般小于太阳常数（$1367W/m^2 \pm 7W/m^2$），由于云层反射太阳辐射与直接辐射的叠加作用，观测到的瞬间最大辐照度也可能超过太阳常数，但若大于 $2000W/m^2$，则可以判定该数据无效。

对太阳辐射观测数据应依据日天文辐射量等进行合理性检验，且应符合下列要求：

a．总辐射最大辐照度小于 $2000W/m^2$，不能超过测量传感器性能指标限定的测量范围，相邻样本最大变化值为 $800W/m^2$。

b．散射辐射数值小于总辐射数值，相邻样本最大变化值为 $800W/m^2$。

c．日总辐射曝辐量小于可能的日总辐射曝辐量，可能的日总辐射曝辐量应符合《光伏发电站设计规范》GB 50797—2012 附录 A 的规定。

太阳辐射观测数据经完整性和合理性检验后，列出所有不合理的数据和缺测的数据及其发生的时间，对其中不合理和缺测的数据进行修正，并补充完整。可将备用或可供参考的同期记录数据经过分析处理后，填补无效或缺测的数据，形成完整的长序列观测数据。

③ 数据完整率计算及缺测数据的处理。太阳辐射观测数据经完整性和合理性检验后，需要进行数据完整率计算，可按照下列公式进行计算：

$$\text{有效数据完整率}=\frac{\text{应测数目}-\text{缺测数目}-\text{无效数据数目}}{\text{应测数目}}\times 100\%$$

式中 应测数目——测量期间小时数；

缺测数目——没有记录到得小时平均值数目；

无效数据数目——确认为不合理的小时平均值数目。

若数据完整率较小，且由无其他有效数据补缺，该组数据可视为无效。

在地面气象辐射观测中，若没有按照规定的时间或要求对气象辐射要素进行观测，或未将观测结果记录下来，造成气象辐射数据的空缺，缺测数据的填补也可借助其他相关数据，采用插补订正法、线性回归法、相关比值法等进行缺测数据的处理。

④ 水平年代表数据订正。为了对太阳能资源进行正确的预测，作为太阳能辐射分析基础的水平年代表数据就必须具有长期气候代表性。水平年代表数据订正是根据长期测站的总辐射观测数据经验证后，订正为一套能长期代表年气象辐射平均变化规律的一组标准气象辐照年数据。太阳能辐射资料要素必须从逐月月份的气象辐射资料中选出具有代表性的平均月，将这 12 个平均月连在一起组成一个标准气象辐照年。

⑤ 气象辐射数据相关性计算。气象辐射相关性计算是指将气象站的水平年辐射代表数据转换为项目建设地点数据的相关性计算，即长期测站与项目地点气象辐射数据有效映射。

2）公共气象数据库。

中国气象科学数据共享服务网是覆盖全国、分布式的科学数据共享服务系统。用户通过身份认证系统，注册为核心会员（需参考网站上的会员注册流程，提供相应资料）后可对共享网站上的气象辐射资料、数据的检索和下载，可获取网站内存在的站点收集包含近 30 年的 5 个要素（总辐射、净辐射、散射辐射、直接辐射和反射辐射）的气象辐射资料。

中国气象科学数据共享服务网查询界面如图 1-18 所示。

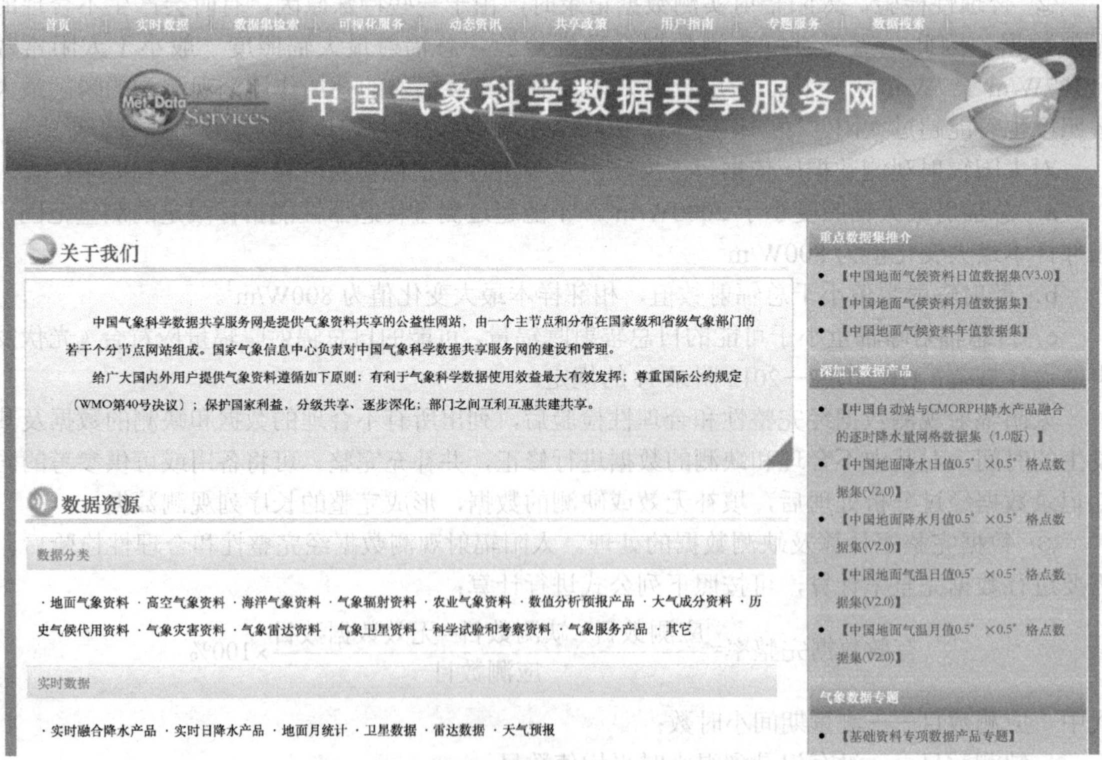

图 1-18 中国气象科学数据共享服务网查询界面

美国国家航空航天局（英文首字母缩略词：NASA）气象数据库是一个可以免费查询到全球任何地点的气象数据的服务网站。用户可以通过注册用户、登录网站，仅输入项目地点的经度（Longitude）和纬度（Latitude）即可获得太阳能资源（太阳能辐射量）以及相关气象（降水量、风速）资料。

NASA 气象数据库查询界面如图 1-19 所示。NASA 气象数据库查询界面（佛山地区）如图 1-20 所示。NASA 气象数据查询界面（佛山地区水平面上逐月平均太阳辐射量）如图 1-21 所示。

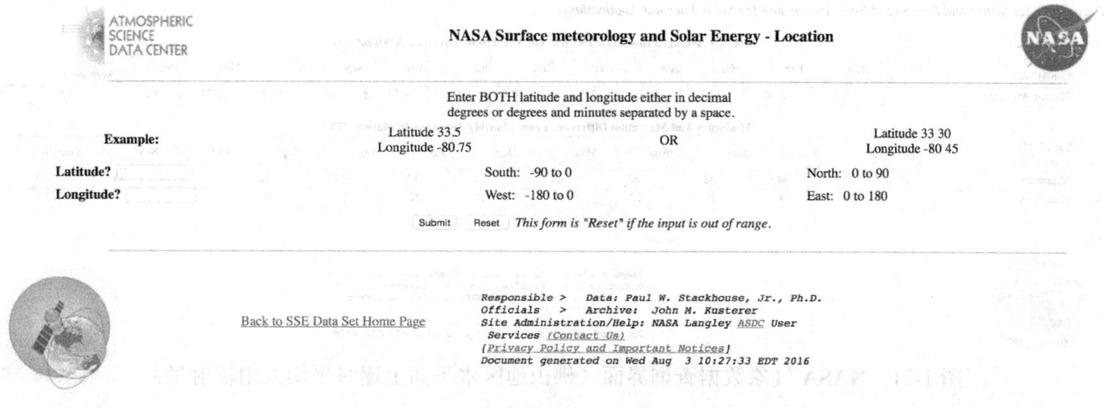

图 1-19　NASA 气象数据库查询界面

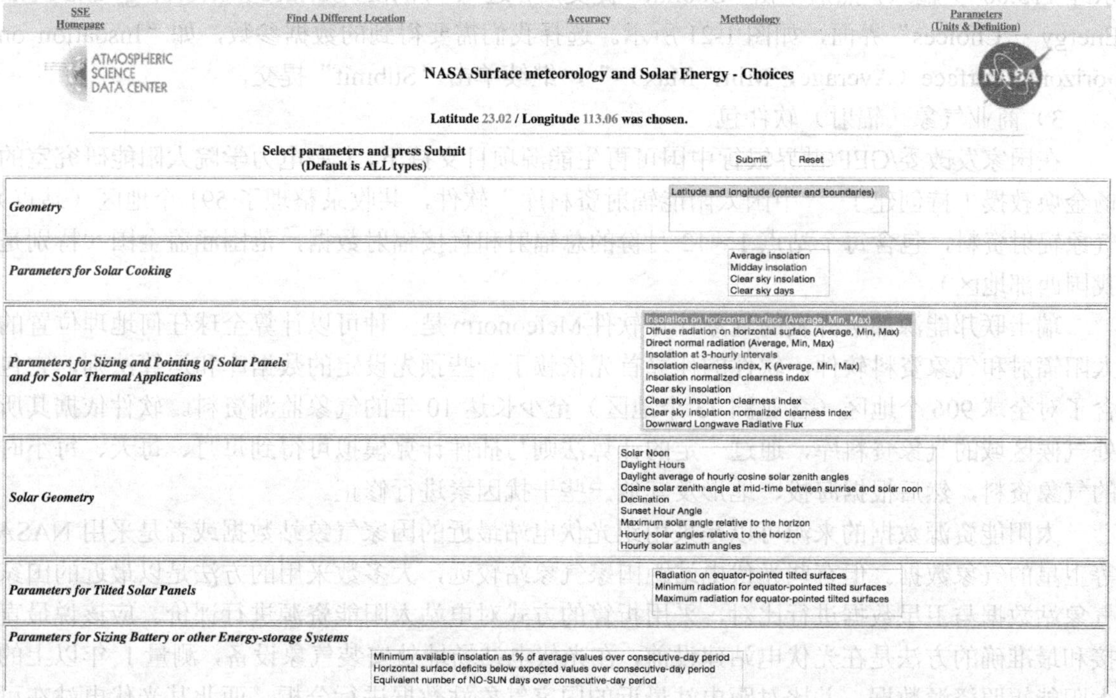

图 1-20　NASA 气象数据库查询界面（佛山地区）

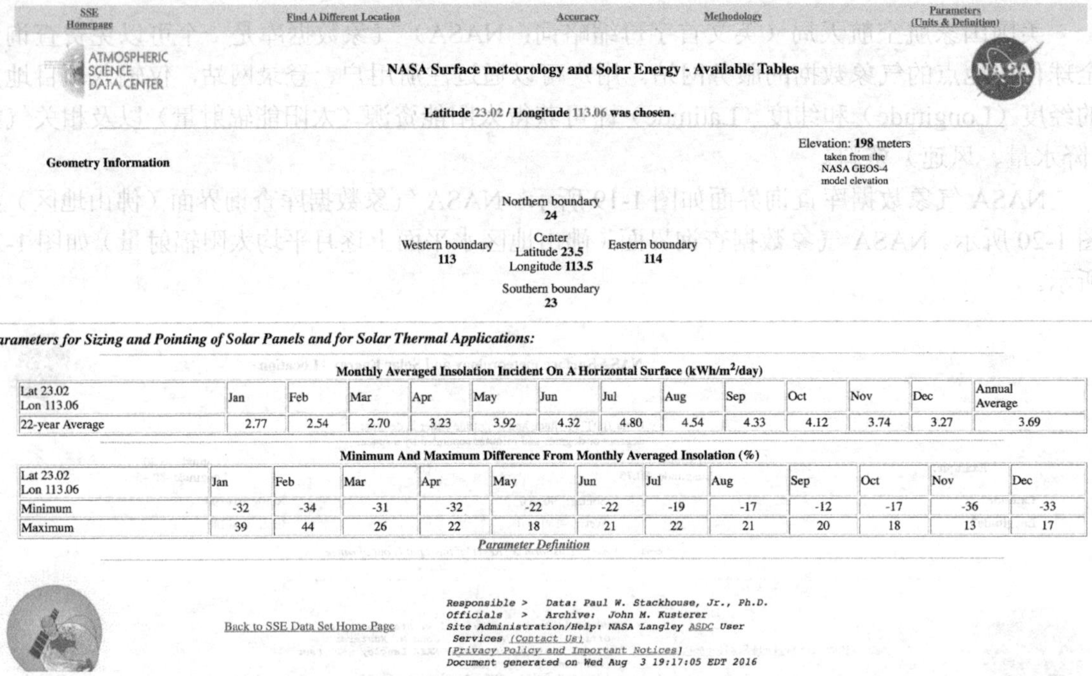

SSE Homepage　Find A Different Location　Accuracy　Methodology　Parameters (Units & Definition)

ATMOSPHERIC SCIENCE DATA CENTER

NASA Surface meteorology and Solar Energy - Available Tables

Latitude 23.02 / Longitude 113.06 was chosen.

Geometry Information

Elevation: **198** meters
taken from the
NASA GEOS-4
model elevation

Northern boundary **24**

Western boundary **113**　Center Latitude **23.5** Longitude **113.5**　Eastern boundary **114**

Southern boundary **23**

Parameters for Sizing and Pointing of Solar Panels and for Solar Thermal Applications:

Monthly Averaged Insolation Incident On A Horizontal Surface (kWh/m²/day)

Lat 23.02 Lon 113.06	Jan	Feb	Mar	Apr	May	Jun	Jul	Aug	Sep	Oct	Nov	Dec	Annual Average
22-year Average	2.77	2.54	2.70	3.23	3.92	4.32	4.80	4.54	4.33	4.12	3.74	3.27	3.69

Minimum And Maximum Difference From Monthly Averaged Insolation (%)

Lat 23.02 Lon 113.06	Jan	Feb	Mar	Apr	May	Jun	Jul	Aug	Sep	Oct	Nov	Dec
Minimum	-32	-34	-31	-32	-22	-22	-19	-17	-12	-17	-36	-33
Maximum	39	44	26	22	18	21	22	21	20	18	13	17

Parameter Definition

Back to SSE Data Set Home Page

Responsible > Data: Paul W. Stackhouse, Jr., Ph.D.
Officials > Archive: John M. Kusterer
Site Administration/Help: NASA Langley ASDC User Services (Contact Us)
[Privacy Policy and Important Notices]
Document generated on Wed Aug 3 19:17:05 EDT 2016

图 1-21　NASA 气象数据查询界面（佛山地区水平面上逐月平均太阳辐射量）

例如，如果我要查佛山地区的太阳能辐射量，我们只需将佛山地区的经纬度（北纬 23.02°，东经 113.06°）输入，然后单击“Submit”提交后，进入“NASA Surface meteorology and Solar Energy – Choices”界面，如图 1-21 所示。选择我们需要得到的数据参数，如“Insoation on horizontal surface（Average，Min，Max）”，继续单击“Submit”提交。

3）商业气象（辐射）软件包。

在国家发改委/GEF/世界银行中国可再生能源项目支持下，上海电力学院太阳能研究室的杨金焕教授主持创建了 “中国太阳能辐射资料库”软件，共收录整理了 591 个地区（站点）气象辐射资料，包含每个站点 1～12 月份的总辐射和直接辐射数据，范围涵盖全国（特别是我国西部地区）。

瑞士联邦能源部所开发的气象计算软件 Meteonorm 是一种可以计算全球任何地理位置的太阳辐射和气象资料软件，软件的计算首先依赖于一些预先设定的数据库和运算法则，它包含了对全球 906 个地区（含亚洲 73 个地区）至少长达 10 年的气象监测资料。软件依据其所处气候区域的气象资料库，通过一定的计算法则与插件计算模拟可得到每月、每天、每小时的气象资料，然后根据海拔、地形及其他一些干扰因素进行修正。

太阳能资源数据的来源可以是采用距光伏电站最近的国家气象站数据或者是采用 NASA 等卫星的气象数据。但有些光伏电站距国家气象站较远，大多数采用的方法是以最近的国家气象站数据与卫星数据进行比对，采用折算的方式对电站太阳能资源进行评价。应该说最直接和最准确的方法是在光伏电站建设前，在光伏电站场址处安装气象设备，测量 1 年以上的太阳能辐照资源数据，并比对距电站最近的国家气象站数据进行分析。西北某光伏电站在可行性研究与建设阶段，电站场址均没有设立太阳能资源测量装置，可研报告中参考的是国家气象站数据。到底用哪个数据较为准确，只有依靠电站建成后的后评价进行分析总结。

（6）太阳能资源分析方法

太阳能资源分析从两个方面（量、质）、3 个指标（总量等级、稳定性等级、辐射形式等级）对太阳能资源进行分级。

1）太阳能资源辐射总量分析。关于太阳能资源等级，我国早在 20 世纪 80 年代初已展开相关研究，目前已经出现多种不同的太阳能资源评价分级方法，因此也导致了评价结果的差异。太阳能资源多寡以太阳总辐射曝辐量度量，它直接反映了太阳能资源可开发程度。

根据《太阳能资源评估方法》QX/T 89—2008 与《太阳能资源等级-总辐射（征求意见稿）》中对太阳能年总辐射量分类，形成如表 1-4 所示的指标。

表 1-4　太阳能年总辐射量指标表

等级	符号	年总辐射量/（MJ/m^2）	年总辐射量/（$kW\cdot h/m^2$）	平均日辐射量/（$kW\cdot h/m^2$）
极丰富带	Ⅰ	≥6300	≥1750	≥4.8
很丰富带	Ⅱ	5040～6300	1400～1750	3.8～4.8
丰富带	Ⅲ	3780～5040	1050～1400	2.9～3.8
一般	Ⅳ	<3780	<1050	<2.9

2）太阳能资源稳定性分析。水平年代表数据中各月总辐射量（月平均日曝辐量）的最小值与最大值的比值可表征总辐射年变化的稳定度，在实际大气中其数值在(0, 1)区间变化，越接近于 1 越稳定，如表 1-5 所示。采用稳定度作为分级指标，将太阳能资源分为 4 个等级：稳定（A）、较稳定（B）、一般（C）以及不稳定（D）。

表 1-5　稳定性等级

名称	符号	分级阈值
稳定	A	≥0.45
较稳定	B	0.38～0.45
一般	C	0.28～0.38
不稳定	D	<0.28

太阳能资源的稳定性还可以用各月的日照时数大于 6 小时天数的最大值与最小值的比值表示，其等级如表 1-6 所示。

表 1-6　太阳能资源稳定程度等级表

太阳能资源稳定程度指标 K	稳定程度
<2	稳定
2～4	较稳定
>4	不稳定

3）太阳能资源辐射形式分析。太阳能辐射形式与当地的纬度决定太阳能资源开发利用的形式。水平面总辐射由水平面直接辐射和散射辐射两种形式组成，不同气候类型地区，直接辐射和散射辐射占总辐射的比例有明显差异，不同地区应根据主要辐射形式特点进行开发利用。直射比可以用来表征这一差异，在实际大气中其数值在[0, 1]区间变化，越接近于 1，直接辐射所占的比例越高，如表 1-7 所示。采用直射比作为衡量指标，将全国太阳能资源分为 4 个等级：直接辐射主导（A）、直接辐射较多（B）、散射辐射较多（C）以及散射辐射主导（D）。

表 1-7　辐射形式等级

名称	符号	分级阈值
直接辐射主导	A	≥0.6
直接辐射较多	B	0.5～0.6
散射辐射较多	C	0.35～0.5
散射辐射主导	D	<0.35

在光伏发电系统设计中，常常需要知道当地的月平均太阳总辐照量和直接辐照量。但有时可能只有月平均太阳总辐射量的数据，可以采用“直散分离”经验公式得出各月直接辐射量占总辐照量的比例。

在光伏发电系统设计中，系统使用年限内的平均年总辐射量是进行系统年发电量计算的主要依据。总辐射最大辐照度预测是逆变器和电气设备容量选择的依据之一。因此，光伏发电系统太阳能资源分析内容宜包括：

a．长时间序列的年总辐射量变化和各月总辐射量年际变化；

b．10 年以上的年总辐射量平均值和月总辐射量平均值；

c．最近 3 年内连续 12 个月各月辐射量日变化及各月典型日辐射量小时变化；

d．总辐射最大辐照度。

此外，通常参考气象站或太阳辐射现场观测站记录的太阳辐射观测数据是水平布置日照辐射表接收到的数据，以此预测的光伏发电系统设计使用年限内的平均年总辐射量也是水平日照辐射表的数据。当光伏方阵采用固定倾角、斜单轴、平单轴或双轴跟踪布置时，需进行折算，依据电站使用年限内的平均年总辐射量预测值进行固定倾角、斜单轴、平单轴或双轴跟踪受光面上的平均年总辐射量预测。但这种计算比较复杂，通常可采用软件计算。目前，国际上比较流行的软件是 RetScreen、PVsyst、Meteonorm 等。

3．发电量的估算

光伏发电系统发电量的预测应根据站址所在地的太阳能资源情况，并考虑光伏发电系统设计、光伏方阵布置和环境条件等各种因素后计算确定。

并网光伏发电系统的发电量主要与光伏方阵面上接收到的太阳辐射量、光伏方阵组件安装容量以及光伏发电系统的综合效率有关。安装容量是光伏发电系统中安装的光伏组件的标称功率之和，计量单位是峰瓦（Wp）。峰瓦即光伏组件或光伏方阵在标准测试条件下，最大功率点的输出功率的单位。

光伏发电站上网电量可按下式计算：

$$E_P = H_A A \eta_i K = H_A \frac{P_{AZ}}{E_S} K$$

式中　H_A——水平面太阳能总辐射量（kWh/m^2，峰值小时数）；

E_P——上网发电量（kWh）；

A——组件安装面积（m^2）；

η_i——组件转换效率（%）；

E_S——标准条件下的辐照度（常数=1kWh/m^2）；

P_{AZ}——组件安装容量（kWp）；

K——综合效率系数，包括光伏组件类型修正系数、光伏方阵的倾角、方位角修正系数、光伏发电系统可用率、光照利用率、逆变器效率、集电线路损耗、升压变压器损耗、光伏组件表面污染修正系数、光伏组件转换效率修正系数，如图 1-8 所示。

表 1-8　光伏发电系统效率系数表

系数	系数名称	影响因素	取值方式
K_1	光伏方阵的倾角、方位角的修正系数	是将水平面太阳能总辐射量转换到光伏方阵陈列面上的折算系数	根据组件的安装方式，结合站址所在地太阳能资源数据及纬度、经度确定，一般可采用相应的设计软件进行计算
K_2	光伏组件衰减修正系数	组件功率的衰减是指随着使用时间的增长，组件输出功率逐渐下降的现象	晶体硅光伏组件可取年衰减 0.8%计算或根据产品手册确定，其他类型的组件衰减率可参考相关产品手册
K_3	光伏组件温度修正系数	光伏组件的输出功率随温度变化而不同，由光伏组件的峰值功率温度系数和当地平均气温决定	可由下式计算 $K_3=1+K_p$（tavg−25） 式中：K_p 时光伏组件峰值功率温度系数（%/℃），可依据厂家提供的参数确定；tavg 为当地平均气温（℃），计算月发电量时，应取当地月平均气温
K_4	光伏组件表面污染及遮挡修正系数	光伏组件表面由于受到灰尘或其他污垢蒙蔽而产生的遮光影响，以及由于障碍物对投射到组件表面光照的遮挡及光伏方阵各方阵之间的相互遮挡产生的遮光影响	该系数的取值与环境的清洁度和组件的清洗方案以及由于遮挡后的光照利用率有关，一般可取 0.9～0.95
K_5	光伏组串适配系数	由于光伏组件输出电流及电压的不一致而导致的光伏方阵输出的衰减	由于光伏组串的电压、电流离散性确定，可取 0.95～1.0
K_6	光伏发电系统可用率	由于光伏发电系统检修维护及故障对发电量造成的影响，其值为全年总小时数与光伏系统的检修维护及故障小时数的差值除以全年总小时数 $\frac{8760-(\text{故障停用小时数}+\text{检修小时数})}{8760}$	一般可取 0.99
K_7	逆变器效率	是逆变器将输入的直流电能转换成交流电能在不同功率段下的加权平均效率	可由逆变器制造商提供的数据确定
K_8	集电线路损耗系数	包括光伏方阵至逆变器之间的直流电缆损耗、逆变器至计量点的交流电缆损耗等	一般可取 0.95～1.0
K	光伏系统综合效率系数	是考虑了上述各因素影响后的综合修正系数	$K=K_1K_2K_3K_4K_5K_6K_7K_8$ 光伏方阵在以最佳倾角安装时，一般可取 0.75～0.85

在并网光伏发电系统中，综合效率系数 K 的大小与系统设计、安装、部件质量的好坏、平衡部件（包括逆变器、控制设备等）的效率和连接线路等造成的损失以及运行维护情况等多种因素有关，因此，不同的光伏发电系统，其综合效率各不相同。有研究指出，由于技术的进步，全球典型的并网光伏发电系统的平均综合效率 K 呈上升趋势。对于一般按照最佳倾角安装在屋顶和地面的并网光伏发电系统，推荐分别用 K=75%和 K=80%来进行估算。

在估算光伏发电系统发电量时，可以根据月平均太阳总辐射量，计算出光伏发电系统各月发电量，也可以根据光伏方阵面上全年接收到的太阳总辐射量计算每年的发电量。这个计算过程较为复杂，一般需要借助相关软件，如 RetScreen 软件和 PVsyst 软件等。

RetScreen 是一款清洁能源项目分析软件，是目前行业内经常使用的对光伏发电系统进行最佳倾角和发电量计算的软件。它是加拿大政府资助开发的独特决策支持工具，可用以评估各种能效、可再生能源技术的能源生产量、节能效益、寿命周期成本、减排量和财务风险，软件内部集成产品、成本和气象数据。通过 Retscreen 软件来估算发电量时，需要输入项目地点的纬度和光伏方阵的方位、安装模式、倾角以及各月水平面上的平均日辐射及各月平均温度数据得出各月光伏阵列面上的平均日辐射；再通过输入光伏组件类型、功率、数量，额定光伏组件效率，正常工作温度，光伏温度因子，逆变器效率、容量及其他光伏阵列损耗等数据计算出系统年发电量，总的光伏系统效率等数据。

PVsyst 软件用于光伏发电系统的研究、设计和数据分析，能够进行并网、离网、抽水系统 DC-网络（公共传输）光伏系统设计，软件集成了气象数据库、光伏系统组件数据库以及一般的太阳能分析工具。该软件提供了三种水平上的光伏系统研究，基本对应了实际项目不同发展阶段，即初步设计、项目设计和详细数据分析。PVsyst 软件可以依据不同类型光伏系统以及光伏组件，分别设定环境参数（太阳辐射量、温度、经纬度及建筑物相对高度等），以计算出光伏系统的发电总量。

4．光伏组件的选型

光伏组件由太阳电池片组合封装而成，其作用是将太阳辐射转换成直流电能输出。

光伏组件可分为晶体硅光伏组件、薄膜光伏组件和聚光光伏组件三种类型，如图 1-22 所示。

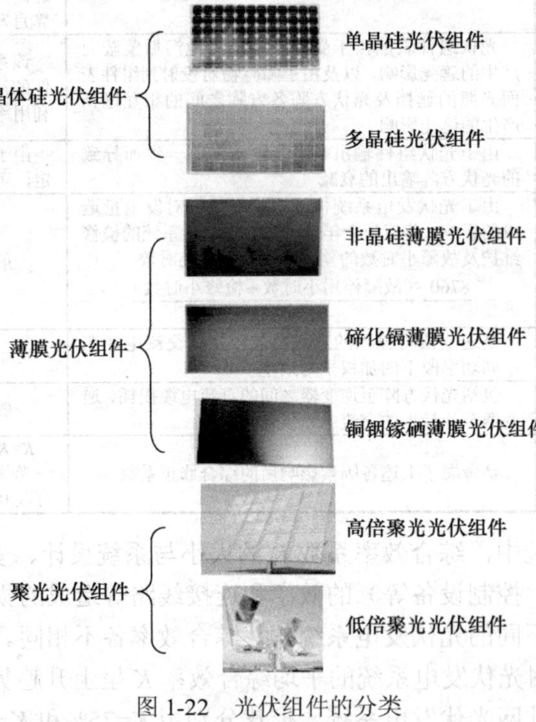

图 1-22　光伏组件的分类

光伏组件应根据类型、峰值功率、转化效率、温度系数、组件尺寸和重量、功率辐照度特性技术条件进行选择。光伏组件的技术参数可以从产品铭牌上获取，也可以在其产品官方网站上获取技术资料得到。此外，也可以通过实测数据去评估光伏组件的技术参数是否符合要求。光伏组件应按太阳辐照度、工作温度等使用条件进行性能参数校验。

光伏组件的电性能特性包括标称功率、最大功率点电压 U_{mpp}、最大功率点电流 I_{mpp}、开路电压 U_{oc}、短路电流 I_{sc}、功率公差（多为正值）等。

从生产厂家的光伏组件手册中，可以获取更多的信息，包括机械参数、机械尺寸、*I–V* 特性曲线、温度特性、产品质保等。

光伏组件的类型应按下列条件选择。

1）依据太阳辐射量、气候特征、场地面积等因素，经技术经济比较确定。

2）太阳辐射量较高、直射分量较大的地区宜选用晶体硅光伏组件或聚光光伏组件。

3）太阳辐射量较低、散射分量较大、环境温度较高的地区宜选用薄膜光伏组件。

4）在与建筑相结合的光伏发电系统中，当技术经济合理时，宜选用与建筑结构相协调的光伏组件。建材型的光伏组件，应符合建筑材料或构件的技术要求。

5．并网光伏逆变器的选型

并网光伏逆变器是将光伏组件发出的直流电变换成交流电后馈入电网的设备。逆变器应按型式、容量、相数、频率、冷却方式、功率因数、过载能力、温升、效率、输入输出电压、最大功率点跟踪（MPPT）、保护和监测功能、通信接口和防护等级等技术条件进行选择。

（1）逆变器的型式

1）按输出交流相位数划分。

① 单相逆变器。

② 三相逆变器。

2）按安装环境划分。

① 户内型。

② 户外型。

户内型逆变器正常使用环境温度为–20～40℃，户外型的为–25～60℃（无阳光直射）。逆变器安装环境的相对湿度不大于90%，无凝露。

3）按电气隔离情况划分。

① 隔离型，包括高频变压器型和低频变压器型。

② 非隔离型，即无变压器型。

可以根据所设计光伏发电系统以及用户业主的具体要求，主要从安全性和效率两个方面来选择，如表1-9所示。

表1-9　不同类型逆变器的对比

类型/因素	安全性	转换效率	成本价格	重量、尺寸
高频变压器型	中	低	中	中
低频变压器型	高	中	高	大
无变压器型	低	高	低	小

4）按照可接入电网电压等级划分。

① 低压型（接入电网电压等级为1kV及以下）。

② 中高压型（接入电网电压等级1kV以上）。

5）按应用场合划分。

① 集中式逆变器。集中式逆变器是光伏发电系统最早采用的逆变器形式。在该系统中所有的光伏组件通过串并联构成一个光伏方阵。光伏方阵输出的直流电通过一个逆变器集中转换为交流电后接入公共电网，因此称这种结构中的逆变器为集中式逆变器，其构成如图1-23所示。

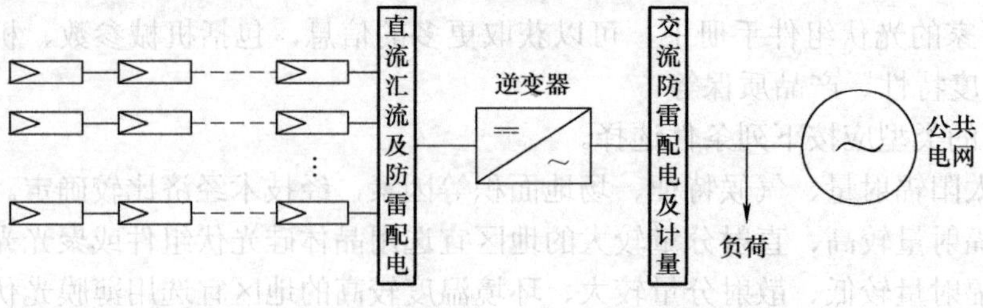

图 1-23　采用集中逆变器的光伏发电系统示意图

集中式逆变器的主要优点如下。

a．逆变器集中放置、安装简单、维护方便、便于管理。

b．逆变器元器件数量少、可靠性高。

c．逆变器集成度高、功率密度大、初始成本较低、输出功率可达到兆瓦级、单位发电成本低。

d．逆变器保护功能齐全、电站安全性高。

e．有功率因数调节功能和低电压穿越功能、电网调节性好。

集中式逆变器的主要缺点如下。

a．单路 MPPT，光伏方阵输出功率无法到达最优；集中式并网逆变系统中，光伏方阵经过两次汇流到达逆变器，逆变器最大功率跟踪功能（MPPT）不能监控到每一路光伏组串的运行情况，因此不可能使每一路光伏组串都处于最佳工作点，当有光伏组串中某一块组件发生故障或者被阴影遮挡，将会影响整个系统的发电效率。

b．需要高压直流总线连接逆变器与光伏方阵，增加了成本；直流汇流箱故障率较高，降低了系统安全性。

c．集中式逆变系统中无冗余能力，一旦发生故障停机，整个光伏系统将停止发电。

d．逆变器自身耗电以及机房通风散热耗电，系统维护相对复杂。

e．逆变器机房安装部署困难，需要专用的机房和设备。

② 集成式逆变器或微型逆变器。集成式逆变器是指把逆变器和光伏组件集成在一起作为一个光伏发电系统模块，如图 1-24 所示。

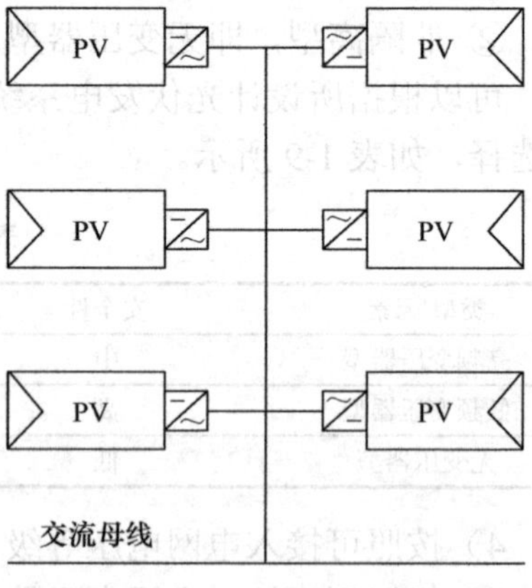

图 1-24　集成式逆变器连接方式示意图

集成式逆变器系统的优点如下。

a．每一个集成式逆变器均有独立的 MPPT 电路，可以最大程度地发挥光伏组件的效能。

b．效率高，不需要直流母线，输出端直接连接到电网上，提高了系统的安全性。

c．使用灵活、具有很好的扩展性。用户可根据所需要的功率选择相应数目的集成式逆变器。在 BIPV 上得到了较广泛的应用。

d．集成式逆变器连接方式提高了整个系统工作的可靠性，即使某个逆变器发生故障，系统的其他部分也能正常工作。

集成式逆变器系统的缺点如下。

a．额定功率较低，一般在 50～400W。

b．在同等功率水平条件下，集成式逆变器价格较高；与大功率逆变器相比，效率较低，无法大规模应用。

c．由于集成式逆变器的结构限制，一旦逆变器或光伏组件发生故障将会给逆变器的维修和更换带来不便。

③ 组串型逆变器。

组串型逆变器是指光伏组件通过串联构成光伏阵列给光伏发电系统提供能量的拓扑结构。组串逆变器是基于模块化概念，每个光伏组串（1～5kWp）通过一个逆变器，在直流端具有最大功率点跟踪，在交流端接入公共电网。因此，为了避免光伏组串失配所造成的功率损失，可以将相同朝向或相同倾角和无阴影的光伏组件串联成一光伏组件串（或由一串或者几串并联构成一个子阵列），接入组串逆变器的一路 MPPT 输入端。

采用组串式逆变器的光伏发电系统示意图如图 1-25 所示。

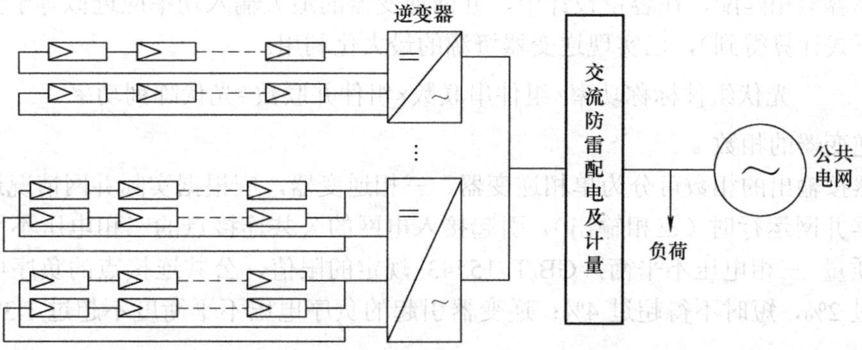

图 1-25　采用组串式逆变器的光伏发电系统示意图

组串逆变器的主要优点如下。

a．多路 MPPT，不受组串间模块差异和遮影的影响，同时减少了光伏组件最佳工作点与逆变器不匹配的情况，从而增加了发电量。

b．可以避免光伏阵列并联模块因电压跌落造成系统不能工作的情况。

c．自耗电低、故障影响小，维护不需要专业人员，可以对光伏系统进行分片的维修，更换维护方便。

d．减少了组件的相互串并联的线缆长度，尤其是直流主电缆的长度，可降低电缆成本。

e．体积小、重量轻，搬运安装方便，不需要专门配电室，可就近安装在光伏阵列一侧，有利于合理布线。

f．无须安装直流汇流箱和直流配电柜，降低成本。

组串逆变器的主要缺点如下。

a．功率器件电气间隙小，不适合高海拔地区。户外型安装，风吹日晒很容易导致外壳和散热片老化。

b．不带隔离变压器设计，电气安全性稍差，不适合薄膜光伏组件负极接地系统，直流分量大，对电网影响大。

c．多台逆变器并联时，总谐波叠加而增大，且较难抑制。

d．逆变器数量多，总故障率升高，系统监控难度大。

e．没有直流断路器和交流断路器，没有直流熔断器，当系统发生故障时，不容易断开。

f．单台逆变器可以实现零电压穿越功能，但多机并联时，零电压穿越功能、无功调节、有功调节等功能较难实现。

（2）逆变器的容量

一般并网系统的逆变器容量跟光伏系统容量一致，而离网系统的逆变器容量由负载容量、负载性质等决定，一般小于光伏系统容量。额定输出容量表征逆变器向负载供电的能力，其单位以VA或kVA表示。逆变器的额定容量是当输出功率因数为1（即纯阻性负载）时，额定输出电压与额定输出电流的乘积。额定输出容量值高的逆变器可带更多的用电负载。但当逆变器的负载不是纯阻性时，也就是输出功率小于1时，逆变器的负载能力将小于所给出的额定输出容量值。

一般根据系统的要求配置对应功率段的逆变器，并网系统设计中要求光伏阵列与所接逆变器的功率容量相匹配，在容量设计中，并网逆变器的最大输入功率应近似等于光伏阵列功率（可由下式计算得到），已实现逆变器资源的最大化利用。

光伏组件标称功率×组件串联数×组件并联数=光伏阵列功率

（3）逆变器的相数

逆变器按输出的相数可分为单相逆变器、三相逆变器，应根据实际并网情况选择。

逆变器并网运行时（三相输出），引起接入电网的公共连接点的三相电压不平衡度不超过《电能质量 三相电压不平衡》GB/T 15543 规定的限值，公共连接点的负序电压不平衡度应不超过2%，短时不得超过4%；逆变器引起的负序电压不平衡度不超过1.3%，短时不超过2.6%。

（4）逆变器的频率

逆变器输出交流电压的频率应是一个相对稳定的值，通常为工频50Hz。正常工作条件下其偏差应在±1%以内。世界不同地区的电网的频率可能不同，选用的并网逆变器的频率应与当地电网频率相匹配。

电网频率在额定频率变化时，逆变器的工作状态应该满足表1-10的要求。当因为频率响应的问题逆变器切出电网后，在电网频率恢复到允许运行的电网频率时逆变器能重新启动运行。

表1-10 电网频率的响应

频率范围	逆变器响应
低于48Hz	逆变器0.2s内停止运行
48～49.5Hz	逆变器运行10min后停止运行
49.5～50.2Hz	逆变器正常运行
50.2～50.5Hz	逆变器运行2min后停止运行，此时处于停运状态的逆变器不得并网
高于50.5Hz	逆变器0.2s内停止向电网供电，此时处于停运状态的逆变器不得并网

（5）逆变器的冷却方式

逆变器常用的冷却方式有自然冷却、纯风扇冷却、自然冷却和风扇冷却相结合三种。

自然冷却具有无机械故障、可靠性高、无空气流动、灰尘少、有利于散热、无噪声等特点。

纯风扇冷却利用侧板风扇抽风形成空气对流，使电源逆变器的功率元件工作在安全的温度环境下，具有设备重量轻、成本低的特点。

风扇和自然冷却相结合的技术具有有效减小设备体积和重量、风扇的使用寿命高、风扇故障自适应能力强等特点。

对于风沙较大的地区，风扇故障可能导致逆变器工作温度升高，应优先考虑无风扇设计的自然冷却的逆变器。

（6）逆变器的功率因数

当逆变器输出有功功率大于其额定功率的50%时，功率因数应不小于0.98（超前或滞后）；输出有功功率在20%～50%时，功率因数应不小于0.95（超前或滞后）。

有功功率是交流电路中消耗在电阻元件上、功率不可逆转换的那部分功率（如转变成热能、光能或机械能）。而无功功率则是交流电路中由于电抗性元件（如纯电感或纯电容）的存在，而实行了功率的可逆性转换的那部分功率。功率因数表示了有功功率占总功率的比例。提高功率因数可以使电源设备的容量得到充分的利用，同时减少供电线路的功率损耗和电压降。

（7）逆变器的过载能力

逆变器的过载能力是指在规定的条件下，在较短时间内，逆变器输出超过额定电流值的能力。逆变器的过载能力应在规定的负载功率因数下，满足一定的要求。当输入电压与输出功率为额定值，环境温度为25℃时，逆变器连续可靠工作时间应不低于4h；当输入电压为额定值、输出功率为额定值的125%时，逆变器安全工作时间应不低于1min；当输入电压为额定值、输出功率为额定值的150%时，逆变器安全工作时间应不低于10s。

（8）逆变器的温升

逆变器即使在最严酷的额定工作条件下，设备所使用的材料和部件的温度都不应超过相关标准规定限值。

（9）逆变器的效率

并网逆变器的效率一般分转换效率、最大功率点跟踪和加权效率。通过加权系数修正的加权效率更为科学。

逆变器在其他条件满足的情况下，转换效率应越高越好。无变压器型逆变器最大转换效率应不低于96%，含变压器型逆变器最大转换效率应不低于94%。

（10）逆变器的输入输出电压

在规定的输入直流电压允许的波动范围内，它表示逆变器应能输出的额定电压值。用户并网逆变器的额定输出电压一般为220V或者380V。对输出额定电压值的稳定准确度一般有如下规定。

1）在稳态运行时，电压波动范围应有一个限定，例如其偏差不超过额定值的±3%或±5%。

2）在负载突变（额定负载0%→50%→100%）或有其他干扰因素影响的动态情况下，其输出电压偏差不应超过额定值的±8%或±10%。

快速移动的云的遮挡效应造成光伏组件的电压和输出功率快速变化，对逆变器与电网产生冲击，电网电压畸变、谐波对逆变器并网控制提出了很高的要求。对正弦波逆变器，输出电压的波形失真通常以输出电压的总波形失真度表示，其值应不超过5%（单相输出为10%）。如果逆变器的输出电压波形失真度过大，会影响电网输电质量，导致负载部件严重发热，不利于电气设备的安全，并严重影响系统的运行效率。

3）电网电压响应。对于单相交流输出 220V 逆变器，当电网电压在额定电压的−15%～+10%范围内变化时，逆变器应能正常工作。对于三相交流输出 380V 逆变器，当电网电压在额定电压±10%范围内变化时，逆变器应能正常工作。如果逆变器交流侧输出电压等级为其他值，电网电压在 GB/T 12325 中对应的电压等级所允许的偏差范围内时，逆变器应能正常工作。逆变器交流输出端电压超出此电压范围时，允许逆变器切断向电网供电，切断时应发出警示信号。

逆变器对异常电压的反应时间应满足表 1-11 的要求。在电网电压恢复到允许的电压范围时逆变器应能正常启动运行。此要求适用于多相系统中的任何一相。

表 1-11　电网电压的响应

电压[a]（逆变器交流输出端）	最大跳闸时间[1]
$U<50\%U_{标称}$	0.1s
$50\%U_{标称}\leqslant U\leqslant 85\%U_{标称}$	2.0s
$110\%U_{标称}<U<135\%U_{标称}$	2.0s
$135\%U_{标称}\leqslant U$	0.05s
	[a]：有效电压

注 1：最大跳闸时间是指异常状态发生到逆变器停止向电网供电的时间。

注 2：对于具有低电压穿越功能的逆变器，以低电压穿越优先。

（11）逆变器的最大功率点跟踪（MPPT）

多路 MPPT 技术是分布式光伏发电系统提升发电量最有力的方法之一。光伏发电系统中光伏组件的阴影遮挡很难避免，光伏阵列的朝向有时很难一致。此外，光伏组件老化衰减后，光伏组件性能的一致性偏差增大。MPPT 技术可以有效减小这些不利因素对发电量的影响。

多路 MPPT 技术在光伏电站中的应用如图 1-26 所示。

图 1-26　多路 MPPT 技术在光伏电站中的应用

逆变器的最大功率点（MPP）的电压范围应与光伏组串的电压匹配。根据光伏组件的输出特性，光伏组件存在功率最大输出点，并网逆变器具有在特定输入电压范围内自动追踪最大功率点的功能，因此光伏阵列的输出电压（由下式计算得到）应处于逆变器 MPP 电压范围以内。一般的设计思路是光伏阵列的标称电压近似等于并网逆变器 MPP 电压的中间值，这样可以达到 MPPT 的最佳效果。

光伏组件电压×组件串联数=光伏阵列电压

（12）逆变器的最大输入电流

逆变器的最大输入电流与光伏阵列的电流匹配。光伏阵列的最大输出电流应小于逆变器最大输入电流。为了减少光伏组件到逆变器过程中的直流损耗以及防止电流过大对逆变器造成过热或电气损坏，逆变器最大输入电流值与光伏阵列的电流值的差值应尽量大一些。

光伏组件短路电流×组件并联数=光伏阵列最大输出电流

逆变器额定功率并网运行时，向电网馈送的直流电流分量应不超过其输出电流额定值的 0.5%或 5mA，取二者中较大值。

（13）逆变器的保护和监测功能

逆变器的保护功能如下。

1）电网故障保护。

① 防孤岛效应保护。

孤岛现象是在电网失压（断电）时，光伏发电系统仍保持对失压电网中的某一部分线路继续供电的状态。孤岛现象分为计划性孤岛现象和非计划性孤岛现象。所谓计划性孤岛现象是按预先设置的控制策略，有计划地出现的孤岛现象；而非计划性孤岛现象是非计划、不受控出现的孤岛现象。防孤岛效应保护主要是指防止非计划性孤岛现象的发生。

一般来说，孤岛效应可能对整个配电系统设备及用户端的设备造成不利的影响，包括：

a．危害电力维修人员的生命安全；

b．影响配电系统上的保护开关动作程序；

c．孤岛区域所发生的供电电压与频率的不稳定性质会对用电设备带来破坏；

d．当供电恢复时造成的电压相位不同步将会产生浪涌电流，可能会引起再次跳闸或对光伏系统、负载和供电系统带来损坏；

e．光伏并网发电系统因单相供电而造成系统三相负载的欠相供电问题。

为了避免孤岛效应带来的不利影响，逆变器应具有防孤岛效应保护功能。若逆变器并入的电网供电中断，逆变器应在 2s 内停止向电网供电，同时发出警示信号。

② 低电压穿越。

所谓低电压穿越是指当电力系统故障或扰动引起光伏发电系统并网点电压跌落时，在一定的电压跌落范围和时间间隔内，光伏发电系统能够保证不脱网连续运行。低电压穿越要求是电力系统功率平衡与频率稳定的需要，也是局部电网电压稳定及电压恢复的需要。

2）交流侧短路保护。

逆变器应该具有短路保护的能力，当逆变器工作期间检测到交流侧发生短路时，逆变器应能停止向电网供电。如果在 1min 之内两次探测到交流侧保护，逆变器不得再次自动接入电网。

3）防反放电保护。

当逆变器直流侧电压低于允许工作范围或逆变器处于关机状态时，逆变器直流侧应无反向电流流过。

4）极性反接保护。

当光伏方阵线缆的极性与逆变器直流侧接线端子极性接反时，逆变器应能保护不至损坏。极性正接后，逆变器应能正常工作。

5）直流过载保护。

当光伏方阵输出的功率超过逆变器允许的最大直流输入功率时，逆变器应自动限流工作在允许的最大交流输出功率处，在持续工作 7h 或温度超过允许值情况下，逆变器可停止向电网供电。恢复正常后，逆变器应能正常工作。

注：具有最大功率点跟踪控制功能的逆变器，其过载保护通常采用将工作点偏离光伏方阵的最大功率点的方法。

6）直流过压保护。

当直流侧输入电压高于逆变器允许的直流方阵接入电压最大值时，逆变器不得启动或在 0.1s 内停机（正在运行的逆变器），同时发出警示信号。直流侧电压恢复到逆变器允许工作范围后，逆变器应能正常启动。

逆变器的监测功能如下。

① 并网电站的监控系统包括硬件和软件，根据自身特点而需要量身定做，一般大型的逆变器厂家都针对自己的逆变器而专门开发了一套监控系统，因此在逆变器选型过程中，应考虑相关的配套设备是否齐全。

② 逆变器的通信接口。逆变器应设置本地通信接口。通信接口应具有固定措施，以保护连接电缆与设备的有效连接。通信端口应具有一定的抗电磁干扰能力，并易于组成网络。

（14）逆变器的防护等级

逆变器的外壳防护应符合《外壳防护等级（IP 代码）》GB 4208 的规定。户内型应不低于 IP20；户外型应不低于 IP54。

（15）逆变器的噪声

逆变器在最严酷的工作情况下，在距离设备水平位置 1m 处用声级计测量噪声。对于声压级大于 80dB 的逆变器，应该于逆变器明显位置处加贴“听力损害”的警示标识。说明书中要给出减少听力损害的指导。

（16）逆变器机体和结构质量要求

逆变器的结构和机柜本身的制造质量、主电路连接、二次线及电气元件安装等应符合下列要求：

1）机架组装有关零部件均应符合各自的技术要求。

2）油漆和电镀应牢固、平整，无剥落、锈蚀及裂痕等现象。

3）机架面板应平整，文字和符号要求清楚、整齐、规范、正确。

4）标牌、标志、标记应完整清晰。

5）各种开关应便于操作、灵活可靠。

6）机柜内应该有适当的保护措施以防止对操作人员直接接触电极部分，包括交直流接线端子及各种电气元件的电极。

（17）逆变器的启动性能

逆变器应能根据日照条件，实现自动开机和关机。逆变器启动运行时，输出功率应缓慢增加，输出功率变化率应可调。输出电流无冲击现象。

1）逆变器应按环境温度、相对湿度、海拔、地震烈度、污秽等级等使用条件进行校验。当逆变器采用室内安装时，可不检验污秽等级，当逆变器采用室外安装时，可不检验相对湿度。

2）湿热带、工业污秽严重和沿海滩涂地区使用的逆变器，应考虑潮湿、污秽及盐雾的影响。

3）海拔在 2000m 及以上高原地区使用的逆变器，应选用高原型（G）产品或采取降容使用措施。现行国家标准《特殊环境条件高原用低压电器技术要求》GB/T 20645 适用于安装在海拔 2000m 以上至 5000m 的低压电器，该电器用于连接额定电压交流不超过 1000V 或直流不超过 1500V 的电路，逆变器属于此范畴。目前市场上逆变器尚无比较一致的降容标准，逆变器在高于海拔 2000m 的高原地区使用时，需要根据其产品情况给出容量修正系数或降容曲线。

6．光伏电缆的选型

光伏电缆是连接光伏组件和交直流逆变器间的电缆。光伏电缆在光伏发电系统中涉及的费用一般比较大，一般来说，一个光伏组件需要两根长 0.8m 的单芯电缆；1MWp 光伏发电站则需要 40～60km 的光伏电缆。因此，光伏电缆的合理选型直接影响系统整体建设费用。

光伏电缆根据应用环境不同可分为直流电缆和交流电缆两大类。

（1）直流电缆

1）组件与组件之间的串联电缆。

2）组串之间及其组串至直流配电箱（汇流箱）之间的并联电缆。

3）直流配电箱至逆变器之间的电缆。

上述电缆均为直流电缆，其中光伏组件间串联电缆及组串间并联的直流电缆占据了一半以上的电缆量。直流电缆户外敷设较多，需防潮、防暴晒、耐寒、耐热、抗紫外线，某些特殊的环境下还需防酸碱等化学物质。其中光伏组件与光伏组件之间的连接电缆通常与光伏组件成套供应。

由于直流电缆多数情况下为户外长期工作，受施工条件的限制，电缆连接多采用接插件。直流电缆导体材料可分为铜芯和铝芯。和铝芯电缆相比较，铜芯电缆具有抗氧化能力高、寿命长、稳定性能好、压降小和电量损耗小的优势；在施工上，由于铜芯柔性好、允许的弯度半径小，所以拐弯方便、穿管容易；而且铜芯抗疲劳、反复折弯不易断裂，所以接线方便；同时，铜芯的机械强度高，能承受较大的机械拉力，给施工敷设带来很大便利，也为机械化施工创造了条件。相反，铝芯电缆由于铝材的化学特性，安装接头易出现氧化现象（电化学反应），特别是容易发生蠕变现象，易导致故障的发生。另外，根据 IEC287 进行计算，在同等敷设条件下，要想获得同样的载流量，铝的截面要大两档，这样带来电缆敷设通道增大，有可能要采取专用敷设通道，增加投资成本。因此，铜芯电缆在光伏发电使用中，特别是直埋敷设电缆供电领域，具有突出的优势。可降低事故率、提高供电可靠性，施工运行维护也较方便。这正是国内目前在地下电缆供电中主要采用铜电缆的原因所在。

铜芯光伏直流电缆由导体、护套和绝缘组成，如图 1-27 所示。

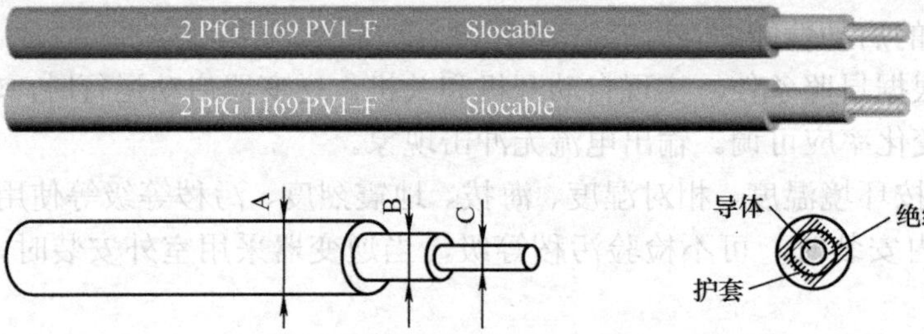

图 1-27　光伏电缆结构示意图

导体应为符合 IEC 60228 第 5 类标准的镀锡软圆铜绞合导体，外观应光滑圆整，无单线背线、抛股等现象。光伏组件使用最多的规格是 $2.5mm^2$（AWG 14）和 $4mm^2$（AWG 12），分别用于薄膜光伏组件和多晶硅光伏组件（注：AWG 是指美国线规 American Wire Gauge）。

一般电缆的导电线芯为保证其柔软性都采用绞合线芯，如图 1-28 所示，因此导电线芯的检查，除检查单线外，还要检查绞线。一般电缆线芯的绞合形式可分为两类：规则绞合和不规则绞合。例如标称截面为 $2.5mm^2$ 和 $4mm^2$ 的绞合导体分别采用 50 根直径为 0.25mil 和 56 根直径为 0.30mil 的单线绞合而成；或者单线采用第 6 类导体。

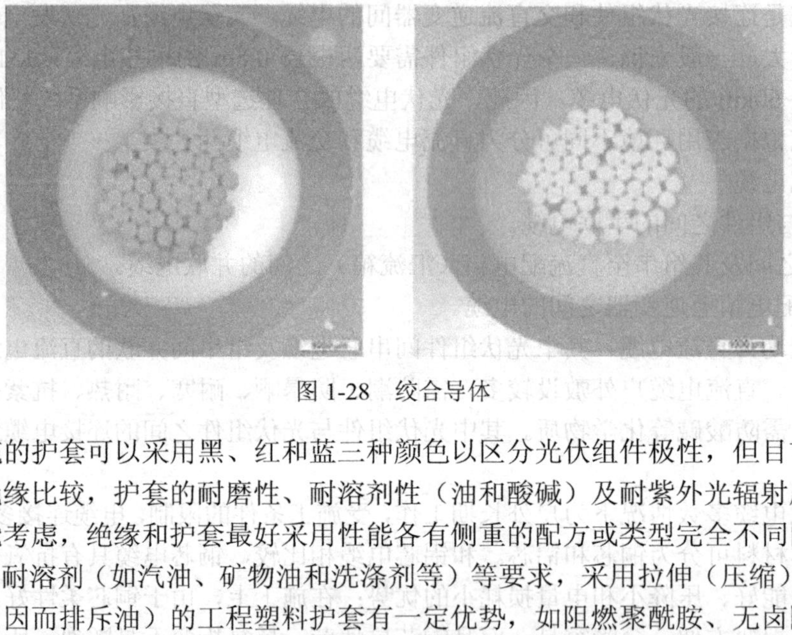

图 1-28　绞合导体

直流电缆的护套可以采用黑、红和蓝三种颜色以区分光伏组件极性，但目前用得最多的是黑色。与绝缘比较，护套的耐磨性、耐溶剂性（油和酸碱）及耐紫外光辐射应更好。从电缆成本和性能考虑，绝缘和护套最好采用性能各有侧重的配方或类型完全不同的材料。要满足电缆耐磨、耐溶剂（如汽油、矿物油和洗涤剂等）等要求，采用拉伸（压缩）弹性模量高、带极性基团（因而排斥油）的工程塑料护套有一定优势，如阻燃聚酰胺、无卤阻燃低烟热塑性聚酯弹性体和聚芳酯，选用阻燃橡胶或阻燃聚苯醚（PPO）则难以满足低烟特性。另外户外环境小动物侵入或撕咬也会造成直流接地故障。因此在有条件的前提下可选用铠装、带防鼠剂功能护套的电缆。

直流电缆的绝缘层通常采用辐照交联无卤阻燃聚烯烃。绝缘颜色通常有两种：黑色和因加有无机阻燃剂而显现的白色。

（2）交流电缆

1）逆变器至升压变压器的连接电缆。

2）升压变压器至配电装置的连接电缆。

3）配电装置至电网或用户的连接电缆。

此部分电缆为交流负荷电缆，户内环境敷设较多，可按照一般电力电缆选型要求选择。

① 导体（或称导电线芯）：其作用是传导电流。有实芯和绞合之分。材料有铜、铝、银、铜包钢、铝包钢等，主要用的是铜与铝。

② 耐火层：只有耐火型电缆有此结构。其作用是在火灾中电缆能经受一定时间，给人们逃生时多一些用电的时间。

③ 绝缘层：包覆在导体外，其作用是隔绝导体，承受相应的电压，防止电流泄漏。绝缘材料有多种多样，有的要求介电系数要小，以减少损耗；有的要求有阻燃性能或能耐高温；有的要求电缆在燃烧时不会或少产生浓烟或有害气体；有的要求能耐油、耐腐蚀；有的则要求柔软等。

④ 屏蔽层：在绝缘层外，外护层内，作用是限制电场和电磁干扰。

对于不同类型的电缆，屏蔽材料也不一样，主要有铜丝编织、铜丝缠绕、铝丝（铝合金丝）编织、铜带、铝箔、铝（钢）塑带、钢带等绕包或纵包等。

⑤ 填充层：填充的作用主要是让电缆圆整、结构稳定，有些电缆的填充物还起到阻水、耐火等作用。主要的材料有聚丙烯绳、玻璃纤维绳、石棉绳、橡皮等，种类很多，但有一个主要的性能要求是非吸湿性材料，当然还不能导电。

⑥ 内护层：内护层作用是保护绝缘线芯不被铠装层或屏蔽层损伤。

内护层有挤包、绕包和纵包等几种形式。对要求高的采用挤包形式，要求低的采用绕包或纵包形式。

⑦ 铠装层：铠装层作用是保护电缆不被外力损伤。最常见的是钢带铠装与钢丝铠装，还有铝带铠装、不锈钢带铠装等。钢带铠装主要作用是抗压，钢丝铠装主要是抗拉。根据电缆的大小，铠装用的钢带厚度是不一样的，这在各电缆标准中都有规定。

⑧ 外护层：在电缆最外层起保护作用的部件。主要有三种类：塑料类、橡皮类及金属类。其中塑料类最常用的是聚氯乙烯塑料、聚乙烯塑料，还有根据电缆特性有阻燃型、低烟低卤型、低烟无卤型等。

光伏发电的电缆选择遵循电缆选择的一般要求，即按照电压等级、满足持续工作允许的电流、短路热稳定性、允许电压降、经济电流密度及敷设环境条件因素等进行选型。同时光伏发电又具有自身的特点，太阳能系统常常会在恶劣环境条件下使用，如高温、严寒和紫外线辐射。所以光伏系统中电缆的选择需考虑如下因素。

● 电缆的绝缘性能。

电缆绝缘类型的选择，应符合《电力工程电缆设计规范》GB 50217—2007 中的规定。

● 电缆的耐热阻燃性能。

光伏电缆在使用环境温度从–40～90℃、导体最高长期工作温度为 120℃、短时（5s）最高短路温度为 200℃的条件下，使用寿命不小于 25 年。因此，光伏电缆的耐温等级必须在–40～125℃之间，以确保光伏电缆能够承受温差的变化，在酷暑寒冬中使用。常用电力电缆导体的最高允许温度如表 1-12 所示。

表 1-12　常用电力电缆导体的最高允许温度

电缆			最高允许温度/℃	
绝缘类别	型式特征	电压/kV	持续工作	短路暂态
聚氯乙烯	普通	≤6	70	160
交联聚乙烯	普通	≤500	90	250
自容式充油	普通牛皮纸	≤500	80	160
	半合成纸	≤500	85	160

● 电缆的防潮，防光（抗辐射）老化性能。

户外敷设的电缆长期遭受日晒雨淋、紫外线、臭氧侵蚀，因此，对室外电缆应具有的抗紫外光老化、耐潮湿（包括耐热水水解、耐霉变）和耐高低温特性等要求。在潮湿、含化学腐蚀环境或易受水浸泡的电缆，其金属层、加强层、铠装上应有聚乙烯外护层，水中电缆的粗钢丝铠装应有挤塑外护层。

此外，室内外都会遇到的抗热氧老化要求。具有良好的耐紫外老化和抗臭氧侵蚀的性能，才能确保光伏电缆在长期的日晒环境中，其绝缘和护套不会快速老化，提高其使用寿命。

● 电缆的敷设方式。不同的电缆敷设方式对电缆外护层有不同的要求。

● 电缆导体的材料（铜芯，铝芯）。用于下列情况的电力电缆，应选用铜导体。

① 电机励磁、重要电源、移动式电气设备等需保持连接具有高可靠性的电路。

② 振动剧烈、有爆炸危险或对铝有腐蚀等严酷的工作环境。

③ 耐火电缆。

④ 紧靠高温设备布置。

⑤ 安全性要求高的公共设施。

⑥ 工作电流较大，需增多电缆根数时。

⑦ 除限于产品仅有铜导体和确定应选用铜导体的情况外，电缆导体材质可选用铜或铝导体。

● 电缆截面的规格。

① 直流电缆截面可依据下列原则确定。蓄电池到室内的短距离直流连接电缆、交流负载的连接电缆、光伏组件与光伏组件之间的连接电缆以及光伏组价与逆变器的连接电缆，一般选取的电缆额定电流为各电缆中最大连续工作电流的 1.25 倍。而光伏方阵和光伏方阵之间的连接电缆、蓄电池（组）与逆变器之间的连接电缆，一般选取的电缆额定电流为各电缆中最大连续工作电流的 1.56 倍。

② 考虑温度对电缆性能的影响。一般要求电缆的额定电压为 600V，最高耐压为 1000V。按照电缆载流量选取电缆截面积大小，通常有截面积 $2.5mm^2$、$4mm^2$ 和 $6mm^2$ 这几种规格。环境温度的变化会影响到电缆最大允许流过的电流值。表 1-13 列出了不同截面大小和放置位置的单根镀锡铜电缆在环境温度为 60℃条件下，导体温度达到 120℃时电缆的最大允许电流 I_{60}。以此为基准，当环境温度变化时，导体的最大允许电流 I 可由下式计算得到。

$$I = k_1 I_{60}$$

式中，k_1 为修正系数，如表 1-14 所示。

表 1-13　最大允许电流 I_{60}（A）

镀锡铜导体标称截面积/mm^2	单根电缆悬挂于空气中	单根电缆置于物体表面	相邻多根电缆置于物体表面
1.5	30	29	24
2.5	41	39	33
4	55	52	44
6	70	67	57
10	98	93	79
16	132	125	107
25	176	167	142
35	218	207	176

表 1-14　导体的最大允许电流修正系数 k_1

环境温度（℃）	60 及以下	70	80	90	100	110
k_1	1.00	0.91	0.82	0.71	0.58	0.41

③ 考虑电压降不要超过 2%。电缆截面的选择应满足允许温升、电压损失、机械强度等要求直流系统电缆按电缆长期允许载流量选择，并按电缆允许压降校验，计算公式如下：

$$I_{pc} > I_{ca}$$

$$S_{cac} = \frac{\rho 2LI_i}{\Delta U_p}$$

式中　I_{pc}——电缆允许载流量（A）；

I_{ca}——回路计算电流（A）；

S_{cac}——电缆计算截面（mm^2）；

ρ——电阻系数，铜导体为 0.0184$\Omega mm^2/m$，铝导体为 0.031$\Omega mm^2/m$；

L——电缆长度（m）；

ΔU_p——回路允许压降（V）。

思考与训练

1．什么是光伏发电？
2．什么是分布式光伏发电？
3．什么是并网发电系统？什么是离网发电系统？它们在工作原理上有何差别？
4．请从成本、可靠性和环保等方面对比离网光伏系统和并网光伏系统。
5．并网光伏发电系统由哪几部分构成？各个部分的作用是什么？
6．光伏电站现场勘察需要注意哪些内容？
7．为什么说光伏电力是绿色低碳能源？
8．太阳能资源的特点有哪些？
9．我国的太阳能资源是如何分布的？
10．为何我国的青藏高原地区的太阳辐射资源最丰富？
11．如何获取太阳能资源数据？
12．BIPV 是指什么？

13．BAPV 是指什么？

14．如何决定并网光伏发电系统的装机容量？

15．如何估算并网光伏发电系统的发电量？

16．如果遇到连续阴雨或雾霾，光伏发电系统还会工作么？会不会电力不足或断电？

17．冬天天冷时，光伏发电系统会不会发电量不足？

18．太阳能辐射量单位有卡（cal）、焦耳（J）、瓦（W）等，其关系如下。

$$1\text{卡（cal）}=4.1868\text{焦（J）}=4.1868\text{W·s}$$

在太阳能资源评估过程中，常用的单位换算关系如下：

1cal=4.1868J　　1kWh=________MJ　　$1\text{kWh/(m}^2\text{·a)}$=________$\text{W/m}^2$

1kWh/m^2=________MJ/m^2=________kJ/cm^2

100mWh/cm^2=________cal/cm^2

1MJ/m^2 =________cal/cm^2 =________mWh/cm^2

19．试分析大气质量与太阳能高度角的关系，完成表 1-15 计算。

表 1-15　大气质量与太阳能高度角的关系

太阳高度角/°	90	60	45	30	10	5
大气质量						

20．什么是大气质量？AM1.5 的含义是什么？

21．什么是太阳电池的光谱响应？请简答光谱响应的大小取决于哪两个因素？

22．表 1-16 是广州市累年逐月太阳总辐射量数据表，请按照要求转换。

表 1-16　广州市累年逐月太阳总辐射量数据

月份	1 月	2 月	3 月	4 月	5 月	6 月	7 月	8 月	9 月	10 月	11 月	12 月
辐射量/（MJ/m^2）	306	243	268	301	389	419	507	490	444	440	377	335
峰值日照小时数/（h/d）												

23．什么是太阳常数？现在普遍采用的数值是多少？

24．如表 1-17 所示，利用倾斜面辐射估算方法，安装固定安装方式，估算年辐射量情况。

表 1-17　年辐射量情况

安装地点	地理位置（经纬度）	倾斜面太阳总辐射量	全年最佳倾角	估算方法
北京				
上海				
广州				
深圳				
拉萨				
成都				

25．从上述我国太阳能资源分布情况及单位换算关系，填表 1-18。

表 1-18　我国太阳能资源分布表

等级	年总辐射量/（MJ/m^2）	年总辐射量/（kWh/m^2）	平均日辐射量/（kWh/m^2）
极丰富带			
很丰富带			
丰富带			
一般			

26．利用总辐射表如何测量太阳反射、直射、散射值。

27．请描述全国基准、基本气象台站分布情况。

28．广东省基准、基本气象台站有哪些？

29．太阳的方位角和倾斜面的方位角的区别是什么？

30．北京地区的纬度是 39.56°，试求 5 月 1 日 10 时太阳的高度角、天顶角和方位角。

31．试求北京地区冬至日（12 月 12 日）的日出、日落时角，日出、日落方位角及全天日照时间。

32．广州地区的纬度是 23.10°，试求其 10 月 1 日大气层上界水平面上的太阳辐射日总量 H_0。

33．兰州地区的纬度是 36.03°，试计算在 2 月 13 日下午 3 时，倾角为 45°、方位角为 15°倾斜面上的太阳入射角。

34．试计算上海地区在 4 月 1 日上午 10 时，朝向正南方，倾角为 30°的倾斜面与水平面上小时直射辐照量的比值 R_b。

35．倾斜面上的太阳辐照量包括哪 3 个部分？

36．计划在广州地区的厂房屋顶上建造一座 1MWp 并网光伏电站，试估算完成后各月的最大发电量（假定系统的综合效率系数 K=0.75）。

37．光伏组件基本性能指标和检测方法有哪些，请列举其中的 5 项加以阐述。

38．IEC 60529—2013 外壳防护等级（IP 代码）标准中 IPXX 中两位特征数字分别代表什么？

39．如何选用光伏组件？

40．如何选用光伏电缆？如何计算光伏电缆的成本？

41．光伏组件电学特性的温度系数单位是什么？温度是如何影响光伏组件的电学输出的？对比国内主要光伏组件生产厂商的光伏组件的温度系数参数。

42．列举光伏逆变器各个国家认证要求。（至少列举 5 个）

43．光伏逆变器的主要功能、要求及主要技术参数如何？

44．薄膜光伏电站如何选用光伏逆变器？

45．什么是孤岛效应？如何预防其发生？

1.2　项目设计

任务目标：

通过本任务的实施，掌握并网光伏发电系统设计方法、光伏支架系统的设计方法、光伏组件阵列布置的方法、并网方式的设计方法、并网控制与保护系统设计方法、防雷系统的设计方法以及接地设计方法。

完成并网光伏发电系统项目设计工作，包括光伏发电系统阵列设计、电气设计、安全设计等。

任务描述：

根据客户的需求，给出详细的光伏发电系统设计方案。

1.2.1 并网光伏发电系统的阵列设计

并网光伏发电系统设计首先要考虑光伏阵列系统的设计，它涉及安装容量、安装方式、支架系统设计以及光伏阵列的布置等方面的内容。

1.2.1.1 安装方式设计

光伏方阵分为固定式和跟踪式两类，选择何种方式应根据安装容量、安装场地面积和特点、负荷的类别和运行管理方式，由技术经济比较确定。

跟踪式光伏方阵可分为平单轴跟踪、斜单轴跟踪和双轴跟踪三种，一般来说，在安装容量相同时，固定式、平单轴跟踪、斜单轴跟踪和双轴跟踪发电量依次递增，但其占地面积也同时递增。

对于家庭分布式并网光伏发电系统而言，安装场地可以是自家门前屋后的空地，也可以是自家的屋顶、阳台、墙面或建筑的其他部位，要注意安装场地有无遮光的障碍物，如树的阴影、楼房的阴影、电线杆的阴影等。在地面安装的场合，应选择合适的光伏系统安装高度，便于清理光伏组件表面的积雪、灰尘和鸟粪等覆盖物。同时，考虑到泥沙的上溅、小动物对其破坏、植物或树的遮挡以及风吹动沙石造成的损坏等可能情况的出现，建议安装高度距离地面 0.6m 以上。在屋顶、阳台等建筑物上安装的场合，不应影响安装部位的建筑功能，安装的光伏组件应满足安装部位的承载、保温、隔热、防水及防护要求，并应与建筑物协调一致，保持建筑统一和谐的外观。同时，合理规划光伏组件的安装位置，建筑物及建筑物周围的环境景观与绿化种植不应对投射到光伏组件上的阳光造成遮挡。以屋顶安装场合为例，应事先对安装屋顶条件如屋顶形状、房梁位置、防水结构和房屋结构等事项进行正确调查，然后进行光伏组件安装场所、方向、支架角度等最佳设计。此外，光伏组件安装在屋顶时，要确保它被安全的固定并且不会因为强风或大雪而破坏。组件背面要确保通风顺畅，以便组件的冷却（组件和安装表面的最小距离为 10cm），在屋顶安装组件时，要确保屋顶结构合适。此外，安装固定组件时所需要穿透的屋顶必须适当密封，以防屋漏。在一些情况下，可能需要用到特殊支架，需要咨询可靠的光伏系统安装公司。

地面固定式安装的光伏发电系统是利用金属支架，按照一定的方位角、倾角和一定的前后间距，把电池组件串列固定排列在地面上。常见的地面光伏发电系统安装支架包括支柱式（单立柱和双立柱）光伏支架、固定式光伏支架和可调式光伏支架。

立柱式安装是使用直接固定在地上的垂直立柱对光伏组件进行固定安装，包括单立柱和双立柱两种方式，如图 1-29 和图 1-30 所示。

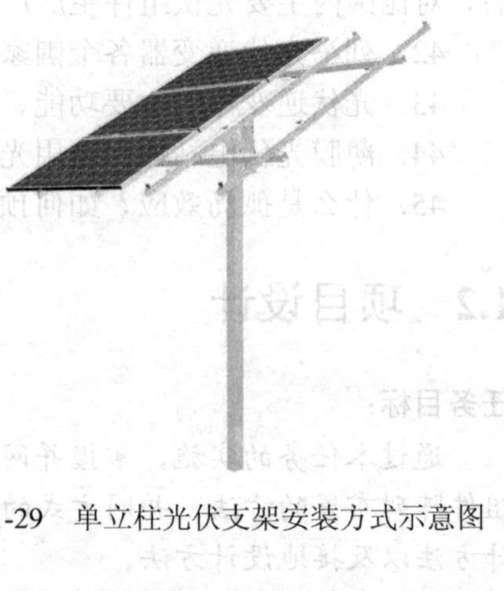

图 1-29 单立柱光伏支架安装方式示意图

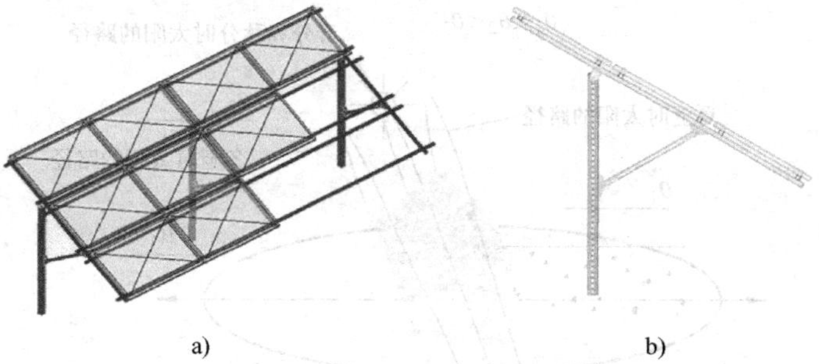

a)　　　　　　　　b)

图 1-30　双立柱光伏支架安装方式示意图

a) 示意图　b) 截面安装图

固定式支架安装使用的光伏支架采用三角形结构，如图 1-31 所示。

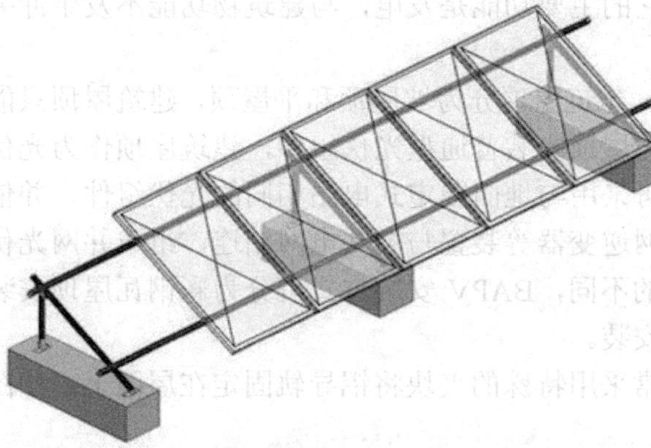

图 1-31　固定式光伏支架安装方式示意图

可调式光伏支架安装采用的支架具有滑动压块式结构，在与光伏组件连接部分采用导轨安装方式，如图 1-32 所示。

图 1-32　可调式光伏支架安装方式示意图

需要指出的是，可调式光伏支架与固定式光伏支架很类似，但是能够校准，在不同季节增大或减小倾角。对于朝南安装的光伏组件，冬季可以增大倾角以便从小角度的冬季阳光中捕获更多的能量，而夏季则可以减小倾角以便从大角度的夏季阳光中捕获更多能量，如图 1-33 所示。

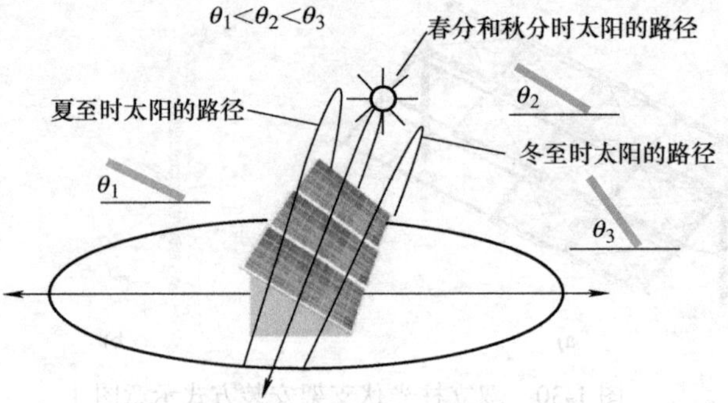

图 1-33　不同季节光伏组件安装倾角的调整示意图

附着在建筑物上的光伏发电系统（Building Attached Photovoltaic，BAPV）也称为“安装型”太阳能光伏建筑。它的主要功能是发电，与建筑物功能不发生冲突，不破坏或削弱原有建筑物的功能。

以屋顶 BAPV 为例，建筑屋顶分为坡屋顶和平屋顶，建筑屋顶只能安装固定式光伏发电系统，依托于平屋顶、坡屋顶安装普通型光伏组件，建筑屋顶作为光伏方阵的载体起支承作用。平屋顶、坡屋顶上可采用与地面固定式电站相同的光伏组件，并依托屋顶安装。光伏组件安装好后，再通过并网逆变器等装置与公共电网相连，组成并网光伏发电系统。

根据屋顶安装环境的不同，BAPV 安装方式可分为彩钢瓦屋顶安装、导流板安装、平屋顶安装和瓦片屋顶外挂安装。

彩钢瓦屋顶安装通常采用特殊的夹块将铝导轨固定在屋面上，如图 1-34 所示。

图 1-34　彩钢瓦屋顶光伏阵列示意图（图片来源：VERSOL solar 公司）

彩钢瓦屋顶光伏支架系适合于厂房或仓库等大面积的彩钢瓦屋顶。彩钢瓦屋面一般分为直立锁边、角驰式、暗扣式、固定件连接。根据不同的彩钢瓦选用不同的固定方式，使之能够很好地契合。图 1-35～图 1-37 所示分别为波形彩钢瓦、梯形彩钢瓦和直立锁边彩钢瓦屋顶安装示意图。彩钢板种类繁多，对不同的彩钢瓦屋面结构及不破坏屋面优化设计，把专用支座固定在彩钢瓦上，上接铝合金轨道用以支撑光伏组件，用专用的卡扣件将光伏组件固定在轨道上。

图 1-35　波形彩钢瓦屋顶安装示意图（图片来源：VERSOL solar 公司）

图 1-36　梯形彩钢瓦屋顶安装示意图（图片来源：VERSOL solar 公司）

图 1-37　直立锁边彩钢瓦屋顶安装示意图（图片来源：VERSOL solar 公司）

导流板安装应用流体力学，采用底部加宽铝轨和围板，无须增加负重，对屋顶不产生任何破坏，如图 1-38 和图 1-39 所示。空气导流板使用防腐效果优越的不锈钢板或镀铝镁锌板实现长久无障碍安全使用。运用空气动力学原理，防止系统被强风吹翻。

图 1-38　导流板系统示意图（图片来源：VERSOL solar 公司）

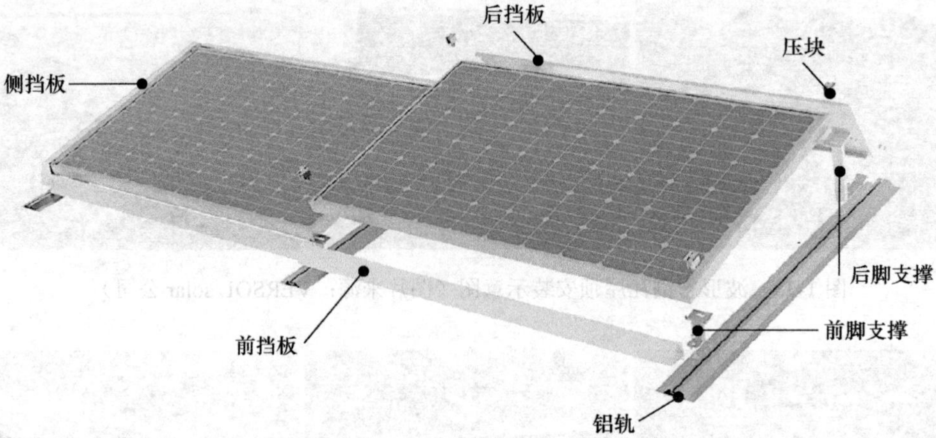

图 1-39 导流板结构示意图（图片来源：VERSOL solar 公司）

平屋顶安装适用于各类平屋顶，根据屋面承重能力及防水要求，可采用负重式或化学锚栓等固定方式将系统固定在屋面上，如图 1-40 和图 1-41 所示。

图 1-40 平屋顶安装系统示意图（图片来源：VERSOL solar 公司）

图 1-41 平屋顶安装示意图（图片来源：VERSOL solar 公司）

瓦片屋顶外挂安装采用模块化设计，根据不同的屋面结构及瓦片形状进行设计，采用屋顶挂钩固定在屋顶结构上，通过导轨横梁及压块组件模块固定，如图 1-42 和图 1-43 所示。

图 1-42　瓦片屋顶外挂系统示意图（图片来源：VERSOL solar 公司）

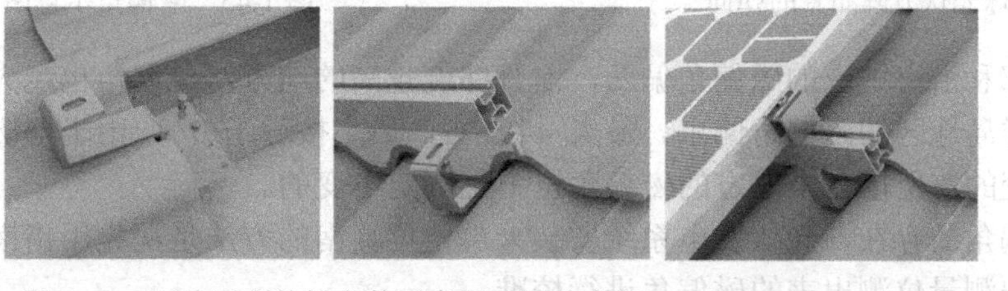

图 1-43　瓦片屋顶外挂安装示意图（图片来源：VERSOL solar 公司）

1.2.1.2　支架系统的设计

光伏系统支架是光伏发电系统中为了摆放、安装、固定光伏组件而设计的专用支架。光伏支架应结合工程实际选用材料、设计结构方案和构造措施，保证支架结构在运输、安装和使用过程中满足强度、稳定性和刚度要求，并符合抗震、抗风和防腐要求。

1．光伏支架的材料

《太阳能光伏系统支架通用技术要求》JG/T 490−2016 中对光伏系统支架使用的铝合金材料、钢材及五金材料和非金属材料做了具体要求。《光伏发电设计规范》GB 50797−2012 中指出，光伏支架材料宜采用钢材，材质的选用和支架设计应符合现行国家标准《钢结构设计规范》GB 50017 的规定。

2．光伏支架的设计结构方案和构造措施

支架应按承载能力极限状态计算结构和构件的强度、稳定性以及连接强度，按正常使用极限状态计算结构和构件的变形。

光伏支架载荷包括风荷载、雪荷载和温度荷载等，应按现行国家标准《建筑结构荷载规范》GB 50009 中 25 年一遇的荷载数值取值。地面和楼顶支架风荷载的体型系数取 1.3。建筑物立面安装的支架风荷载的确定应符合现行国家标准《建筑结构荷载规范》GB 50009 的要求。

1.2.1.3　光伏方阵的布置

地面光伏发电系统的光伏方阵布置应满足以下要求。

1）为了接收到最多的太阳能，对于固定式布置的光伏方阵、光伏组件安装方位角宜采用正南方向，如图 1-44 所示。这里的正南是真南（在北半球），而不是磁南。地理（真）子午线是在地面上连接南北两极的线表示南北方向。真南是真实的地理意义上的南。而磁南是磁子午线所指方向，由地球磁场决定，可以用指南针测量。地理子午线和地磁子午线实际上是不一致的，它们之间存在着夹角，被叫作磁偏角，如图 1-45 所示。

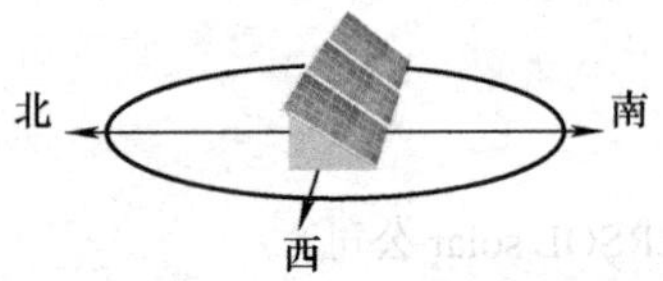

图 1-44　北半球光伏方阵布置的朝向

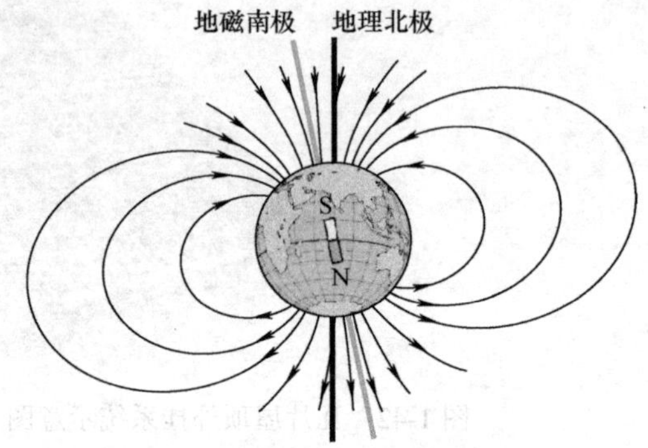

图 1-45　磁偏角示意图

我国东部和沿海地区的磁偏角偏西，而且纬度越高的地方，磁偏角也越大，只有新疆、西藏和南沙群岛地区的磁偏角偏东。最大 4° 左右，最小接近于 0°。由于地磁南北极的位置不是固定不变的，所以各个地方的磁偏角也不是固定不变的。

由于磁偏角的存在，光伏发电系统安装人员定位真南的方法是，先用指南针找到磁南，然后根据磁偏测量仪测出来的磁偏角进行校准。

需要指出的是，这样做的结果不总是准确的。指南针的读数会受到周围铁（如钥匙、金属工具等）、钢（如汽车等）或附近磁体（如附近铁矿、扬声器、手机等）的影响。因此，把光伏阵列朝向真南固然是最理想的，但这并不总是可能的。实际上，在光伏阵列方位角误差小于 25° 时所引起的发电量减小小于 10%；方位角偏离真南 30° 时，发电量减少 10%～15%；方位角偏离真南 60° 时，发电量减少 20%～30%（试验证这些数据的可靠性）。

2）光伏方阵各排、列的布置间距，无论是固定式还是跟踪式均应保证全年 9：00～15:00（当地真太阳时）时段内前、后、左、右互不遮挡，即冬至日当天 9:00～15:00 时段内前、后、左、右互不遮挡。

固定式布置的光伏方阵，在冬至日当天太阳时 9:00～15:00 不被遮挡的间距如图 1-46 所示，可由以下公式计算：

$$D = L\cos\beta + L\sin\beta\frac{0.707\tan\phi + 0.4338}{0.707 - 0.4338\tan\phi}$$

式中　L——阵列倾斜面长度（m）；
D——两排阵列之间距离（m）；
β——阵列倾角（°）；
ϕ——当地纬度（°）。

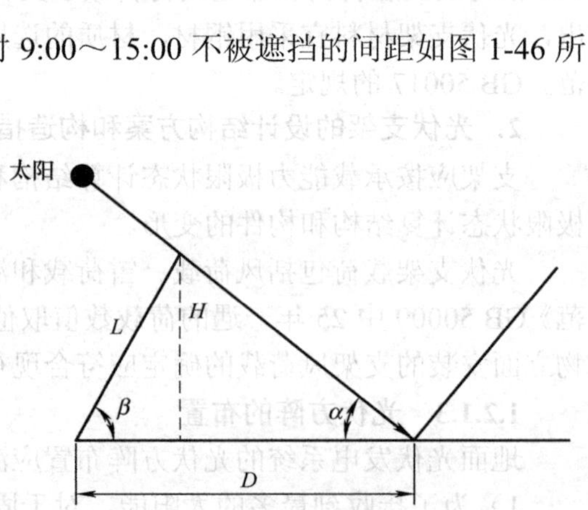

图 1-46　光伏方阵间距示意图

光伏方阵前后排间距与光伏组件的尺寸以及倾角相关，同时受到安装场地面积大小的限制，以及光伏组件串、并联的线路连接等因素的影响，因此光伏组件需要进行反复排列比较，最终得到合理的布局。

如采用跟踪布置方式，在同等土地面积条件下，需要尽量优化每台跟踪器上的光伏组件排布，选择合适的跟踪器形式，有效地对跟踪器阵列进行南北和东西间距设计，使得光伏组件能够在同等条件下，最有效地跟踪太阳运动轨迹，最大化地提高光伏阵列的发电量，提高光伏发电系统的总体经济效益。

3）光伏方阵采用固定式布置时，最佳倾角应结合站址当地的多年月平均辐照度、直射分量辐照度、散射分量辐照度、风速、雨水、积雪等气候条件进行设计，并宜符合下列要求：

① 对于并网光伏发电系统，倾角宜使光伏方阵的倾斜面上受到的全年辐照量最大；

② 对于离网光伏发电系统，倾角宜使光伏方阵的最低辐照度月份倾斜面上受到较大的辐照量；

③ 对于有特殊要求或土地成本较高的光伏发电站，可根据实际需要，经技术经济比较后确定光伏方阵的设计倾角和阵列行距。

光伏组件倾斜面上的总辐射量是倾斜面上的直接辐射量、散射辐射量以及地面反射辐射量之和。工程中常利用公式计算倾斜面上的总辐射量，并选择最佳倾角。总辐射量也与地面反射率有关，一般计算时，可取反射率为 0.2。地面反射率的数值取决于地面状态。不同地面状态的反射率可参照表 1-19 执行。

表 1-19 不同地面状态的反射率

地面状态	反射率	地面状态	反射率	地面状态	反射率
沙漠	0.24～0.28	干湿土	0.14	湿草地	0.14～0.26
干燥地带	0.1～0.2	湿黑土	0.08	新雪	0.81
湿裸地	0.08～0.09	干草地	0.15～0.25	冰面	0.69
干燥黑土	0.14	森林	0.04～0.1	湿砂地	0.09
湿灰色地面	0.1～0.12	残雪	0.46～0.7	干砂地	0.18
干灰色地面	0.25～0.3				

光伏方阵的方位、倾角对于安装场所来说都存在一个最佳值。但是，在屋顶上安装光伏方阵的情况，尤其是斜屋顶，按照这种方位和倾角制造安装支架，不仅增加支架的成本和重量，同时也增加对屋顶的负担，而且设计难度也增大。综合考虑各种因素，安装时与屋顶平行安装的方式比较合适。

4）光伏方阵中，同一光伏组件串中各光伏组件的电性能参数宜保持一致。为了提高光伏发电系统输出效率，计算光伏组件串中组件数量时，需要考虑光伏组件的工作温度和工作电压温度系数，由环境温度变化等引起的光伏组件串工作电压的变化范围需在逆变器的最大功率跟踪电压范围之内。

光伏组件串的串联数应按下列公式计算：

$$N \leqslant \frac{U_{\mathrm{dc\,max}}}{U_{\mathrm{oc}} \times [1+(t-25)\times K_{\mathrm{v}}]}$$

$$\frac{U_{\mathrm{mppt\,min}}}{U_{\mathrm{pm}} \times [1+(t'-25)\times K_{\mathrm{v}}']} \leqslant N \leqslant \frac{U_{\mathrm{mppt\,max}}}{U_{\mathrm{pm}} \times [1+(t-25)\times K_{\mathrm{v}}']}$$

式中　K_{v}——光伏组件的开路电压温度系数；

K_V'——光伏组件的工作电压温度系数；

N——光伏组件的串联数（N取整）；

t——光伏组件工作条件下的极限低温（℃）；

t'——光伏组件工作条件下的极限高温（℃）；

U_{dcmax}——逆变器允许的最大支流输入电压（V）；

$U_{mpptmax}$——逆变器 MPPT 电压最大值（V）；

$U_{mpptmin}$——逆变器 MPPT 电压最小值（V）；

U_{oc}——光伏组件的开路电压（V）；

U_{pm}——光伏组件的工作电压（V）。

5）光伏方阵中光伏组件的放置方式包括横向布置（如图 1-47 所示）和纵向布置（如图 1-48 所示），不同的布置方式对光伏发电系统的发电量和造价有一定的影响。

图 1-47　光伏组件横向布置

图 1-48　光伏组件的纵向布置

光伏方阵中光伏组件的放置方式的不同对造价的影响主要体现在配套支架的造价上。不论是晶硅组件还是非晶硅组件，当采用固定式支架时，横向布置时的支架造价要高于纵向布置时。但不同布置方式对发电量的影响，晶硅组件和非晶硅组件略有不同。对于晶硅组件，纵向布置时的光伏方阵相互遮挡造成的发电量损失要高于横向布置。目前由 60 片太阳电池片封装成的多晶硅组件是每 20 片太阳电池可并联一个旁路二极管。组件的电路结构如图 1-49 所示。不论光伏方阵如何布置，由于光伏阵列南北间距不是无限大，当太阳高度角很小的时候，即早上和傍晚时候，阵列会不可避免的相互遮挡，必定会影响阵列的发电量，如图 1-50 所示。

当光伏组件纵向排布时，阴影同时遮挡 3 个太阳电池串，如图 1-51 所示。当光伏组件横向排布时，开始时阴影只遮挡单个太阳电池串，如图 1-52 所示。我们可以从理论上对这两种光伏组件相互遮挡的情形进行分析。当光伏组件横向排布时，一开始阴影只遮挡 1 个太阳电池串，当遮挡面积大到一定程度，这些被遮挡的太阳电池会成为负载产生压降。当压降大于未遮挡电池的输出电压时，这时被遮挡太阳电池串对应的旁路二极管会承受正压而导通，这时被遮挡太阳电池串产生的功率全部被遮挡太阳电池消耗，同时旁路二极管正向导通，可以避免被遮挡太阳电池消耗未被遮挡太阳电池串产生的功率，另外两个太阳电池串可以正常输出功率。当组件纵向排布时，阴影会同时遮挡 3 个太阳电池串，3 个旁路二极管若全部正向导通，则光伏组件没有功率输出，3 个旁路二极管若没有全部正向导通，则光伏组件产生的功率会全部被遮挡电池消耗，光伏组件也没有功率输出。

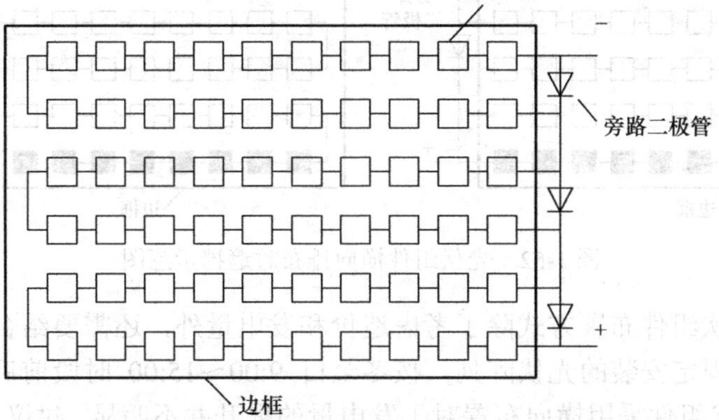

图 1-49　光伏组件结构示意图

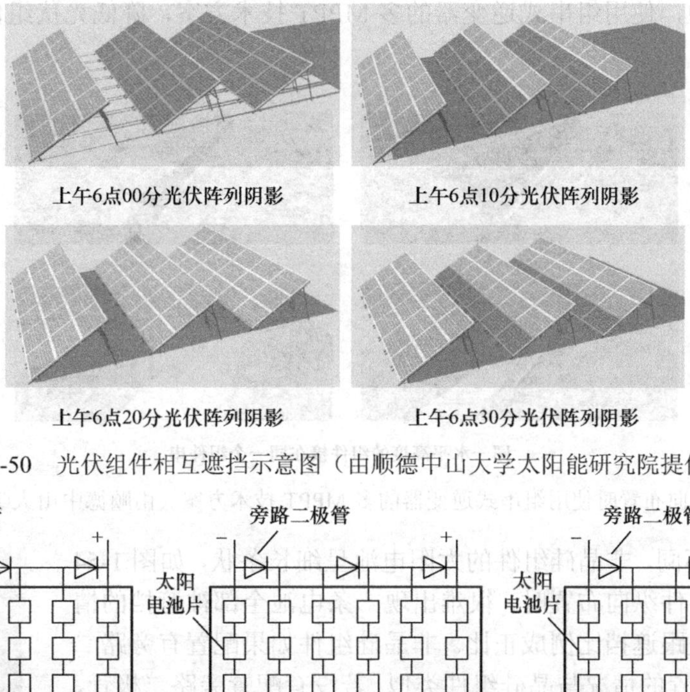

图 1-50　光伏组件相互遮挡示意图（由顺德中山大学太阳能研究院提供）

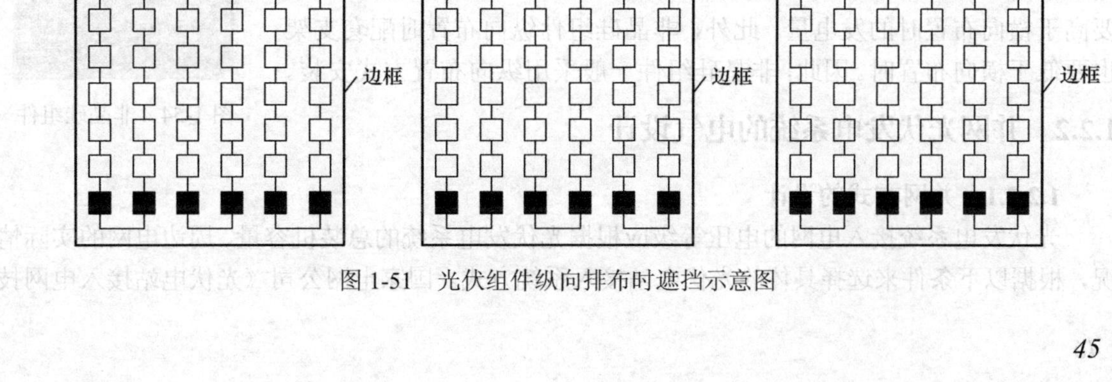

图 1-51　光伏组件纵向排布时遮挡示意图

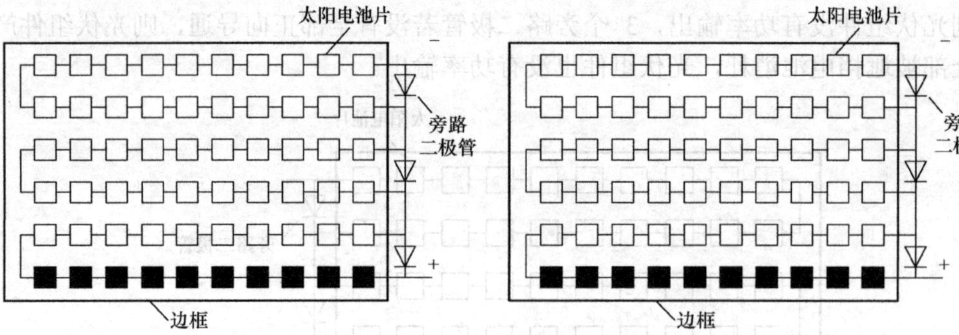

图 1-52　光伏组件横向排布时遮挡示意图

光伏方阵中光伏组件布置方式除了考虑造价和发电量外，还需要结合安装场地条件做综合考虑。因为对于固定安装的光伏阵列，按冬至日 9:00～15:00 时段前后排光伏组件互不遮挡确定间距后，光伏组件采用横向布置对于发电量的提升并不明显，建议采用纵向布置方式；而安装场地面积有限时，则建议采用横向布置方式。同时，同一水平高度的光伏组件接在同一个光伏组件串中，使用组串式逆变器的多 MPPT 技术方案，降低光伏组件失配的损失，如图 1-53 所示。

同一水平高度的组件接在同一个组件串

图 1-53　光伏组件横向布置时使用组串式逆变器的多 MPPT 技术方案（由顺德中山大学太阳能研究院提供）

与晶硅组件不同，非晶硅组件的太阳电池呈细长条状，如图 1-54 所示。当非晶硅组件纵向布置时，很难出现一条电池全部被遮挡的情况，发电量的损失跟遮挡比例成正比。非晶硅组件如果配置有旁路二极管，则其横向布置的情况与晶硅组件类似；若没有配置旁路二极管，则应禁止组件横向布置。对于非晶硅组件而言，纵向布置时的发电量要高于横向布置时的发电量。此外，非晶硅组件纵向布置时配套支架也要低于横向布置时。因此，非晶硅组件一般采用纵向布置方式安装。

图 1-54　非晶硅组件

1.2.2　并网光伏发电系统的电气设计

1.2.2.1　并网方式的设计

光伏发电系统接入电网的电压等级应根据光伏发电系统的总装机容量、周边电网的实际情况，根据以下条件来选择具体的光伏电站接入系统方式。国家电网公司《光伏电站接入电网技术规定》（Q/GDW 617—2011）规定光伏发电系统接入公用电网的连接方式分为专线接入公用电网、T 接于公用电网以及通过用户内部电网接入公用电网的三种方式。江苏省电力公司《光伏电站接入系统导则》中对光伏电站接入江苏电网的电压等级作了规定，如表 1-20 所示。

表 1-20　光伏电站接入电压等级表

总装机容量 G	电压等级
$G \leqslant 200$kWp	400V（380V）
200kWp<$G \leqslant$3MWp	10kV
3MWp <$G \leqslant$10MWp	10kV 或 20kV
10MWp <$G \leqslant$20MWp	20～110kV
G > 20MWp	110kV

1）装机容量 200kWp 及以下的光伏电站，由于其容量较小，宜直接接入 380（400）V 低压配电网，光伏电站发出的电力可直接在低压配电网用电负荷侧全部消纳利用。这种接入方式非常适合户用屋顶并网光伏发电系统。这类系统可以以“净电表计量方式”或者“上网电价方式”接入电网，或者采用“并网不上网”方式接入电网。

光伏电站采用“净电表计量”方式接入电网可如图 1-55 和图 1-56 所示。

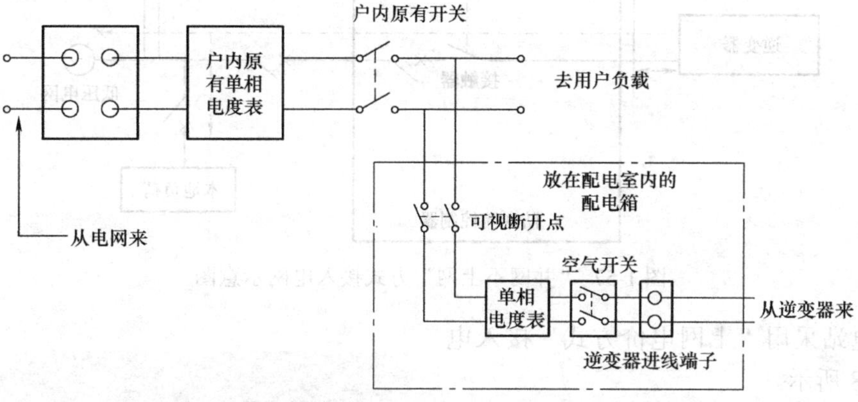

图 1-55　“净电表计量”两相电方式接入电网示意图

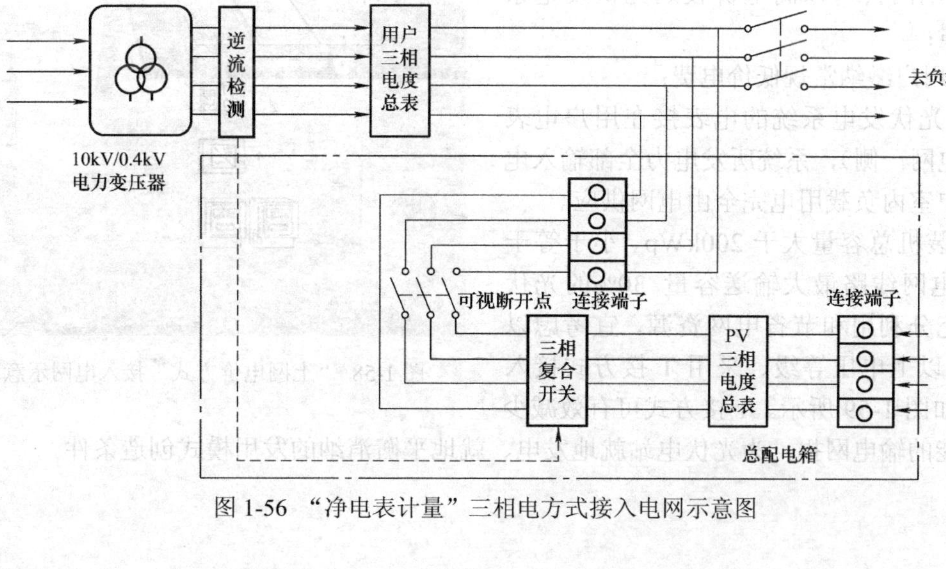

图 1-56　“净电表计量”三相电方式接入电网示意图

“净电表计量”方式的特点是：

① 电网公司不用高价收购光伏发电系统电量；

② 允许抵消用电量（即自发自用）；

③ 光伏发电系统计量电表装在用户电表之后（负载一侧）。光伏发电首先满足用户室内负载需要，如有多余电量输入电网，不足时由电网供给。

光伏发电系统以“净电表计量”方式接入电网时也可以只配置一只电度表。电度表在用户使用电网电能时正转；光伏发电系统向电网供电时反转。这样用户根据电度表读数缴纳电费时，实际已经扣除了光伏发电系统所产生电能的费用。

“净电表计量”方式还有一种类型，称为“并网不上网”方式，如图 1-57 所示。光伏发电系统中增加了一套防逆流控制器，光伏发电系统所发出的电能只供用户负载使用，即使有多余的电量，也不输入电网。

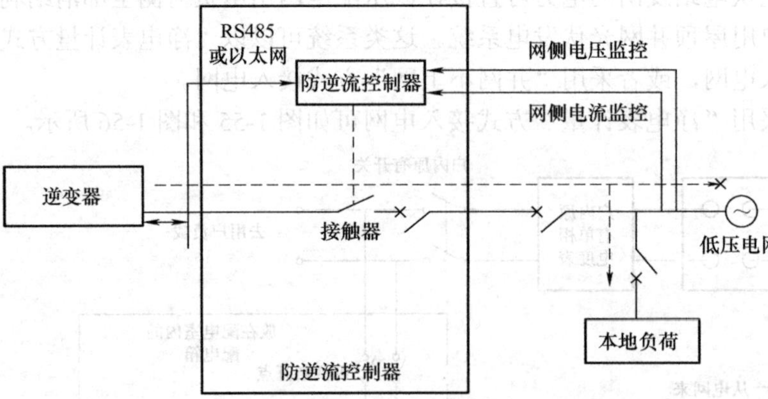

图 1-57 “并网不上网”方式接入电网示意图

光伏电站采用“上网电价方式”接入电网如图 1-58 所示。

“上网电价方式”的特点是：

① 电网公司以高电价收购光伏发电系统的电量；

② 用户缴纳常规低价电费；

③ 光伏发电系统的电表接在用户电表之前（电网一侧），系统所发电力全部输入电网，用户室内负载用电完全由电网供应。

图 1-58 “上网电价方式”接入电网示意图

2）装机总容量大于 200kWp、小于等于所接入电网线路最大输送容量 30%的光伏电站，充分利用和节省电网资源，宜考虑以 10kV 及以上电压等级、采用 T 接方式接入电网，如图 1-59 所示。T 接方式可有效减少光伏电能的输电网损，为光伏电站就地发电、就地平衡消纳的发用模式创造条件。

3）装机总容量大于拟接入的10kV及以上电压等级配电线路最大输送容量30%的光伏电站，按照规范要求，应采用专线接入电网，如图1-60所示。

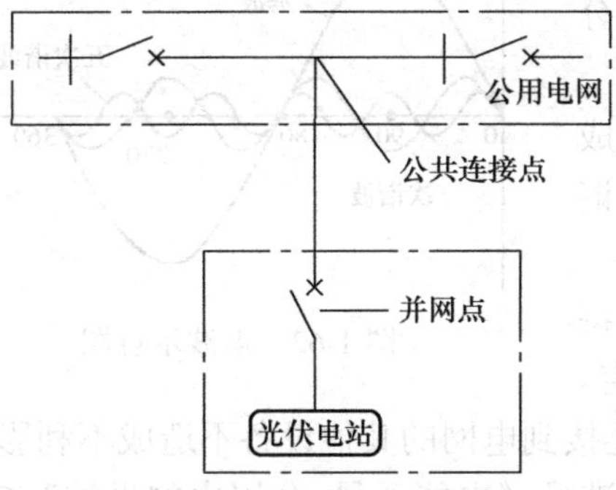

图1-59　以T接方式接入公用电网示意图

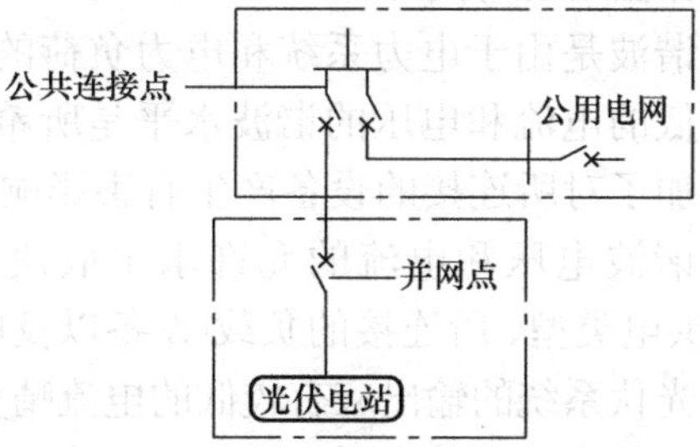

图1-60　以专线接入公用电网示意图

4）光伏电站一般应接入公用电网。当不具备接入公用电网条件时，经论证审定，可就近接入用户内部电网，如图1-61所示。光伏电站采用通过用户内部电网接入公用电网的接入方式应遵守《电力法》的有关规定。

另外，为了确保电网运行和设备安全，无论光伏电站采用何种接入方式，光伏电站与电网只能有唯一一个并网点，并网点应设置易于操作、具有明显开断点的并网总断路器。对于有升压站的光伏发电系统，并网点是指升压站高压侧母线或节点。对于无升压站的光伏发电系统，并网点是指光伏发电系统输出汇总点。

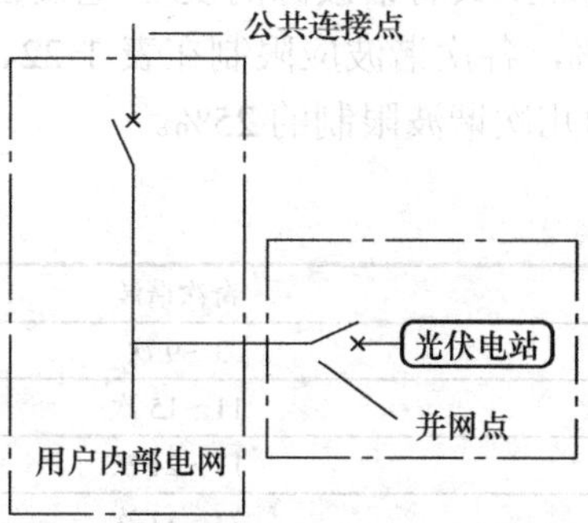

图1-61　接入用户内部电网示意图

1.2.2.2　并网控制与保护系统设计

1．电能质量

光伏发电系统向当地交流负载提供电能和向电网发送电能的质量，在谐波、电压偏差、电压波动和闪变、电压不平衡度等方面应满足相应标准的要求，如表1-21所示。

表1-21　电能质量相关国家标准

序号	标准号	名称
1	GB/T 14549	电能质量公用电网谐波
2	GB/T 24337	电能质量公用电网间谐波
3	GB/T 12325	电能质量供电电压允许偏差
4	GB/T 12326	电能质量电压波动和闪变
5	GB/T 15543	电能质量三相电压允许不平衡度

光伏发电系统并网点应装设满足IEC 61000-4-30-2003《电磁兼容（EMC）-试验和测量技术-电能质量测量方法》标准要求的A类电能质量在线监测装置。对于用户内部电网的电能质量监测点应放置在关口计量点。对于大中型光伏电站，电能质量数据应能够远程传送到电网企业，保证电网企业对电能质量的监控。对于小型光伏发电站，电能质量数据应至少存储1年，必要时供电网企业调用。

（1）谐波

国家标准规定，谐波是指对周期性交流进行傅里叶级数分解后得到的频率为基波频率大于 1 的整数倍的分量，如图 1-62 所示。

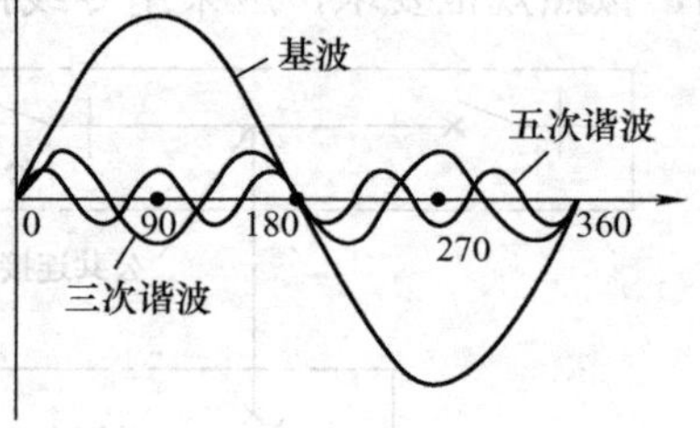

图 1-62 谐波示意图

谐波是由于电力系统和电力负荷的非线性特性造成的。低的电流和电压的谐波水平是所希望的；较高的谐波增加了对所连接的设备产生有害影响的可能性。

谐波电压和电流的允许水平取决于配电系统的特性、供电类型、所连接的负载/设备以及电网的现行规定。

光伏系统的输出应有较低的电流畸变，以确保对连接到电网的其他设备不造成不利影响。

光伏电站所接入的公共连接点的谐波注入电流应满足《电能质量 公用电网谐波》GB/T 14549 的要求，其中光伏电站向电网注入的谐波电流允许值安装光伏电站装机容量与公共连接点上具有谐波源的发/供电设备总容量之比进行分配。总谐波电流应小于逆变器额定输出的 5%，各次谐波应限制在表 1-22、表 1-23 所列的百分比之内。此范围内的偶次谐波应小于低的几次谐波限制的 25%。

表 1-22 奇次谐波电流畸变限值

奇次谐波	畸变限值
3～9 次	<4.0%
11～15 次	<2.0%
17～21 次	<1.5%
23～33 次	<0.6%

表 1-23 偶次谐波电流畸变限值

偶次谐波	畸变限值
2～8 次	<1.0%
10～32 次	<0.5%

光伏电站所接入的公共连接点的各次间谐波电压含有率及单个光伏电站引起的各次间谐波电压应满足《电能质量 公用电网间谐波》GB/T 24337 的要求。

（2）电压偏差

电压偏差是实际运行电压对系统标称电压的偏差相对值。为了使当地交流负载正常工作，光伏系统中逆变器的输出电压应与电网相匹配。

光伏电站接入电网后，光伏电站并网点的电压偏差应满足《电能质量 供电电压偏差》GB/T 12325 的要求。三相电压的允许偏差为额定电压的±7%，单相电压的允许偏差为额定电压的+7%、−10%。

（3）电压波动和闪变

电压波动是指电压方均根值（有效值）一系列的变动或连续的改变。闪变是指灯光照度不稳定造成的视感。光伏电站所接入的公共连接点的电压波动和闪变应满足《电能质量 电压波动和闪变》GB/T 12326 的要求，其中光伏电站引起的闪变值按照光伏电站装机容量与公共连接点上的干扰源总容量之比进行分配。

（4）电压不平衡度

电压不平衡度是指三相电力系统中三相电压在幅值上不同或相位差不是 120° 的程度。光伏电站所接入的公共连接点的电压不平衡度及光伏电站引起的电压不平衡度应满足《电能质量 三相电压不平衡》GB/T 15543 的要求，允许值为 2%，短时不得超过 4%。其中光伏电站引起的电压不平衡度允许值按照 GB/T 15543 的原则进行换算。

（5）直流分量

光伏电站并网运行时，逆变器向电网馈送的直流电流分量不应超过其交流电流额定值的 0.5%。

（6）频率偏差

频率偏差是指系统频率的实际值和标称值之差。光伏系统并网时应与电网同步运行。电网额定频率为 50Hz，光伏系统并网后的频率允许偏差应符合《电能质量 电力系统频率偏差》GB/T 15945 的规定，即偏差值允许±0.5Hz。

（7）功率因数

当光伏系统中逆变器的输出大于其额定输出的 50%时，平均功率因数不小于 0.9（超前或滞后）。

2．电网异常时的响应特性

（1）电压异常时的响应特性

对于小型光伏电站，应按照表 1-24 要求的时间停止向电网线路送电。此要求适用于三相系统中的任何一相。

注：由于其整体化的属性，在维修或维护时才要求逆变器与电网完全断开。逆变器维护时可以通过一个电网交流断路开关来实现与电网完全断开。在其他所有的时间里，无论逆变器是否在向电网输送光伏能源，控制电路保持与电网的连接，以监测电网状态。

表 1-24 异常电压的响应

电压（电网接口处）	最大分闸时间[a]
$U<0.5\times U_{正常}$	0.1s
$50\%\ U_{正常}\leqslant U<85\% U_{正常}$	2.0s
$85\%\ U_{正常}\leqslant U\leqslant 110\% U_{正常}$	继续运行
$110\%\ U_{正常}<U\leqslant 135\% U_{正常}$	2.0s
$135\%\ U_{正常}\leqslant U$	0.05s

a：最大分闸时间是指异常状态发生到逆变器停止向电网送电的时间。主控与监测电路应切实保持与电网的连接，从而继续监视电网的状态，使得“恢复并网”功能有效。主控与监测的定义参见《地面用光伏（PV）发电系统 概述和导则》GB/T 18479。

（2）频率异常时的响应特性

对于小型光伏电站，当光伏电站并网点频率超过 49.5～50.2Hz 范围时，应在 0.2s 内停止向电网线路送电。

3．安全与保护

光伏系统和电网异常或故障时，为保证设备和人身安全，应具有相应的并网保护功能。光伏电站应配置相应的安全保护装置。光伏电站的保护应符合可靠性、选择性、灵敏性和速动性的要求，与电网的保护相匹配。光伏电站应在光伏电站并网点内侧设置易于操作、可闭锁且具有明显断开点的并网总断路器。

（1）过/欠电压

当电网接口处电压超出电压偏差允许范围时，光伏系统应停止向电网送电。此要求适用于多相系统中的任何一相。

系统应能检测到异常电压并做出反应。电压的方均根值在电网接口处测量，应满足相关标准要求。

（2）过/欠频率保护

当电网接口处频率超过频率偏差范围时，过/欠频率保护应在 0.2s 内动作，将光伏发电系统与电网断开。

（3）过流保护

光伏电站应具备一定的过电流能力，在 120%倍额定电流以下，光伏电站连续可靠工作时间应不小于 1min。

（4）防孤岛保护

当光伏系统并入的电网失压时，必须在规定的时限内将光伏系统与电网断开，防止出新孤岛效应。对小型光伏电站，应具备快速监测孤岛且立即断开与电网连接的能力。当电网失压时，防孤岛效应保护应在 2s 内动作，将光伏系统与电网断开（注：光伏系统与电网断开不包括用于监测电网状态的主控和监测电路）。

应设置至少一种主动和被动防孤岛效应保护。

主动防孤岛效应保护方式主要有频率偏离、有功功率变动、无功功率变动、电流脉冲注入引起阻抗变动等。

被动防孤岛效应保护方式主要有电压相位跳动、3 次电压谐波变动、频率变化等。

（5）逆功率保护

当光伏电站设计为不可逆并网方式时，应配置逆向功率保护设备。当检测到逆向电流超过额定输出的 5%时，光伏电站应在 0.5～2s 内停止向电网线路送电。

（6）恢复并网

电网发生扰动后，在电网电压和频率恢复正常范围之前光伏电站不允许并网，且在电网电压和频率恢复正常后，小型光伏电站应经过一个可调的延时时间后才能重新并网，延时时间一般为 20s～5min，具体延时时间按照光伏电站容量大小和接入方式，并结合分批并网原则由电力调度部门确定；大中型光伏电站应按电力调度部门指令执行，不可自行并网。

（7）防雷和接地

光伏系统和并网接口设备的防雷和接地，应符合《光伏（PV）发电系统过电压保护—导则》SJ/T 11127 中的规定。

（8）短路保护

光伏系统对电网应设置短路保护，当电网短路时，逆变器的过电流不大于额定电流的 150%，并在 0.1s 以内将光伏系统与电网断开。

（9）隔离和开关

在光伏系统与电网连接的开关柜中应提供手动和自动的断路开关，断路开关原则上采用可视断点的机械式开关。除非当地供电机构同意，不得采用电子式开关。

1.2.3　并网光伏发电系统的安全设计

光伏发电系统在运行维护过程中涉及强电，因此，必须要做好安全设计，即系统应具备用电安全保护功能，包括防雷保护和接地保护等。

防雷设计中需考虑光伏电站所在地雷电活动情况。雷暴日数是表征不同地区雷电活动的频繁程度的重要参数，其相关指标如表 1-25 所示。雷暴日是指某地区一年中有雷电放电的天数。气象观测台站在一天中，听到雷声，看见闪电，都算作一个雷暴日，不论延续了多长时间。

表 1-25　雷暴日数相关指标定义

雷暴日数	定义
年雷暴日数	观测台站一年中所有的雷暴日数总和
年平均雷暴日数	观测台站多年年雷暴日数的平均
区域平均雷暴日数	区域内多个观测台站一年中的平均雷暴日数
区域多年平均雷暴日数	区域内多个观测台站多年中的平均雷暴日数

注：雷暴日分布与指定的统计区域有关，单位为：天数/一定区域内，比较科学的方法是采用 10×10km² 网格为标准统计区域，但这和现在的雷暴日计算方法有差异，目前我国以气象观测站听到雷声为统计依据，国外科学家研究，听力好的人可以听到 20km 以外的雷声，听力不好的人连 5km 处发生的雷电都听不到，另外也和雷声大小、背景噪声及传播路径上有无障碍有关，同时，我国目前基本是 1 个行政县设 1 个气象观测站，可以依县级行政区域为雷暴日统计单位。依据不同的统计方法，得出来的结论相差很大，有待国家统一规范。

根据雷电活动的频度和雷害的严重程度，依据《建筑物电子信息系统防雷技术规范》GB 50343 3.1.3 规定，我国把年平均雷暴日数 $T>90$ 的地区叫作强雷区，$40<T\leqslant 90$ 的地区为多雷区，$25<T\leqslant 40$ 的地区为中雷区，$T\leqslant 25$ 的地区为少雷区。

2005 年，中国气象局国家气象局信息中心依据国际气象组织规定，通过对我国 2600 多个气象站 30 年的实际观测资料反复对比分析和校准，整理制作了全国雷暴日数分布图（一套四幅），分别为“年平均雷暴日数分布图”“年平均雷暴日数等值线图”“年最多雷暴日数分布图”和“年最多雷暴日数等值线图”。

我国雷暴活动多发区集中在华南西南南部，青藏高原中东部地区，年雷暴日数在 70 天以上。其中云南、海南、广西 3 省（区）的部分地区超过 100 天，相当于一年有接近 1/3 天数都有雷电活动，可见云南、海南、广西是我国雷暴发生最多的地方。广东雷州半岛因年雷暴天数多达 100 天而得名。

雷暴活动中等的地区主要集中在江南、西南东部、西藏、华北北部、西北部分地区，年雷暴日数在 40～70 天。

东北、华北、江淮、黄淮、江汉、西北东部及内蒙古中部和东部的雷暴活动较少，年平均 20～40 天，西北地区大部、内蒙古中西部更少，不足 20 天。

光伏发电系统通常安装在开阔的地面或附着在建筑物上，由于光伏发电的能量密度较低，光伏方阵的受光面积往往需要很大。面积越大，遭受雷击的概率越高。一般在 1km² 面积上，年间遭受雷击为 2～4 次。此外，光伏设备安装场地的高度对雷击的次数也会有影响。雷电对光伏发电系统的危害包括以下几个方面。

（1）直击雷危害

光伏发电设备遭受直击雷的概率还是比较低的，但是直击雷的危害最大。对于安装在户外的光伏发电系统，直击雷最容易直接击中光伏组件、光伏支架或输电线路。强大的雷电流通过被雷击的物体时会产生很高的温度而发生熔化或燃烧现象，可以使较小体积的金属熔化。当雷电流通过金属导线时，如果金属导线的截面积不够大时，也可使其熔化从而发生故障。

直击雷击中输电线路后还会将雷电波通过线路引入建筑物内，发生闪击而造成的雷击事故。

此外，雷电直接击穿光伏方阵周围土壤，通过接地体造成地电位反击电压入侵，如图 1-63 所示。

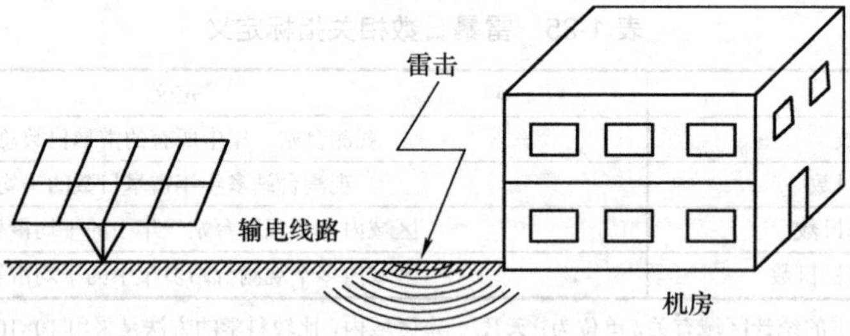

图 1-63　雷击输电线路高电压侵入

（2）感应雷危害

雷电放电时，在附近的导体上产生静电效应和电磁感应。雷电电磁脉冲沿交流输出供电线路侵入光伏微电子设备及系统，可对系统设备造成永久性损坏，如图 1-64 所示。

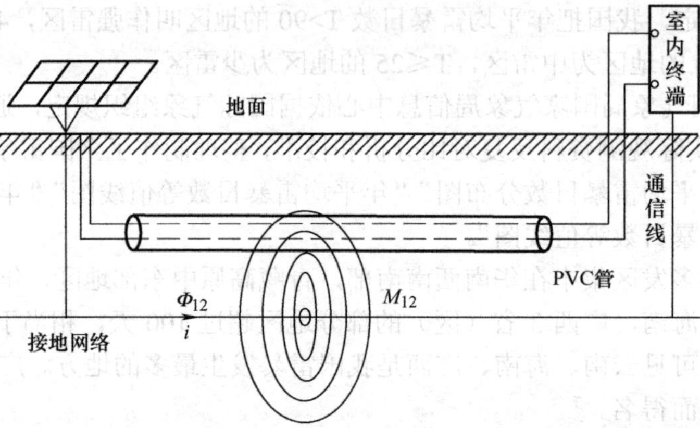

图 1-64　雷电电磁脉冲通过输电线路对光伏发电设备造成损坏的示意图

若直击雷或雷电发生在光伏组件的附近，则会在光伏支架上产生静电感应过电压，使构成闭合回路的金属物体产生强大的感应电流。如果回路中有些地方接触不良时，就会产生局部发热，若回路有间隙时，就会产生火花放电。

1.2.3.1　防雷系统的设计

由于雷电危害较大，因此应避免光伏电站建在易发生雷电的地区和易遭受雷击的位置。

光伏方阵安装在没有遮盖的户外，而且阵列面积大，容易受到雷电引起的过高电压的影响。因此，需要根据光伏发电系统的安装地区和重要性采取相应的防雷措施。

光伏发电系统防雷系统设计的参考依据如表 1-26 所示。

表 1-26　光伏发电系统防雷系统设计参考标准

光伏发电系统类型	设计标准
光伏电站	Q/GDW 617《光伏电站接入电网技术规定》
	GB/T 32512—2016《光伏发电站防雷技术要求》
	DL/T 1364—2014《光伏发电站防雷技术规程》
	GB/T 16895.32—2008《建筑物电气装置 第 7-712 部分：特殊装置或场所的要求 太阳能光伏（PV）电源供电系统》
BAPV 和 BIPV	JGJ 203—2010《民用建筑太阳能光伏系统应用技术规范》
	GB 50057—2010《建筑物防雷设计规范》

防雷分为外部防雷、内部防雷和防雷击电磁脉冲。

1. 外部防雷

外部防雷就是防直击雷，不包括防止外部防雷装置受到直接雷击时向其他物体的反击。

光伏大多安装在屋顶或空旷的地方，而且光伏方阵的面积较大，所以雷电很可能直接击中光伏组件，造成光伏组件损坏而无法发电。因此，光伏发电系统外部防雷系统就是要提供直击雷电流泄放通道，使雷电不会直接击中光伏组件而造成损坏。

光伏发电系统应确保各部件和设备处在直击雷防护区内。地面光伏发电系统应完善接闪器、引下线和接地装置。而 BAPV 系统则要处于建筑物防雷设施的保护范围之内。

外部防雷保护系统由接闪器、引下线和接地系统组成，它的作用是防止雷击对光伏组件的直接闪击及可能由此造成的危害，光伏发电外部防雷系统如图 1-65 所示。

（1）接闪器的结构设计

无防雷保护的光伏系统，其落雷点一般是在光伏组件上。为了保证光伏组件不被直击雷击中，避免有雷击电流自光伏组件或框架窜入电缆及电缆屏蔽层，应将接闪器布置在光伏组件侧，且接闪器的高度应能保证光伏组件处在安全距离外。首先是防止避雷针和接地线产生的阴影对光伏模块产生损失，其次是直击雷接闪系统与光伏发电系统的电气隔离。

光伏发电系统外部防雷接闪器如图 1-66 所示。

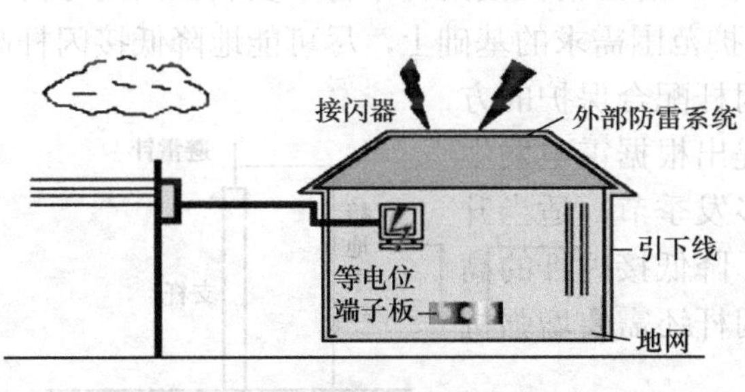

图 1-65　外部防雷系统示意图

图 1-66　光伏发电系统外部防雷接闪器

接闪器最常见的形式是避雷针，是吸引闪电电流的金属导体，然后通过引下线把闪电电流引到接地体上。接地体是埋设在地下的导体，它可把闪电电流泄放到大地中去。在理想条件下，设备接地正常，引下线内阻很低，如图 1-67a 所示，则系统不会受到电压冲击。但是，如果引下线内阻过大或设备接地方式不合理，如图 1-67b 所示，会使系统受到雷电的干扰。

在极端情况下，设备接地错误，引下线断路，使系统成为避雷回路的一部分，如图 1-67c 所示，将会导致严重的设备、人身伤害事件。

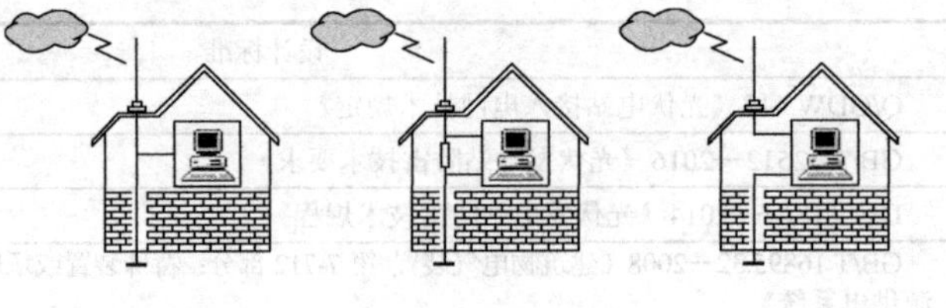

a) b) c)

图 1-67 光伏发电系统外部防雷接闪器三种不同接地方式

a) 正常接地 b) 不合理接地 c) 错误接地

对于地面大型光伏电站，光伏阵列的面积很大，年预计雷击次数通常大于 1，完全有必要加装接闪器进行直击雷防护。但对于家庭分布式并网光伏发电系统，通常光伏阵列面积不大，但如果安装在建筑物上，随着建筑物高度增加，雷击率也会随着高度增加而增大，需要经过具体计算以及光伏发电系统的重要程度决定是否需要加装接闪器。可参照《建筑物防雷设计规范》GB/T 50057—2010 标准，采用滚球法确定接闪器的保护范围。

在接线器结构设计中，除了考虑其保护范围外，对接闪杆的布置也需要进行精细设计。由于接闪杆的高度都比较高，产生的阴影可能产生的热斑效应，会降低光伏发电系统的发电量。接闪杆的布置需从太阳高度角、接闪杆高度的阴影分析并结合太阳资源综合分析后确定。

从全国月平均辐照数据看，太阳资源在 4～9 月份一天的中午或下午的时候较为丰富，是光伏发电站发电的高峰期，因此，在对接闪杆布置时，应重点关注这段时间内接闪杆的阴影问题。

根据太阳高度角的变化，我们计算接闪杆阴影的变化。接闪杆阴影长度反比于太阳高度角。通常，在北半球安装的光伏方阵朝向正南，考虑到太阳的方位角变化，我们可以得到接闪杆在南北方向上的阴影变化情况。在一般情况下，接闪杆应尽量安装在光伏方阵的东北方向，以避免或减少接闪杆造成的热斑效应。对于大型地面并网光伏发电站，由于电站面积较大，考虑到接闪杆的保护范围和实际施工条件，有些情况接闪杆不得不安装在西南方向，则应通过详细的分析计算后，在满足接闪杆保护范围需求的基础上，尽可能地降低接闪杆高度以减少热斑效应，或者采用非等高多个接闪杆配合保护的方式来保护光伏方阵。此外，还有些研究者提出根据雷电发生频率，采用升降式接闪杆的方式，在雷暴多发季节，适当升高接闪杆高度；而在雷暴频率较低的季节，降低接闪杆的高度，以减少热斑效应。当然，这种升降接闪杆还需要增强抗风性能以保证其工作的可靠性。

（2）引下线的结构设计

引下线是指用于将雷电流从接闪器传导至接地装置的导体，引下线既可以使用建筑物内部贯通的钢筋作为引下线，也可以设置独立的引下线，光伏发电系统外部防雷引下线如图 1-68 所示。

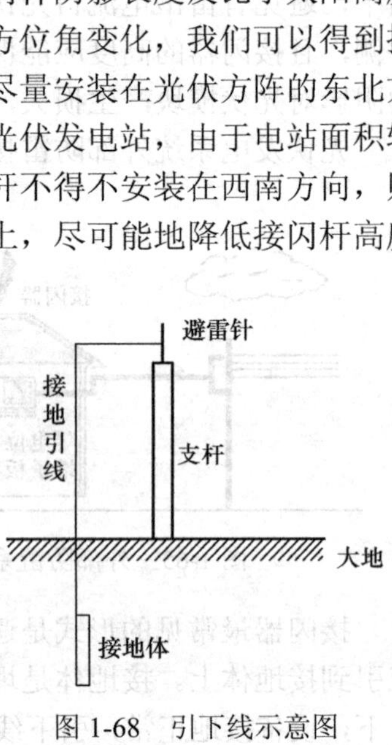

图 1-68 引下线示意图

引下线应沿建筑物外墙明敷，并以最短路径接地，明敷引下线应热镀锌或涂漆。在腐蚀性较强的场所，应加大其截面积或采取其他防腐措施。

为了降低雷击的破坏作用，可以将避雷针的引下线分成多个支路后连接接地体。由于引下线支路的分流作用，使得在雷电流不变的情况下，各支路电流减小，由雷电流引起的电效应、热效应和电磁效应将随着分电流降低而大大减小；而且各分支电流产生的磁场可能抵消，也可能降低感应电压带来的不利影响。由于感应电压只与分支电流有关，由于分支电流小于雷电流，则在附近电流环路中感应电压也随之减小。

（3）接地系统的结构设计

系统的接地可由其所在的建筑物基础接地极提供，也可以独立设置新的接地系统。配电室、汇流箱、直流交流侧、所有机柜都应该具有良好的接地措施，并最终连接至接地汇流排。

光伏发电站供电系统接地电阻主要跟土壤、混凝土结构的电阻率和电阻有关系。

需要指出的是，当雷电流经地面雷击点或接地体，流散入周围土壤时，在它周围就会形成电压降。如果有人在接近接地体附近行走，就会受到雷电流所造成的“跨步电压”的危害。当跨步电压达到40～50V时，将使人有触电危险，特别是跨步电压会使人摔倒进而加大人体的触电电压，甚至会使人发生触电死亡。为了避免防雷装置对人或牲畜可能造成的危害，在设计接地系统时要按照接地电阻设计规范，将引下线和接地装置尽可能安装在人们不易接触到的地方，避免跨步电压危害，同时尽可能将引下线覆盖上绝缘物。此外，也可以通过增设垂直接地极来降低接触电压和跨步电压。

2．内部防雷

内部防雷包括防雷电感应、防雷电反击以及防雷电浪涌侵入等。内部防雷系统主要包括防雷击等电位连接、屏蔽措施和浪涌保护，主要用于减小和防止雷电流在需防空间内所产生的电磁效应。

（1）等电位连接的结构设计

等电位连接是指直接用连接导体或通过电涌保护器将分离的金属部件、外来导电物、电力线路、通信线路及其他电缆连接起来以减小雷电流在它们之间产生电位差的措施。等电位连接可以有效抑制雷电引起的电位差。

对于并网光伏发电系统，等电位连接包括光伏方阵等电位连接、汇流箱等电位连接、室内设备、线路等电位连接等几部分内容。将光伏电站内所有电缆金属外皮与大地做良好的连接，实现可靠的屏蔽，从而防止雷电电磁脉冲对机房内设备的影响。所有支架均采用等电位连接。将光伏组件四周边框、金属框架、导线的屏蔽层及机房混凝土内部的钢筋进行等电位连接，引入机房的直流输入线和引出机房的交流输出线都通过电压保护器进行等电位连接。机房内部电气设备的外壳、金属构架和等电位连接，并将全部等电位连接光伏电站的接地网用电气连接方法进行可靠的互连，从而使整个光伏电站成为一个等电位，如图1-69所示。

1）光伏方阵等电位连接。根据《建筑物防雷设计规范》GB 50057的要求，每列光伏方阵组件金属框架应相互电气连通（如图1-70所示），组件金属框架或夹件应与金属支架可靠连接，连接点过渡电阻值不应超过 0.03Ω。每列金属支架应至少两点就近与光伏方阵接地网连接。屋面光伏方阵组件金属框架应就近与屋面避雷带连接。连接光伏发电单元的信号线路屏蔽层、金属屏蔽管均应与方阵金属支架进行等电位连接。

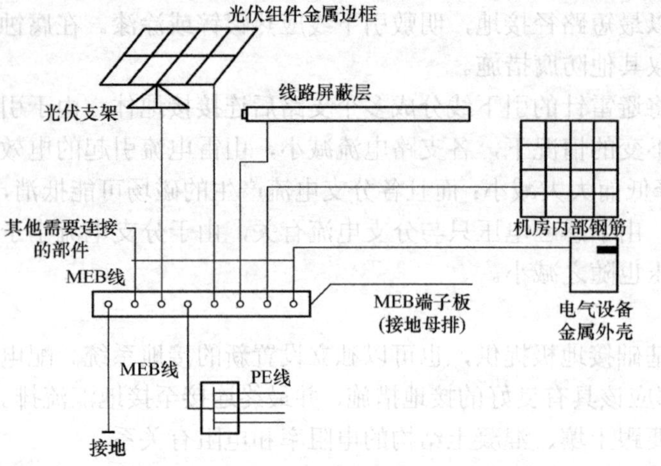

图 1-69　光伏发电系统等电位连接示意图

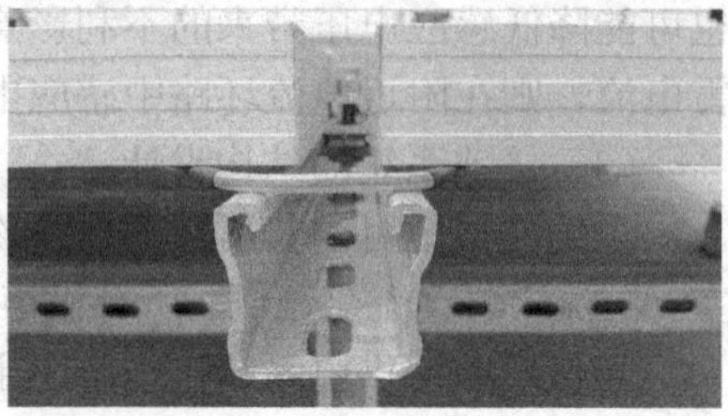

图 1-70　光伏组件等电位连接实物图

2）汇流箱等电位连接。汇流箱应设接地端子或端子板。地面汇流箱接地端子应就近连接到接地网。屋面汇流箱接地端子应与屋面等电位连接网络连接。

电涌保护器接地端、进出汇流箱的线缆金属外皮、金属屏蔽管、汇流箱金属外壳等应与接地端子可靠连接。

3）室内设备、线路等电位连接。集控室、继电保护室、逆变器室等应设置总等电位接地端子板，端子板宜采用截面积不小于 $100mm^2$ 的铜带，总等电位接地端子板与接地装置的连接应不少于两处。由室外进入建（构）筑物的金属管、电力线和信号线屏蔽层宜在入口处就近连接到总等电位连接端子板上。

各机柜内应设机柜等电位接地端子板，端子板宜采用截面积不小于 $50mm^2$ 的铜带。机柜内电气和电子设备的金属外壳、机柜、机架、金属管、槽、屏蔽线缆金属外层、电子设备防静电接地、安全保护接地、功能性接地、电涌保护器接地端等均应以最短的距离与机柜等电位接地端子板连接。

等电位连接导体宜采用多股铜芯导线或铜带，连接导体最小截面积应符合表 1-27 的规定。

表 1-27　等电位连接导体最小截面积

名称	材料	最小截面积/mm^2
总接地端子板与接地网之间的连接导体	多股铜芯导线或铜带	25
总接地端子板之间及其与机柜端子板间的连接导体	多股铜芯导线或铜带	16

（2）屏蔽的结构设计

屏蔽装置可以减少电磁干扰。逆变器柜、开关柜等应该制成一个封闭的金属壳体，对电磁干扰敏感的电气和电子器件都应安装在柜内。设备机房应设置金属网格的窗和门以确保良好的屏蔽效果。在各个设备柜之间的线缆应带有外部金属屏蔽层。对于干扰的抑制，只有当线缆屏蔽的两端都连接到等电位连接带时，屏蔽层对电磁干扰的抑制才是有效的。

（3）电涌保护的结构设计

除了使用屏蔽措施来抑制辐射干扰源以外，为防止感应雷对光伏发电系统中设备器件造成损坏，需要在光伏方阵直流输出端安装光伏专用浪涌保护器（SPD），这样才能让光伏电站以及光伏组件电气性能以及其他设备可靠的工作。

对于没有接闪装置或接闪装置与光伏组件连接的光伏发电系统，在防雷保护区的最外边界处必须使用 I 级浪涌保护器，它可以将数万至数十万伏的浪涌电压限制在 2500～3000V，从而导走大量的雷电流而不会损坏设备。在防雷保护区次外边界处需使用 II 级浪涌保护器，进一步将通过 I 级浪涌保护器的残余浪涌电压限制在 1500～2000V。这样能够导走能量较小的脉冲电流，这类脉冲电流是由外部的感应过电压产生，或者是从系统内部产生的浪涌。对于一些特别重要或特别敏感的电子设备，III 级浪涌保护器可以将残余浪涌电压的值降低到 1000V 以内，从而能更好地保护电气设备免受内部产生的瞬间过压的影响，如图 1-71 所示。

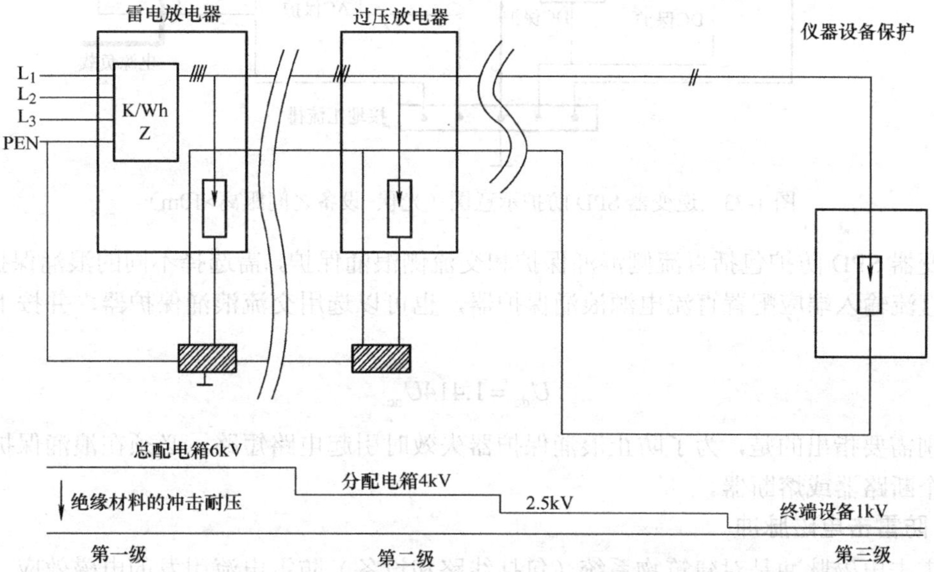

图 1-71　SPD 三级保护示意图

SPD 的防护等级需根据被保护设备的耐压等级确定。如果两级 SPD 就可以将浪涌电压限制在设备的耐压范围以内，那么就只需要做两级保护，如图 1-72 和图 1-73 所示。如果设备耐压等级低，则需要四级甚至更多等级的保护。

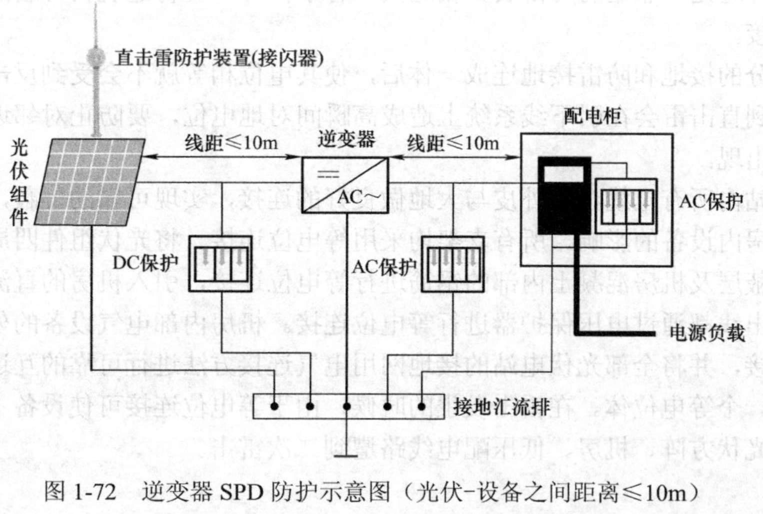

图 1-72　逆变器 SPD 防护示意图（光伏-设备之间距离≤10m）

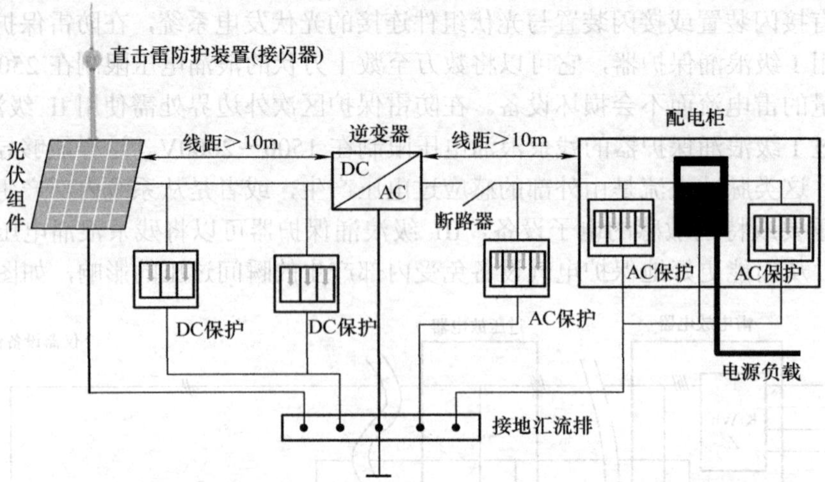

图 1-73　逆变器 SPD 防护示意图（光伏-设备之间距离>10m）

逆变器 SPD 防护包括直流侧浪涌保护和交流侧浪涌保护，需选择不同的浪涌保护器。逆变器的直流输入端应配置直流电源浪涌保护器，也可以选用交流浪涌保护器，并按下式进行转换。

$$U_{dc} = 1.414U_{ac}$$

特别需要指出的是，为了防止浪涌保护器失效时引起电路短路，必须在浪涌保护器前端串联一个断路器或熔断器。

3．防雷击电磁脉冲

防雷击电磁脉冲是对建筑物系统（包括线路和设备）防雷电流引发的电磁效应，它包括防经导体传到的闪电电涌和防辐射脉冲电磁场效应。

1）将建筑物的金属物体（含钢筋）与防雷装置的接闪器、引下线分隔开，并且保持一定的距离。

2）当防雷装置不易与建筑物内的钢筋、金属管道分开时，则将建筑物内的金属管道系统，在其主干管道处与靠近的防雷装置相连接，有条件时，宜将建筑物每层的钢筋与所有的防雷引下线连接。

当电气部分的接地和防雷接地连成一体后，使其电位相等就不会受到反击。因此在防雷设计时应考虑到直击雷会在引下线系统上造成高瞬间对地电位，要防止对邻近接地体的反击或相关现象的出现。

将光伏电站内所有电缆金属外皮与大地做良好的连接，实现可靠的屏蔽，从而防止雷电电磁脉冲对机房内设备的影响。所有支架均采用等电位连接。将光伏组件四周边框、金属框架、导线的屏蔽层及机房混凝土内部的钢筋进行等电位连接，引入机房的直流输入线和引出机房的交流输出线都通过电压保护器进行等电位连接。机房内部电气设备的外壳、金属构架进行等电位连接，并将全部光伏电站的接地网用电气连接方法进行可靠的互连，从而使整个光伏电站成为一个等电位体。在雷击发生的时候，由于等电位连接可使设备上不存在较大的电位差，防止光伏方阵、机房、低压配电线路遭到二次雷击。

1.2.3.2 接地系统设计

接地是将电气设备的任何部分都与大地间做良好的电气连接。接地的目的是为了：

1）降低电气设备绝缘水平。

2）确保电力系统的安全运行。

3）确保人身安全。

4）防止静电干扰。

5）等电位连接。

6）防止电磁干扰。

光伏发电系统中电气设备的接地按其功能可分为基本的三类：防雷接地、保护接地和工作接地。

1．防雷接地

将避雷针等防雷装置接地，使雷电流引入大地，这种接地叫作防雷接地，如图 1-74 所示。

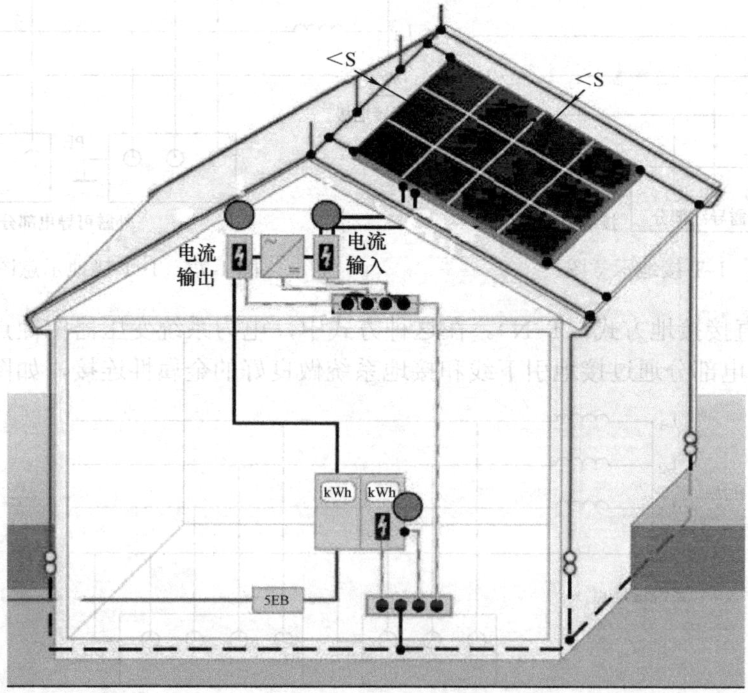

图 1-74　家庭分布式并网光伏发电系统防雷接地示意图

2．保护接地

将电气设备的金属外壳接地（如家用电器外壳接地、电动机外壳接地等），以防止当电气设备绝缘损坏时，人体接触设备外壳而触电，这种接地叫作保护接地，如图 1-75 所示。

3．工作接地

将电路中的某一点与大地进行电气上的连接，以保证电气设备的安全用电，这种接地叫作工作接地。参照国际电工委员会规定，工作接地方式主要有以下三种类型。

1）中性点非直接接地方式（I–T）。用电设备中性点不接入大地，如图 1-76 所示。

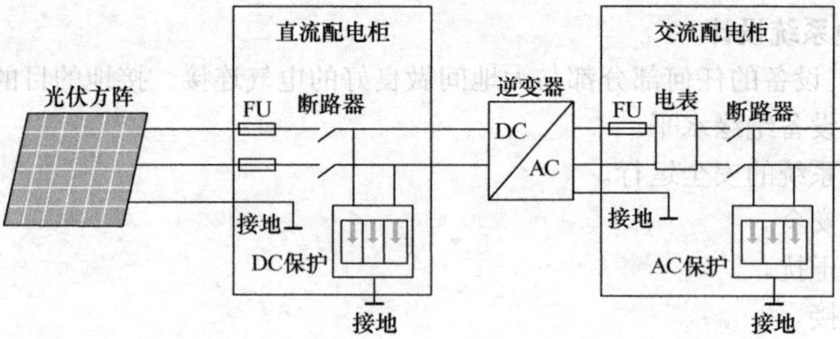

图 1-75　并网光伏发电系统防雷接地示意图

2）单个保护接地方式（T–T）。电源变压器的中性点直接接地，用电设备外壳可导电部分直接接入大地，如图 1-77 所示。

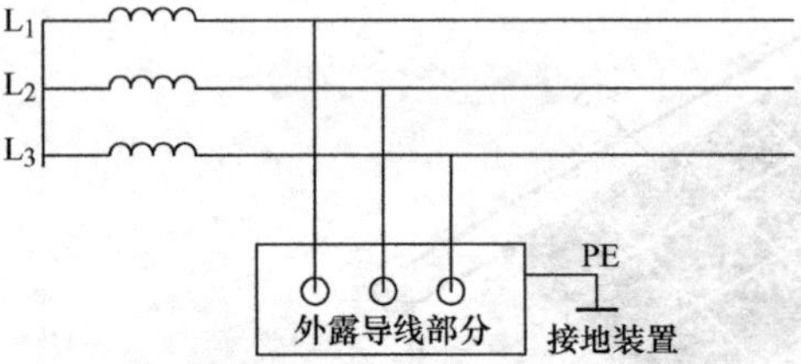

图 1-76　I–T 接地示意图

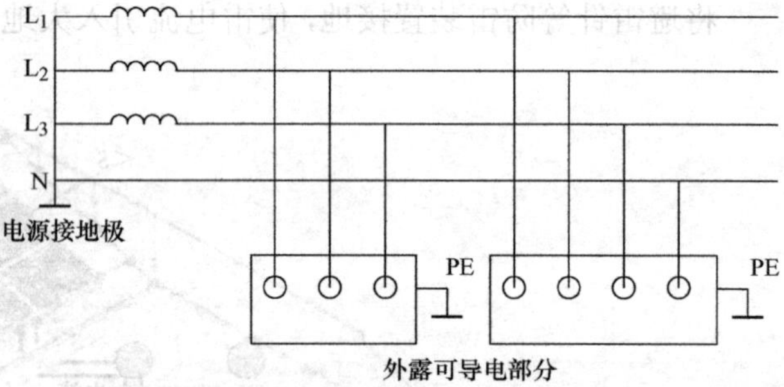

图 1-77　T–T 接地示意图

3）中性点直接接地方式（T–N）。在这种方式中，电力系统变压器中性点直接接地，用电设备外壳可导电部分通过接地引下线和接地系统做良好的金属性连接，如图 1-78 所示。

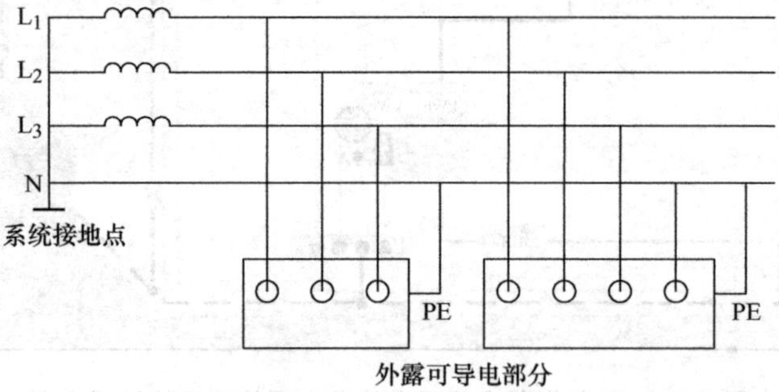

图 1-78　T–N 接地示意图

接地可通过金属导线和接地装置连接来实现。接地装置可以将电气设备可能发生的漏电流、静电荷以及雷电流等引入地下，从而避免人身触电等事故的发生，并保证电气设备正常工作。

光伏发电系统的接地电阻应控制在一定的数值以下，以确保人身安全。

接地电阻是指电流由接地装置流入大地再经大地流向另一接地体或向远处扩散所遇到的电阻，它包括接地引下线和接地体本身的电阻、接地体与大地之间的接触电阻以及两接地体之间大地的电阻或接地体到无限远处的大地电阻。在一般情况下接地引入线、接地电极的电阻值很小，因此，接地电阻阻值主要为流散电阻。流散电阻是接地体的对地电压与通过接地体流入大地中的接地电流之比。实际上流散电阻即为接地电极周围的土壤电阻，因为接地电极、接地引入线等金属导体的电阻相对于土壤电阻是可以忽略不计的。土壤电阻率主要取决于土壤的颗粒大小、土质、可溶物质组成的程度以及土壤的水分和压力等。即使是同一类别的土壤，其电阻率也随着温度、湿度的改变而变化。

土壤电阻率的测量方法是在被测的土壤中打入普通钢管或钢棒作为电极，然后计算土壤电阻率，如表 1-28 所示。

表 1-28　常见土壤电阻率参考值　（单位：Ωm）

土壤成分	电阻率	电阻率变化		
		潮湿	干旱	盐碱地
黄土	200	100～200	250～300	30
沙砾	1000	250～1000	1000～2500	—
泥炭、沼泽	20	10～30	50～300	3～30
黏土	60	30～100	50～300	10～30
陶黏土	10	4～20	10～100	3～10
砂质黏土	100	30～300	80～1000	10～30
砂土	300	100～1000	1000	30～100
多石土壤	400	—	—	—

不同类型的接地，对接地电阻的要求也不尽相同。防雷接地的接地电阻值一般在 4～30Ω，而工作接地的接地电阻一般在 0.5～10Ω（具体见相关标准要求）。因此，对于光伏发电系统，在综合考虑接地系统成本的前提下，应合理选择接地点，如把接地点选择在光伏电站附近土壤电阻率较低的地方（如溪流边、水池边等潮湿地带）。由于地引下线和接地体的电阻相对于土壤电阻可忽略不计，采用略长的接地引入线引至土壤电阻率较低的地方可大大降低接地电阻。此外，可以采用加压法减少接地电阻。土壤压力越大，土壤电阻率越低。对于大型光伏电站，在做地基时可将接地体深埋在机房下面，利用机房自身的重量可使接地电阻减小。但对于高寒和土壤电阻率较高地区，则需要使用化学降阻剂来降低接地电阻。化学降阻剂一般为高分子合成树脂和电解水溶液并混合固化剂而成。将其注入接地体周围后会变成固液混合形态。在高寒地区，化学降阻剂的凝固时间较长，此时应调节固化剂用量来减少凝固时间。

光伏发电系统的接地装置及设备接地应按《交流电气装置的接地设计规范》GB/T 50065 的有关规定进行设计。

接地装置一般由人工接地体、接地干线和有关电气设备接地线三部分组成。

（1）接地体

埋入地中且与大地直接相接处的金属体或金属体组称为接地体（或接地极）。

接地体主要分为自然接地体和人工接地体两类。接地设计中，利用与地有可靠连接的各种金属构件、金属井管、钢筋混凝土建筑物的基础、金属管道和设备等作为接地体，称为自然接地体。如果自然接地体的电阻能满足要求并不对自然接地体产生安全隐患，在没有强制规范时就可以用来做接地体。

而人为埋入地下用作接地装置的导体，它包括铜包钢接地棒、铜包钢接地极、铜包扁钢、电解离子接地极、接地模块等，称为人工接地体。一般将符合接地要求截面的金属物体埋入适合深度的地下，电阻符合规定要求，则作为接地体。具体参考接地规范，防雷接地、设备接地、静电接地等需区分开。

接地体应符合下列要求如下。

1）对接地体的材料和尺寸的选择，应使其耐腐蚀又具有适当的机械强度。

耐腐蚀和机械强度要求埋入土壤中常用材料接地体的最小尺寸，应满足相关标准要求。有防雷装置时，应符合现行国家标准《建筑物防雷设计规范》GB50057 的有关规定。

2）接地体应根据土壤条件和所要求的接地电阻值，选择一个或多个。

接地体可采用下列设施：

1）嵌入地基的地下金属结构网（基础接地）。

2）金属板。

3）埋在地下混凝土（预应力混凝土除外）中的钢筋。

4）金属棒或管子。

5）金属带或线。

6）根据当地条件或要求所设电缆的金属护套和其他金属护层。

7）根据当地条件或要求设置的其他适用的地下金属网。

在选择接地体类型和确定其埋地深度时，应符合现行国家标准《建筑物电气装置 第 4-41 部分：安全防护 电击防护》GB 16895.21 的有关规定，并结合当地的条件，防止在土壤干燥和冻结的情况下，接地体的接地电阻增加到有损电击防护措施的程度。

应注意在接地配置中采用不同材料时的电解腐蚀问题。

用于输送可燃液体或气体的金属管道，不应用作接地体。

（2）接地线

接地线是指连接电气设备与接地体之间的金属导线，如图 1-79 所示。

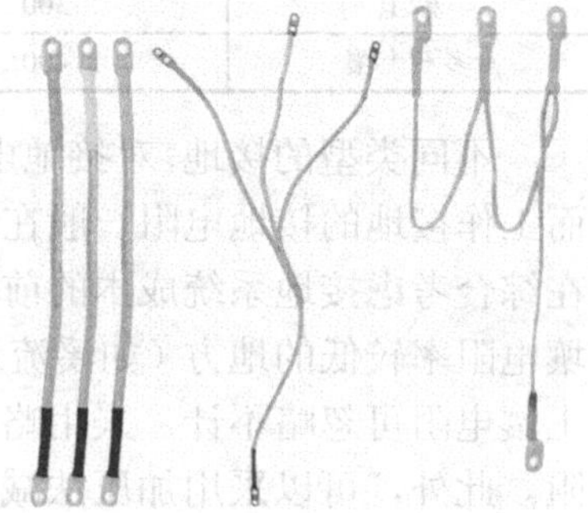

图 1-79 常见接地线实物图

接地导体（线）应符合下列要求。

接地导体（线）应符合规范的规定；各电气设备的接地线规格可按所接设备容量的一半来选择，但最小面积不得小于 6mm²（裸铝线）和 2.56mm²（绝缘铝线）。

埋入土壤中的接地导体（线）的最小截面积应符合表 1-29 的要求。

表 1-29 埋入土壤中的接地导体（线）的最小截面积

防腐蚀保护	有防机械损伤保护	无防机械损伤保护
有	铜：$2.5mm^2$ 钢：$10mm^2$	铜：$16mm^2$ 钢：$16mm^2$
无	铜：$25mm^2$ 钢：$50mm^2$	

接地线与接地体的连接应牢固，且应有良好的导电性能，并应采用放热焊接、压接器、夹具或其他机械连接器连接。机械接头应按厂家的说明书安装。采用夹具时，不得损伤接地体或接地导体（线）。

（3）接地干线

接地干线可选用25mm×4mm的镀锌扁钢或铜导体，接地干线可兼做等电位联结干线，如图1-80所示。室内接地干线一般沿着墙角装设，室外接地干线则埋于地下0.6m深处。为确保接地良好，接地极应埋入经常潮湿的泥土中，接地体与接地干线连接处要焊接，接地干线与设备可用螺栓连接。

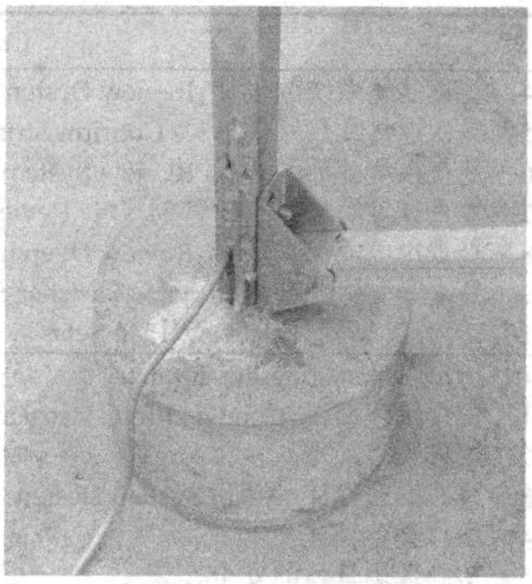
图1-80 接地实物图

思考与训练：

1．双玻薄膜光伏组件选择什么支架系统？
2．光伏方阵布置需要考虑哪些因素？
3．并网光伏发电系统有哪些并网方式？如何选择？
4．光伏发电系统防雷系统设计参考标准有哪些？
5．什么是接地？接地的目的是什么？
6．雷电会对光伏发电系统产生哪些影响？
7．光伏电站有哪些防雷措施？
8．考虑到直击雷防护，光伏电站需要做哪些防雷措施？

1.3 项目实施

任务目标：

通过本任务的实施，掌握并网光伏发电系统安装内容及要求、系统及设备调试方法。

任务描述：

收集光伏电站安装调试相关的国家或行业企业标准及规范，将要点罗列出来。

建造一套经济效益好、可靠性高的光伏发电系统，除了要进行优化设计，选用高质量的光伏组件、逆变器等设备、部件和器材外，高水平的安装和调试也必不可少。光伏系统性能的优劣，在很大程度上取决于安装人员的专业技术水平和敬业精神。此外，光伏发电系统安装容量越大，系统的电压电流越大，系统安装、调试及运行维护过程中的人身安全、电气安全、结构安全的要求越高，因此对安装人员的专业技能应有严格的要求。如在北美洲，正式的光伏系统安装人员要经过严格的审查程序，取得相关证书。NABCEP（North American Board of Certified Energy Practitioners）是美国最权威的能源相关技术证照训、考机构。它负责对美国和加拿大的光伏系统安装人员进行合格鉴定。2013年NABCEP发表的NABCEP Certified PV Installation Professional Job Task Analysis中，公布了光伏系统安装人员合格考试的提纲，如表1-30所示。这些提纲的内容可以帮助我们了解光伏系统安装人员的职业活动会涉及哪些工作内容，哪些工作内容是重要的、频繁遇到的。

表1-30 NABCEP光伏系统安装人员合格考试的提纲
（Content Domains and Examination Specifications）

Content Domains	Percentage of Examination
核实系统设计 Verify System Design 1．核实客户需求 Verify Client Needs 2．复核现场勘查 Review Site Survey 3．确认系统尺寸 Confirm System Sizing	30%

（续）

Content Domains	Percentage of Examination
4．复查储能系统的设计 Review Design of Energy Storage Systems 5．确认连接线尺寸的计算 Confirm String Size Calculation 6．复查系统部件的选择 Review System Component Selection 7．复查计算的配线和导管的尺寸 Review Wiring and Conduit Size Calculation 8．复查过电流保护选择 Review Overcurrent Protection Selection 9．复查紧固件的选择 Review Fastener Selection 10．复查计划安排 Review Plan Sets	30%
项目管理 Managing the Project 1．安排筹建会议 Conduct Pre-Construction Meetings 2．项目人事管理 3．修改系统设计 Adapt System Design 4．项目设备管理 5．实施现场具体的安全计划	17%
安装电气部件 Installing Electrical Components 1．减轻电气危害 Mitigate Electrical Hazards 2．安装接地系统 Install Grounding System 3．安装导管和电缆管道 4．安装电气部件 Install Electrical Components 5．安装电路导线 Install Circuit Conductors 6．安装电网连接 Install Utility Interconnection 7．安装系统测量仪表 8．安装蓄电池部件 Install Battery Components	22%
安装机械部件 Installing Mechanical Components 1．安装设备基础 2．安装固定系统 Install Mounting System 3．安装光伏组件 Install PV modules	8%
安装整体系统 Completing System Installation 1．测试光伏系统 Test the system 2．系统投入运行 Commission the system 3．完成系统文档 Complete System Documentation 4．使用户熟悉系统 Orient Customer to system	12%
维修保养和排除故障 Conducting Maintenance and Troubleshooting Activities 1．实行目视检查 Perform Visual Inspection 2．核实系统运行 Verify System Operation 3．进行校正活动 Perform Corrective Actions 4．核实纠正措施的效果	11%

考试内容按照其重要程度分为三类，“极其重要”“重要”和“有用”。

1.3.1 并网光伏发电系统的安装

光伏发电系统安装前，设备的运输、到货抽检和保管需满足以下一些基本要求。

1）在吊、运设备过程中，一定要采取好相应安全措施，防止设备在运输过程中受损。精密的仪表和元件必要时可拆下单独包装运输，以免损坏或变形。

2）设备到场后，开箱检查设备型号、规格应符合设计要求，设备无损伤，附件、备件的供应范围和数量符合合同要求。技术文件齐全，技术文件份数可按各厂家规定或合同协议要求配备。

3）设备保管的要求。对温度、湿度有较严格要求的装置型设备，如微机监控系统、综合保护装置和逆变器等设备，应按规定妥善保管在合适的环境中，待现场具备安装条件时，再将设备运进现场进行安装调试。

4）设备的保管是安装前的一个重要前期工作，需要有利于以后的施工。应定期对保管设备进行检查，做好防护工作。

此外，光伏发电站中有许多设施，如光伏组件、逆变器等设备，施工人员应在安装前进行相关培训，以防技术质量事故的发生，保证人身及设备安全。

1．基座安装

安装光伏组件或方阵的支架应设置基座。

对于地面安装光伏发电系统需要足够强度的基座，以避免因承压过大而造成损坏。基座同时要能经受住风吹造成的切向（横向移动）的作用力。因此，需要对光伏方阵安装位置的气候状况和土壤的承压能力（针对地面光伏电站）进行详细的评估，同时参考当地建筑标准，以确定基座设计要求；然后，对场地进行平整挖坑；最后，按设计要求的位置制作浇筑基座。基础预埋件要平整牢固。

安装在屋顶等与建筑物结合的光伏发电系统，光伏组件或方阵的支架应固定在预设的基座上，不得直接放置在建筑物层上，否则既无法保证支架安装牢固，还会对建筑面层造成损害。

由于基座关系到光伏发电系统的稳定和安全，基座应与建筑物主体结构连接牢固，并应由专业施工人员完成施工。在屋顶安装光伏方阵时，要使基座预埋件与屋顶主体结构的钢筋牢固焊接或连接。对于因屋顶结构限制无法焊接或连接的情况，应采取措施增大基座与屋顶的附着力，采取铁线拉紧法或支架延长固定法加以固定。

在一般情况下，光伏组件或方阵的承重基座都是在屋面结构层上现场砌筑（或浇筑）应符合《太阳能发电站支架基础技术规范》GB 51101—2016 的规定。对于既有建筑上安装的光伏发电系统工程，需要揭开建筑面层做基座，因此将破坏建筑原有的防水结构。因此，基座完工后，被破坏的部位应重新做防水处理，并应符合现行国家标准《屋面工程质量验收规范》GB 50207 的规定。

不少光伏发电系统工程采用预制支架基座，直接放置在建筑屋面上，易对屋面结构造成损害，应附加防水层和保护层。预制基座应放置平稳、整齐，固定牢固，且不得破坏屋面的防水层。

钢基座顶面及混凝土基座顶面的预埋件，在支架安装前应对外露的金属预埋件涂防腐涂料，防止预埋件受损而失去强度。

连接件与基座之间的空隙，应采用细石混凝土填捣密实，以避免金属构件锈蚀损坏。

2．支架安装

支架安装前应做下列准备工作。

1）采用现浇混凝土支架基础时，应在混凝土强度达到设计强度的 70%后进行支架安装。因支架的重量较轻，载荷较小，没有规定混凝土强度必须达到 100%才允许安装支架。

2）支架到场后应做下列检查。

① 外观及防腐涂镀层应完好无损。

② 型号、规格及材质应符合设计图样要求，附件、备件应齐全。

3）对存放在滩涂、盐碱等腐蚀性的场所的支架应做好防腐蚀工作。尤其是在西北地区和沿海滩涂等土壤盐碱含量比较高的地方，如不采取保护措施，极易腐蚀支架的镀锌层。

4）支架安装前安装单位应按照“中间交接验收签证书”的相关要求对基础及预埋件（预埋螺栓）的水平偏差和定位轴线偏差进行检验。

固定式支架及手动可调支架的安装应符合下列规定。

1）支架安装和紧固应符合下列要求。

① 采用型钢结构的支架，其紧固度应符合设计图样要求及现行国家标准《钢结构工程

施工质量验收规范》GB 50205 的相关规定。支架安装验收的标准主要应从紧固度和偏差度两方面考虑，紧固度直接影响光伏组件安装后的抗风能力，故应严格控制。

② 支架安装过程中不应强行敲打，不应气割扩孔。对热镀锌材质的支架，现场不宜打孔。支架大多采用镀锌件，若破坏了镀锌层，将降低支架的使用寿命，在施工中不应对支架气焊扩孔。

③ 支架安装过程中不应破坏支架防腐层。

④ 手动可调支架调整动作应灵活，高度角调节范围应满足设计要求。

2）支架倾斜度偏差度不应大于±1°。支架倾斜度直接影响光伏组件的安装角度，光伏组件的安装角度又直接影响光伏组件的效率。固定式支架的角度，都是综合当地的经纬度和相关气象数据计算而来的。根据计算，光伏组件倾斜角度偏差在±1°时，对光伏组件的效率影响不大。

3）对支架安装过程中的偏差值提出要求，主要为整体感官考虑。但支架的安装质量主要取决于基础的安装质量。所以，在前期土建施工过程中应严把质量关，为后续支架安装提供便利条件。固定及手动可调支架安装的允许偏差应符合表 1-31 中的规定。

表 1-31　固定及手动可调支架安装的允许偏差

项目名称	允许偏差/mm
中心线偏差	≤2mm
梁标高偏差（同组）	≤3mm
立柱面偏差（同组）	≤3mm

4）支架的现场焊接工艺除应满足设计要求外，还应符合下列要求。

① 支架的组装、焊接与防腐处理应符合现行国家标准《冷弯薄壁型钢结构技术规范》GB 50018 及《钢结构设计规范》GB 50017 的相关规定。

② 焊接工作完毕后，应对焊缝进行检查。

③ 支架安装完成后，应对其焊接表面按照设计要求进行防腐处理（如涂防锈漆等）。

3．光伏组件安装

光伏组件安装前应做下列准备工作。

1）支架的安装应验收合格。支架安装质量决定了光伏组件的安装质量，其工作顺序也是相互依托的。在光伏组件安装前支架应通过质检和监理部门的验收，方可进行光伏组件的安装。

2）宜按照光伏组件的电压、电流参数进行分类和组串。将电压、电流偏差过大的光伏组件进行组串，会产生短板效应。但光伏发电系统中光伏组件数量众多，现场测试的准确性及工作量都不好把控。若光伏组件厂家将出厂的光伏组件进行了分类，则应按照厂家提供的类别进行组串。

3）光伏组件的外观及各部件应完好无损。光伏组件经过运输、保管等环节，在安装前应进行外观检查。主要对光伏组件玻璃面板及接线盒等位置进行检查。

检查光伏组件的电池片有无裂纹、缺角和变色；面板玻璃有无破损、污物；光伏组件上下层和接线盒有无脱层现象；边缘有无气泡；边框和接线盒有无损伤或是变形、组件是否有生锈等。

光伏组件的安装应符合下列要求。

1）光伏组件应按照设计图样的型号、规格进行安装。在光伏发电站的建设中，往往选用不同规格和型号的光伏组件，而不同的光伏组件，其电性能不同。若偏差值较大，则不允许在一个组串内安装。安装前应按照设计图样仔细核对光伏组件的规格和型号。将峰值工作电流相近的光伏组件串联在一起，将峰值工作电压相近的光伏组件并联在一起，以避免光伏方阵中光伏组件的匹配损失。

2）光伏组件固定螺栓的力矩值应符合产品或设计文件的规定。不同的生产厂家生产的光伏组件各有不同。在安装过程中，生产厂家会针对自己的产品如何固定、固定螺栓的力矩值，提出不同的要求。尤其是无边框的薄膜组件，如果在安装过程中紧固力矩过小，可能会在今后的运行过程中脱落；如果紧固力矩过大，又会导致组件破裂。故在施工过程中，应严格遵守设计文件或生产厂家的要求。

3）根据支架安装的偏差要求，提出了光伏组件安装的偏差要求，其中最主要的是控制好光伏组件的安装角度。光伏组件安装允许偏差应符合表 1-32 规定。

表 1-32　光伏组件安装允许偏差

项目	允许偏差	
倾斜角度偏差	±1°	
光伏组件边缘高差	相邻光伏组件间	≤2mm
	同组光伏组件间	≤5mm

光伏组件之间的连线应符合下列要求。

1）光伏组件连接数量和路径应符合设计要求。经过对光伏发电系统建设项目的调研，在施工过程中，往往会在光伏组件连接线施工环节上，存在组串数量不对、插接件不牢等问题，从而造成光伏组件串电压过高或过低，甚至无电压。施工人员应认真按照设计图样施工。

2）光伏组件间接插件（如图 1-81 所示）应连接牢固，并尽可能采用与光伏组件连接头同一生产厂商、同型号的接插件。光伏组件之间的电缆之间的连接如图 1-82 所示。

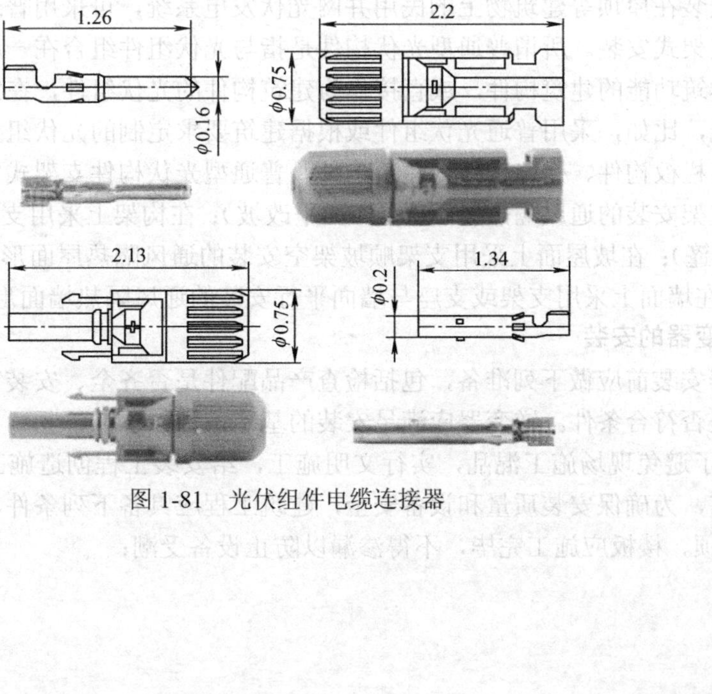

图 1-81　光伏组件电缆连接器

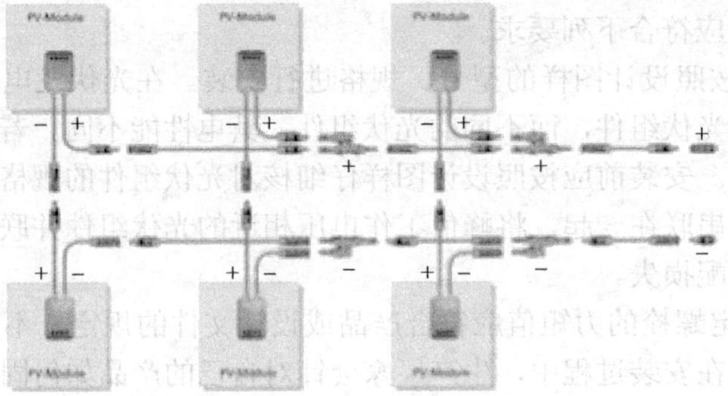

图 1-82　光伏组件之间电缆连接示意图

3）外接电缆同接插件连接处应搪锡。以避免因接触电阻增大而降低效率及出现虚接而造成事故。

4）光伏组件进行组串连接后应对光伏组件的开路电压和短路电流进行测试，以便在投入运行前，发现并解决问题。

5）光伏组件间连接线可利用支架进行固定，并应整齐、美观，以避免长期风吹摇动造成电缆磨损或接触不良。

6）同一光伏组件或光伏组件串的正负极不应短接。虽然光伏组件的工作电流值和短路电流值差别不大，但光伏组件或光伏组件串长时间处于短路状态也会对设备和线缆的绝缘造成损伤。

由于光伏组件在接收光辐射时，在导线两端会产生电压。当光伏组件组成一个组件串时，电压往往很高。为保障人身安全，在施工过程中严禁触摸光伏组件串的金属带电部位（须严格执行）。在阳光下安装光伏组件时，最好用不透光的材料，如黑塑料薄膜、包装纸片等，将光伏组件遮盖起来，以免光伏组件串输出电压过高影响接线工作或造成施工人员触电的危险。

光伏组件的连线是一项带电操作的工作。在雨天由于天气潮湿，人体接触电阻变小，极易造成人身触电事故，因此，严禁在雨中进行光伏组件的连线工作。

对于安装在屋顶等建筑物上的民用并网光伏发电系统，可采用普通型光伏构件，安装方式一般为支架式安装。所谓普通型光伏构件是指与光伏组件组合在一起，维护更换光伏组件时不影响建筑功能的建筑构件，或直接作为建筑构件的光伏组件，在发电的同时，实现相应的建筑功能，比如，采用普通光伏组件或根据建筑要求定制的光伏组件直接作为雨棚构件、遮阳构件、栏板构件、檐口构件等建筑构件。普通型光伏构件支架式安装形式包括：在平屋面上采用支架安装的通风隔热屋面形式（如平改坡）；在构架上采用支架安装的屋面形式（如遮阳棚、雨篷）；在坡屋面上采用支架顺坡架空安装的通风隔热屋面形式（坡屋面上的主要安装形式）；在墙面上采用支架或支座与墙面平行安装的通风隔热墙面形式等。

4．逆变器的安装

逆变器安装前应做下列准备，包括检查产品配件是否齐全、安装工具和零件是否齐全、安装环境是否符合条件。逆变器应满足安装的基本条件如下。

1）为了避免现场施工混乱，实行文明施工，给安装工程创造施工条件，室内安装的逆变器安装前，为确保安装质量和设备安全，建筑工程应具备下列条件。

① 屋顶、楼板应施工完毕，不得渗漏以防止设备受潮；

② 室内地面基层应施工完毕，并应在墙上标出抹面标高；室内沟道无积水、杂物；门窗安装完毕；

③ 进行装饰时有可能损坏已经安装的设备或设备安装后不能再进行装饰的工作应全部结束。

2）对安装有妨碍的模板、脚手架等应拆除，场地应清扫干净。

3）混凝土基础及构件应达到允许安装的强度，焊接构件的质量应符合要求。

4）预埋件及预留孔的位置和尺寸，应符合设计要求，预埋件应牢固。

5）光伏发电站内可能会在不同区域安装不同规格、型号的逆变器，因此，要求在逆变器就位前按照设计图样进行复核，检查安装逆变器的型号、规格应正确无误，以免安装位置出现错误，造成不必要的返工。逆变器外观检查完好无损。

6）按照逆变器的重量、外形尺寸及现场实际条件等因素，选择相应的机具进行运输和吊装。逆变器安装前，运输及就位的机具应准备就绪，且满足荷载要求。严禁超负荷使用机具。

7）随着逆变器功率的不断增大，逆变器的体积和重量也越来越大。500kW 和 1MW 的大型逆变器已被广泛应用到光伏发电站的建设中，所以要求大型逆变器就位时应检查道路畅通，且有足够的场地，以便于施工。

逆变器安装位置的确定可根据其体积、重量大小分别放置在墙面、工作台面、地面等。一般中小型逆变器可固定在墙壁或摆放在工作台，而大型逆变器一般直接安放在地面上，与墙壁之间预留一定空间以便于接线和检修。对户外安装的情况，逆变器应选择户外型，并具备密封防潮等功能。

逆变器安装位置应符合下列的要求。

① 勿将逆变器安装在阳光直射处。否则可能会导致额外的逆变器内部温度，逆变器为保护内部元件将降额运行，甚至温度过高引发逆变器温度故障。

② 避开在高腐蚀性、高粉尘、高温、高湿性环境安装逆变器，避免金属物质落入逆变器中。

③ 所选择安装场地环境温度为−25～50℃，安装环境清洁。当环境温度超过 45℃时，逆变器的输出功率将降低。

④ 所选择安装场地环境湿度不超过 95%，且无凝露 。水汽可能腐蚀逆变器，并损坏内部器件。

⑤ 逆变器前方应留有足够间隙以便于观察数据以及维修。

⑥ 逆变器安装位置尽可能接近光伏方阵和用户，以减小线路损耗。

⑦ 尽量安装在远离居民生活的地方，其运行过程中会产生一些噪声。

⑧ 安装地方确保不会晃动。选择安装场地应足够坚固能长时间支撑逆变器的重量。如壁挂式安装的逆变器，要求安装墙体（如混凝土墙或金属框架结构）具备足够的承载能力，能长时间支撑逆变器重量。

⑨ 逆变器的安装位置应远离儿童可触及区域。

⑩ 多台逆变器可并排安装或多排错落安装。

逆变器的安装与调整包括逆变器的安装布局、移动和运输，并应符合下列要求。

1）采用基础型钢固定的逆变器，逆变器基础型钢安装的允许偏差应符合表 1-33 规定。

该表参照现行国家标准《电气装置安装工程盘、柜及二次回路接线施工及验收规范》GB 50171中的有关规定。

表 1-33 逆变器基础型钢安装的允许偏差

项目	允许偏差	
	mm/m	mm/全长
不直度	<1	<3
水平度	<1	<3
位置误差及不平行度	—	<3

2）基础型钢安装后，其顶部宜高出抹平地面 10mm。基础型钢应有明显的可靠接地，基础型钢与接地干线应可靠焊接。

3）逆变器的安装方向应符合设计规定，按设计图样施工，同时应考虑方便运行人员的操作和检修。

4）逆变器与基础型钢之间固定应牢固可靠。

逆变器的电气安装包括接地连接、直流侧接线、交流侧接线和通信线连接。

逆变器交流侧和直流侧电缆接线前应检查电缆绝缘，校对电缆相序和极性。逆变器交流侧电缆引至升压变压器的低压侧或直接接入电网中。对于大型逆变器来说，逆变器交流侧都接有几根电缆，在接入变压器低压侧以后，不便于电缆绝缘和相序的校验。逆变器直流侧的极性和绝缘同样非常重要，需要施工人员仔细测试，并做好施工记录。

逆变器直流侧电缆接线前必须确认汇流箱侧有明显断开点（如隔离开关）。逆变器的直流侧通过电缆和汇流箱连接，往往在接引此部分电缆时，部分光伏组件已经组串完毕，并接引至汇流箱中，此时在汇流箱的正负极两端将会产生很高的直流开路电压。为保障人身安全，应在逆变器直流侧电缆接线前，确认汇流箱侧有明显断开点，用试电笔验电，并做好安全防护措施。

电缆接引完毕后，逆变器本体的预留孔洞及电缆管口应进行防火封堵，以防止火势蔓延，同时防止设备受潮和小动物进入逆变器。

逆变器的电气安装应符合下列的要求。

① 所有的电气安装必须符合当地电气安装标准。

② 确保交流侧和直流侧的断路器都处于断开状态。

③ 在进行连接过程应选择不同颜色线缆以作区别。如正极连接器连接红色线缆，负极连接器连接黑色线缆。

④ 为保证各路光伏组串之间的平衡，所选择的各路直流线缆应具有相同的横截面积。

⑤ 在光伏发电系统中，所有非载流金属部件和设备的外壳都应该接至大地，如光伏模块的支架、逆变器外壳等。

逆变器安装完成应进行光伏阵列检查、支流侧接线检查、交流侧接线检查、接地、通信及附件连接检查。逆变器安装完成检查后进行上电试运行，接通输入开关，待逆变器自检正常、无短路情况，打开输出开关，检查温升和运行情况。

光伏逆变器的安装注意事项及维护。

① 在选择安装场地时，应该保证周围内没有任何其他电力电子设备的干扰。

② 在进行电气连接之前，务必采用不透光材料将光伏组件覆盖或断开直流侧断路器。暴露于阳光，光伏阵列将会产生危险电压。

③ 在进行任何维修工作前，应首先断开逆变器与电网的电气连接，然后断开直流侧电气连接。

④ 等待至少 5min 直到内部元件放电完毕方可进行维修工作。

⑤ 任何影响逆变器安全性能的故障必须立即排除方可再次开启逆变器。

⑥ 避免不必要的电路板接触。

⑦ 遵守静电防护规范，佩戴防静电手环。

⑧ 注意并遵守产品上的警告标识。

⑨ 操作前初步目视检查设备有无损坏或其他危险状态。

⑩ 注意逆变器热表面。例如功率半导体的散热器等，在逆变器断电后一段时间内，仍保持较高温度。

5. 电缆敷设与连接

电缆敷设方式应视工程条件、环境特点和电缆类型、数量等因素，且按满足运行可靠、便于维护的要求和技术经济合理的原则来选择。光伏发电系统中直流电缆的敷设主要有直埋敷设、穿管敷设、槽架内敷设、电缆沟敷设、隧道敷设等，交流电缆的敷设与一般电力系统中电力电缆的敷设方式相似。

光伏发电系统线路及电缆在施工中应遵照国家标准，并满足相关技术要求和设计文件的特殊要求。架空线路的施工应符合现行国家标准《电气装置安装工程 35kV 及以下架空电力线路施工及验收规范》GB 50173 和《110～500kV 架空送电线路施工及验收规范》GB 50233 的有关规定。电缆线路的施工应符合现行国家标准《电气装置安装工程电缆线路施工及验收规范》GB 50168 的相关规定。

电缆敷设时一般要考虑如下内容。

1）光伏组件之间连接电缆及光伏组串与汇流箱之间连接电缆，尽可能利用光伏支架作为电缆敷设的通道支撑与固定，以防止风吹等环境因素对电缆造成机械损伤。

2）光伏发电系统电缆敷设以直流布线工程为主，串联、并联接线场合较多，施工时要特别注意正负极性，对电缆做好编号和正负极标记。

3）电缆进入接线箱或房屋穿线孔时，要做防水弯，以防止积水顺着电缆进入屋内或机箱内，如图 1-83 所示。

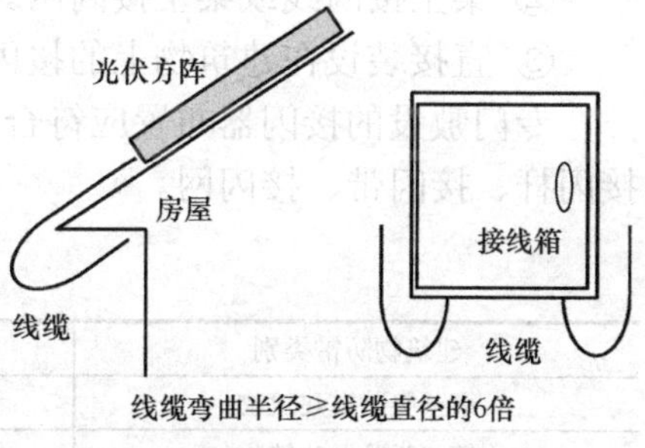

图 1-83　电缆防水弯示意图

4）光伏方阵地面安装时要采用地下布线方式，要对导线套线管进行保护，掩埋深度距离地面 0.5m 以上。

5）电缆敷设的松紧要适当，以避免因昼夜温差较大引起的热胀冷缩造成电缆断裂；

6）在建筑物表面的光伏电缆引线，要考虑建筑整体美观，敷设位置应避开在墙和支架的锐角边缘布设电缆，以免切割、磨损损坏电缆绝缘层而引起短路，或切断导线引起断路。同时要考虑雷电沿电缆传输的问题。

7）注意逆变器交流输出相线和零线的正确连接。电缆外护层颜色选择要规范，如火线、零线和地线等颜色要加以区分。

8）电缆接头要特殊处理，防止氧化和接触不良，必要时要镀锡或锡焊处理。

9）同一电路馈线和回线应尽可能绞合在一起。

10）当电缆敷设需要穿过楼面、屋面或墙面时，其防水套管与建筑主体之间的缝隙必须做好防水密封处理。

6. 防雷和接地装置安装

光伏发电系统防雷施工应按照设计文件要求进行。

光伏发电系统接地系统的施工工艺及要求应符合现行国家标准《电气装置安装工程接地装置施工及验收规范》GB 50169 的相关规定，还应符合设计文件的要求。

地面光伏系统的金属支架应与主接地网可靠连接；屋顶光伏系统的金属支架应与建筑物接地系统可靠连接或单独设置接地。光伏组件的接地目前一般都是经过支架进行连接的。另外，跟踪式支架高度大，极易遭受雷击过电压的冲击，故接地工作应严格按照国家相应标准和设计文件进行。

带边框的光伏组件应将边框可靠接地；不带边框的光伏组件，其接地做法应符合设计要求。对于晶硅光伏组件，边框上预留有接地专用孔，需要用接地导线与地网可靠连接；而对于薄膜组件，制造厂家会根据逆变器的运行方式，采取不同的接地方式，或不接地。

盘柜、汇流箱及逆变器等电气设备的接地应牢固可靠、导通良好，金属盘门应用裸铜软导线与金属构架或接地排可靠接地。汇流箱内多设置有浪涌保护器，起到过电压保护的作用；而逆变器内部则设置有浪涌保护器、电感和电容元件，因而汇流箱和逆变器的接地非常重要，应保证其连接的牢靠性和导通的良好性。同时若盘柜、汇流箱及逆变器的电器绝缘损坏，将使盘门上带有危险的电位，会危及人身安全，故应使用裸铜导线将此部分设备的金属盘门进行可靠接地。

光伏发电系统的接地电阻阻值在设计文件中会参考相应国家标准，并根据电站实际情况而提出要求。它是考核光伏发电系统安全性的一项重要指标，因此，光伏发电系统接地电阻阻值应满足设计要求，并应测试合格。

专门敷设的接闪器应由下列的一种或多种方式组成：

① 独立接闪杆。

② 架空接闪线或架空接闪网。

③ 直接装设在建筑物上的接闪杆、接闪带或接闪网。

专门敷设的接闪器布置应符合表 1-34 中的规定。布置接闪器时，可单独或任意组合采用接闪杆、接闪带、接闪网。

表 1-34　接闪器布置

建筑物防雷类别	滚雷半径 hr/m	接闪网网格尺寸/m
第一类防雷建筑物	30	≤5×5 或≤6×4
第二类防雷建筑物	45	≤10×10 或≤12×8
第三类防雷建筑物	60	≤20×20 或≤24×16

接闪器的安装最好依附在配电室等建筑物旁边，以利于安装固定，并尽量在接地体的埋设地点附近。条件允许时，接闪器应尽量单独接地。

专设引下线应沿建筑物外墙外表面明敷，并应经最短路径接地；建筑外观要求较高时可暗敷，但其圆钢直径不应小于 10mm，扁钢截面不应小于 $80mm^2$。

建筑物的钢梁、钢柱、消防梯等金属构件，以及幕墙的金属立柱宜作为引下线，但其各部件之间均应连成电气贯通，可采用铜锌合金焊、熔焊、卷边压接、缝接、螺钉或螺栓连接；其截面应符合相关规定；各金属构件可覆有绝缘材料。

采用多根专设引下线时，应在各引下线上距地面 0.3～1.8m 处装设断接卡。断接卡的作用是方便用于防雷检测，通常检测是对防雷接地的阻值测量，断接卡可以把接地装置和避雷装置断开，测量时不会因避雷装置与其他位置的接地体间的电气连接而测出不真实的阻值。

当利用混凝土内钢筋、钢柱作为自然引下线并同时采用基础接地体时，可不设断接卡，但利用钢筋做引下线时应在室内外的适当地点设若干连接板（做等电位连接或接地连接用）。当仅利用钢筋作为引下线并采用埋于土壤中的人工接地体时，应在每根引下线上距地面不低于 0.3m 处设接地体连接板。采用埋于土壤中的人工接地体时应设断接卡，其上端应与连接板或钢柱焊接。连接板处宜有明显标志。

在易受机械损伤之处，地面上 1.7m 至地面下 0.3m 的一段接地线，应采用暗敷或采用镀锌角钢、改性塑料管或橡胶管等加以保护。

第二类防雷建筑物或第三类防雷建筑物为钢结构或钢筋混凝土建筑物时，在其钢构件或钢筋之间的连接满足本规范规定并利用其作为引下线的条件下，当其垂直支柱均起到引下线的作用时，可不要求满足专设引下线之间的间距。

人工钢质垂直接地体的长度宜为 2.5m。其间距以及人工水平接地体的间距均宜为 5m，当受地方限制时可适当减小。

人工接地体在土壤中的埋设深度不应小于 0.5m，并宜敷设在当地冻土层以下，其距墙或基础不宜小于 1m。接地体宜远离由于烧窑、烟道等高温影响使土壤电阻率升高的地方。

在敷设与土壤中的接地体连接到混凝土基础内起基础接地体作用的钢筋或钢材的情况下，土壤的接地体宜采用铜质或镀铜或不锈钢导体。

在高土壤电阻率的场地，降低防直击雷冲击接地电阻宜采用下列方法：

1）采用多支外引接地装置，外引长度不应大于有效长度，有效长度应按下式计算。

$$l_e = 2\sqrt{\rho}$$

式中 l_e——接地体的有效长度，单位为 m；

ρ——敷设接地体处的土壤电阻率，单位为Ωm。

2）接地体埋于较深的低电阻率土壤中。

3）换土。

4）采用降阻剂。

防直击雷的专设引下线距出入口或人行道边沿不宜小于 3m。

接地装置埋在土壤中的部分，其连接宜采用放热焊接；当采用通常的焊接方法时，应在焊接处做防腐处理。

浪涌保护器的安装需要考虑如下内容。

（1）确定安装位置

一般来说，不同等级的浪涌保护器要安装在根据分区防雷理论要求确定的分区交界处。防雷分区理论和浪涌保护器等级是根据《避雷系统 特殊设备的安装》DIN VDE0185 和《雷电电磁脉冲的防护 第一部分 通则》IEC 61312—1 等相关标准确定的。B 级（Ⅲ级）浪涌保护器一般安装在电缆进入建筑物的入口处（如电源的主配电柜中）。C 级（Ⅱ级）浪涌保护器一般安装在分配电柜中，作为基本保护的补充。D 级（Ⅰ级）浪涌保护器应尽可能靠近被保护设备安装，作为精细级防雷保护。

（2）安装方法

浪涌保护器的安装比较简单，一般直接安装到配电箱中标准的 35mm 导轨上。

（3）电气连接

浪涌保护器的连接导线（包括火线和接地线）必须连接线尽可能短和直，以避免导线的阻抗和感抗产生附加的残压降。根据 IEC 61643—12《电涌保护器（SPD）第 12 部分：连接于低压电力系统的电涌保护器》电涌保护器标准，连接电缆的电感一般是 1μH/m 左右。如果流过浪涌保护器的雷电流为 1kA/μs，那么每米连接导线上的压降为 1000V。如果连接导线为 1m，那么设备两端承受的电压就是浪涌保护器的钳制电压再加上 1000V 的电压。如果超过设备的最大耐压值，便会损坏设备。如果浪涌保护器连接导线在安装过程无法小于 0.5m 时，则必须采用 V 字形的连接方式，如图 1-84 所示。同时，在布线时必须将浪涌保护器的输入线和输出线尽可能保持比较远的排布。此外，在布线时要注意，已经保护线路和未保护的线路（包括接地线），决不能近距离平行排布，而是必须保持一定空间距离或采用屏蔽装置隔离，以防止从未保护的线路向已经保护的线路感应雷电浪涌电流。

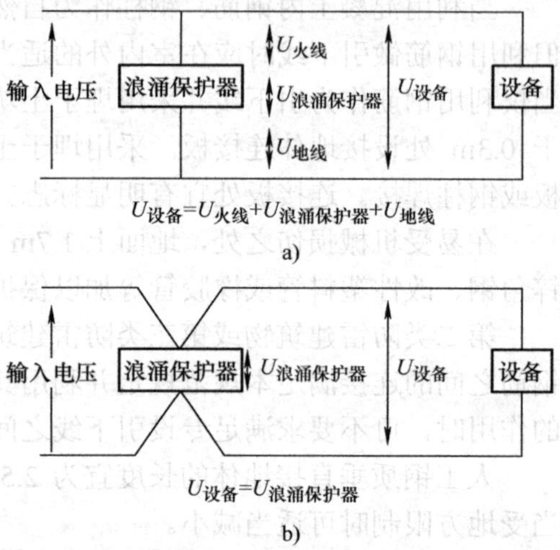

图 1-84　浪涌保护器连接导线安装示意图
a) 连接导线长度小于 0.5m　b) 连接导线长度大于 0.5m

1.3.2　并网光伏发电系统的调试

光伏发电系统在进行单体实验及设备、系统调试前应编制完成调试方案并通过审查，调试方案是指导施工的重要依据。

光伏发电系统调试前应做好以下的准备工作。

1）在设备和系统调试前，安装工作应完成并通过验收。光伏发电系统调试前应检查安装使用条件是否符合设备使用说明书和相关标准和规范的要求。

2）对于室内安装的系统和设备，在调试前建筑工程应具备下列条件。

所有装饰工作应完毕并清扫干净。

装有空调或通风装置等特殊设施的，应安装完毕并投入运行，以满足逆变器等对散热有严格要求的设备运行条件。

受电后无法进行或影响运行安全的工作，应施工完毕。

3）应将光伏方阵表面擦拭干净，并确保所有开关都处于关断状态，准备好相关检测仪器设备、工具和记录本。

4）光伏发电系统调试时间应选择在晴天，最好在中午前后 10:00～14:00 时段内。思考：这是为什么？

1. 光伏方阵的调试

（1）一般检查

检查光伏方阵外观是否平整、美观，光伏组件表面是否清洁；检查光伏组件是否松动，光伏组件之间的接线是否牢固、接触良好等。

（2）光伏组件串测试

光伏组件串测试前应具备下列条件。

1）所有光伏组件应按照设计文件数量和型号组串并接引完毕。

2）汇流箱内各回路电缆应接引完毕，且标示应清晰、准确以便于故障的查找和运行人员的维护。

3）在未经测试前，汇流箱内的熔断器或开关应在断开位置，以避免光伏组件串可能因组串错误而出现过高电压对逆变器等设备造成损坏。

4）汇流箱及内部防雷模块接地应牢固、可靠，且导通良好，在过电压的情况下起到保护作用。

5）光伏组件串的测试宜在辐照度高于或等于 700W/m^2 的条件下进行。由于光伏组件在实际应用中经常工作在低于 1000W/m^2，又高于 200W/m^2 的情况，因此，在辐照度高于或等于 700W/m^2 的条件下的测试更能够准确全面评估光伏组件的电性能参数。

光伏组件串的检测应符合下列要求。

① 汇流箱内测试光伏组件串的极性应正确。光伏组件在组串过程中，会出现将插接头反装，从而导致光伏组件串的极性反接的现象。在测试过程中，应对此进行认真检测。为了安全和防止设备损坏，极性测试一般在其他测试前进行。在测试前，应关闭所有的开关，在测量每个光伏组件串的开路电压。比较测量值和预期值，以判断光伏组件连接是否正确。如果光伏组件串中存在一个极性接反的光伏组件，那么整个光伏组件串的输出电压比正确接线时的开路电压要低很多。

② 相同测试条件下的相同光伏组件串之间的开路电压偏差不应大于 2%，但最大偏差不应超过 5V。若电压偏差超过规定，则应对光伏组件串内的光伏组件进行检查，必要时可进行更换调整。可参考图 1-85 所示测量方法进行光伏组串开路电压的测量。

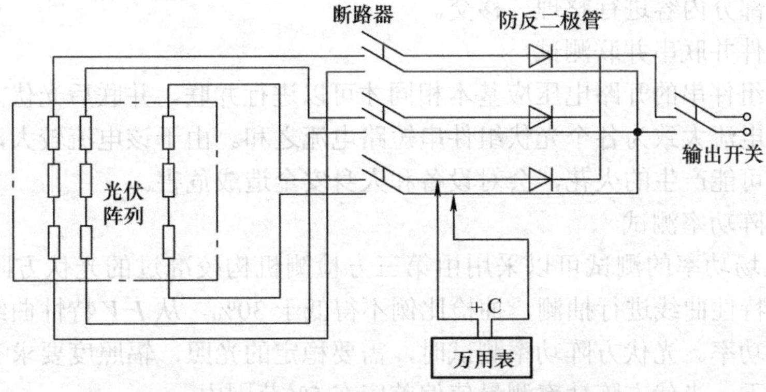

图 1-85　光伏组件串的开路电压测量示意图

在一般情况下，光伏组件串中的光伏组件的规格和型号都是相同的，在相同的测试条件下进行测试，其电压偏差不应太大。如果电压偏差大于 2%或最大偏差大于 5V，应对光伏组件串内的光伏组件进行检查，必要时可进行更换调整。通常由 60 片或 72 片太阳电池封装而成的光伏组件，其开路电压约为 38V 或 46V（不同类型的光伏组件略有不同）。这些光伏组件串联起来，总的开路电压应是 38V 或 46V 的整数倍（光伏组件串联数目较多时，开路电压很高，测量时应注意安全）。如果光伏组件串的开路电压测量值低于预期值，则有可能是一个或多个光伏组件的极性错误，或者绝缘等级低，或者导管和接线盒损坏或有积水等。如果开路电压测量值高于预期值并偏差较大则可能是接线错误引起的问题。对于开路电压测量值与预期值偏差较大的情况，可逐个检查光伏组件的开路电压及连接情况，找出故障。

对于多个相同的光伏组件串，应在稳定的辐照度下对光伏组件串之间的电压进行比较，误差应在 5%范围内。测量时间可以选在晴天的正午时刻前后一小时内进行。对于非稳定的辐照度条件，可以采用延长测试时间；用多个仪表，一个仪表测量一个光伏组件串；用辐照表来标定当前读数等方法进行测试。

③ 在发电情况下应使用钳形万用表对汇流箱内光伏组件串的电流进行检测。在并网状态下，使用钳形电流表测试光伏组件串的电流，直观且安全。相同测试条件下且辐照度不应低于 700W/m^2 时，相同光伏组件串之间的电流偏差不应大于 5%。

通过此种测量方法发现光伏组件串之间的电流差异，从而发现存在的问题。光伏组件串的短路电流应基本符合设计要求，如果偏差较大，则有可能是某块光伏组件性能较差，应予以更换调整。

对于多个相同的光伏组件串，应在稳定的辐照度下对光伏组件串之间的电流进行比较，误差应在 5%范围内。由于光伏组件短路电流受太阳辐射强度影响较大，对于非稳定的辐照度条件，可以采用延长测试时间；用多个仪表，一个仪表测量一个光伏组件串；用辐照表来标定当前读数等方法进行测试。

光伏组件串的并联应在确认各个光伏组件串的开路电压基本相同后进行，并联后的光伏方阵的开路电压基本不变，但总的短路电流应大体等于各个光伏组件串短路电流之和。

④ 光伏组件串电缆温度应无超常温等异常情况。若光伏组件串连接电缆温度过高，应检查回路是否有短路现象发生。

⑤ 光伏组件串测试完成后，应做好相应的测试记录，按照表 1-35 格式填写记录，并作为竣工资料的一部分内容进行整理、移交。

（3）光伏组件并联串并联测试

并联的光伏组件串的开路电压应基本相同才可以进行并联。并联后光伏方阵的电压基本不变，总的短路电流大致为各个光伏组件串短路电流之和。由于该电流较大，在测量时，应注意因电流过大可能产生的火花，会对设备和人身安全造成危害。

（4）光伏方阵功率测试

光伏方阵现场功率的测试可以采用由第三方检测机构校准过的光伏方阵测试仪对光伏方阵支路的 *I–V* 特性曲线进行抽测，抽检比例不得低于 30%。从 *I–V* 特性曲线中可以得到该支路的最大输出功率。光伏方阵功率测试时，需要稳定的光照，辐照度要求 500W/m^2 以上。在稳定光照情况下，光伏方阵功率测量值偏差应在 5%范围内。

如果没有光伏方阵测试仪，也可以通过在现场测试光伏发电系统直流侧的工作电压和工作电流得到实际的直流输出功率。

表 1-35 光伏方阵测试记录表

工程名称								
光伏方阵编号：　测试日期：　天气情况：								
序号	组件型号	组串数量	组串极性	开路电压 /V	组串温度 /℃	辐照度 W/m^2	环境温度	测试时间
1								
2								
3								
4								
5								
6								
7								
8								
9								
10								
11								
12								
13								
14								
15								
16								
17								
18								
19								
20								
备注								

检查人：　　　　　　　　　　　　确认人：

2．逆变器调试

逆变器安装结束后，如果输入直流电压正常，则在空载情况下，打开逆变器的输出开关，等待逆变器的自检，如果输出没有短路，则可以打开输出开关，使逆变器工作。然后观察逆变器的工作，30min 后检查逆变器的温升。

逆变器调试前，应具备下列条件。

1）逆变器控制电源得电以进行最基本的调试工作。逆变器的控制电源有的取自直流侧，有的取自交流侧，还有单独供给的，各个生产厂家都有所不同。

2）逆变器直流侧、交流侧电缆应接引完毕，其极性（相序）正确、绝缘良好。

3）光伏方阵接线应正确，具备给逆变器提供直流电源的条件，在逆变器静态调试初期，可进行一些常规的参数和设置的检查。

逆变器调试前，应对其做下列检查。

1）逆变器接地应牢固可靠、导通良好，以保证调试人员人身安全。

逆变器内部元器件应完好，无受潮、放电痕迹。逆变器经过长途运输、现场保管和安装等环节后，应对逆变器本体进行仔细检查，以确保设备安全。对于逆变器内部的电路板、插接件、所有电缆连接螺栓及端子等部件，应仔细检查是否在运输过程中造成松动或损坏。

2）当逆变器本体配有手动分合闸装置时，其操作应灵活可靠、接触良好，开关位置指示正确。

3）逆变器本体及各回路标识应清晰准确。

4）逆变器内部应无杂物，并经过清灰处理。

逆变器调试应符合下列要求。

1）逆变器控制回路带电时，应对其做下列检查。

① 工作状态指示灯、人机界面屏幕显示应正常。

② 人机界面各参数设置应正确。

③ 逆变器自带的散热通风装置工作应正常，以保证逆变器能够稳定地投入运行。

2）逆变器直流侧带电而交流侧不带电时，应进行下列工作。

① 通过逆变器人机界面显示器查看直流侧的电压值，并和实际测量值进行比较，检测逆变器数据采集的准备性。测量值和显示值之间的偏差应在允许范围内。

② 检查人机界面显示直流侧对地阻抗值是否符合要求，如果显示值偏低，应进一步查明原因。

3）逆变器直流侧带电、交流侧带电，具备并网条件时，应进行下列工作。

① 测量交流侧电压值和人机界面显示值之间偏差应在允许范围内；交流侧电压及频率应在逆变器额定范围内，且相序正确。

② 具有门限位闭锁功能的逆变器，逆变器盘门在开启状态下，不应做出并网动作。

4）逆变器并网后，在下列测试情况下，逆变器应跳闸。

① 具有门限位闭锁功能的逆变器，开启逆变器盘门。

② 逆变器交流侧掉电。

③ 逆变器直流侧对地阻抗低于保护设定值。

④ 逆变器直流输入电压高于或低于逆变器的整定值。

⑤ 逆变器直流输入过电流。

⑥ 逆变器交流侧电压超出额定电压允许范围。

⑦ 逆变器交流侧频率超出额定频率允许范围。

⑧ 逆变器交流侧电流不平衡超出设定范围。

逆变器的保护功能直接涉及光伏发电系统接入电网的稳定运行，甚至人身生命安全，所以其保护功能尤为重要。虽然逆变器在出厂前都经过此方面的测试，但按照现行国家标准《电气装置安装工程电气设备交接试验标准》GB 50150中的相关规定，应该在施工现场进行复测。因逆变器的保护功能只能在并网状态下进行，故需要逆变器厂家、施工方和建设方充分沟通并达成共识。具体操作可以通过更改逆变器参数的方法进行测试。

逆变器停运后，打开盘门进行检测时，必须切断直流、交流侧电源和控制电源开关，并确认无电压残留后，在有人监护的情况下进行。逆变器内部布置有感性和容性元件，在运行后会有残留电荷。不同的逆变器厂家均要求在运行后，需静置一段时间，待逆变器放电后，才允许接触内部元器件，以确保检修人员的人身安全。

逆变器在运行状态下，严禁断开无灭弧能力的汇流箱总开关或熔断器（保险），以避免引起弧光，确保人身和设备安全。

施工人员完成逆变器测试后，应按照表 1-36 格式填写测试记录，并作为施工记录进行整理、移交。

表 1-36 并网逆变器现场检查测试表

工程名称			
逆变器编号： 测试日期： 天气情况：			
类别	检查项目	检查结果	备注
本体检查	型号		
	逆变器内部清理检查		
	内部元器件检查		
	连接件及螺栓检查		
	开关手动分合闸检查		
	接地检查		
	孔洞阻燃封堵		
人机界面检查	主要参数设置检查		
	通信地址检查		
直流侧电缆检查、测试	电缆根数		
	电缆型号		
	电缆绝缘		
	电缆极性		
	开路电压		
交流侧电缆检查、测试	电缆根数		
	电缆型号		
	电缆绝缘		
	电缆相序		
	交流侧电压		
逆变器并网后检查、测试	冷却装置		
	柜门连锁保护		
	直流侧输入电压低		
	交流侧电源失电		
	通信数据		

检查人： 确认人：

思考与训练

1．光伏系统调试主要包括哪些部分？

2．光伏系统调试过程中需要使用哪些工具？

3．光伏方阵调试一般有哪些步骤？

4．逆变器调试一般有哪些步骤？

5．光伏系统调试过程可能会有哪些潜在的危险？需要做哪些防护？

1.4 系统运行

任务目标：

通过本任务的实施，掌握并网光伏发电系统日常维护工作内容、常见故障的检修方法。

任务描述：

查找资料，编制并网光伏发电系统常见故障检修工作手册。

1.4.1 并网光伏发电系统的运行和管理

光伏发电系统安装、调试和相关检测完成后，需要进行试运行调整。试运行是第一次将光伏发电系统各部件完整闭合后向电网送电。并网过程中会涉及国家标准、规范的大量细节要求，因此，实施光伏发电系统试运行的电气工程师必须熟悉这些国家标准和规范，同时熟读设备生产厂家安装说明书。为确保并网逆变器保护功能的额定值的正确设定，需要多人（两人以上）进行确认，然后才能并网运行。并网光伏发电系统正式投入运行前，需向电网管理部门办理并网手续，系统经电网管理部门检查并获得许可，签订《并网协议》后，才能正式并网运行。

运行过程中需要特别注意出现的异常声音、振动和异味。如果有异常情况发生，对于非专业人员检查的场合，建议向设备生产厂商进行咨询，要求进行检查。

对于并网光伏发电系统运行状况的检查，由于多数家庭没有电压表、电流表等测量仪表，可以通过电能计量设备显示的发电量数据去判断系统运行状态。如果这些发电量数据与通常情况下的数据有较大变化，建议向设备生产厂商进行咨询，要求进行检查。

试运行时可参考表1-37进行。

表 1-37　试运行测试表

光伏发电系统连接到了公共电网	
逆变器直流侧电压	
电压处在逆变器工作电压限值范围之内	
逆变器的输入功率	
逆变器的输出功率	
逆变器输出功率符合预期	
当逆变器交流隔离装置关断时，光伏发电系统与电网断开连接	

在光伏发电系统试运行正常后，系统转入日常运行状态。

1.4.2 并网光伏发电系统的维护检查

光伏发电系统的运行维护就是对光伏发电系统的设备和系统进行检查、维护，及早发现和处理设备隐患以保障其整体运行的安全性，达到光伏发电系统的预期发电量，并实现光伏发电系统在生命周期内稳定运行的工作。

1.4.2.1 并网光伏发电系统的日常维护

1．光伏方阵的日常维护

观察光伏方阵表面是否清洁，当光伏组件表面受到污染时，其发电效率会大幅下降；同时，光伏组件表面局部污染会产生热斑效应，影响光伏组件寿命。鉴于以上原因，光伏发电系统需要设置清洗系统或配置清洗设备，对光伏组件表面进行定期清洗。可用清水冲洗或用干净抹布擦拭，注意不得使用化学试剂清洗。当环境对组件表面有较好的自洁作用（如有频繁的雨水冲刷，且组件布置倾角较大）时，可不考虑清洗。

检查光伏支架是否有腐蚀和生锈。

检查光伏方阵有无接线损伤或脱落现象出现。

2．逆变器的日常维护

1）检查逆变器外观有无锈蚀、损坏等情况。

2）检查逆变器接线端子是否松动。

3）检查显示是否正常，发电状况有无异常。

4）用手背触碰逆变器外壳检查有无温度异常；检查逆变器设备内部温度、声音是否正常，有无烧焦等异味；如有，应立即切断开关进行处理，查找故障原因，采取有效措施恢复正常运行，并做好记录。

5）检查外露导线有无绝缘老化、机械损坏等情况。

6）检查通气孔或换气扇等散热装置是否正常工作，有无堵塞（逆变器风扇测速、灰尘清理等）。

7）检查防雷接地是否正常。

3．输电线路的日常维护

1）检查输电线路是否有掉线、搭线、垂线等现象。

2）检查输电线路有无损伤。

3）检查进户线和用户电表显示是否正常，有无异常代码和信号。

1.4.2.2 并网光伏发电系统常见的故障检修

并网光伏发电系统设备主要故障、检测方法如表1-38所示。根据北京鉴衡认证中心技术规范《并网光伏发电系统运行维护技术条件》CGC/GF028:2012中相关内容，光伏发电系统发生故障时，运维服务人员应按照相关规定及时发现并针对现场故障进行处理。故障有明确记录，以书面或电子文档形式保存。故障记录内容应包括：①故障发生的设备；②故障发生时间与故障记录时间；③故障现象表征，如持续或间歇，故障发生的范围，发生故障的设备本身的现象和外延设备的现象；④故障产生原因的判断与依据，短期与系统性的解决方案；⑤故障排除方法与过程描述；⑥故障排除后的设备运行参数与状态量；⑦故障解决人员；⑧故障记录人。

表1-38 并网光伏发电系统设备主要故障和相应检测方法

设备名称	常见故障	故障原因	主要检测方法
光伏阵列	热斑现象	局部被遮挡	红外图像
	老化	Rs增大，Rsh减小，抗反射膜老化	TDR（时域反射法）
	组件短路	接线盒触电虚焊或接线错误	电学特性
	开路	接线头质量差； 串联二极管因雷电引起故障； 连接电缆机械损伤、紫外老化或热老化后断开	电学特性
	碎裂	光伏组件面板玻璃碎裂	目测
	组件变形	支架结构存在问题； 组件安装不当	目测
	接线盒脱落		目测
	电池片或电极发黄		目测
	铝合金边框开裂		目测
	EVA与玻璃分层		目测
	光伏阵列输出电压过低，系统输出功率降低	各个组串的开路电压有差异；组串中某块组件的旁路二极管损坏或者组件损坏	电学特性

（续）

设备名称	常见故障	故障原因	主要检测方法
并网逆变器	过流	电缆选型不正确	硬件电路保护或算法诊断
	过压	光伏阵列电压过高，与逆变器不匹配	硬件电路保护或算法诊断
	元器件过热	老化或热量超载	红外图像
	主电路功率管短路	1）功率开关管两端并联的 *RC* 吸收回路短路或主电路绝缘保护层被破坏，导致功率开关管被反向击穿； 2）由于同相桥臂的两个功率开关管互斥死区时间过短，造成功率开关管的漏-栅极产生转移电流而形成误导通； 3）逆变器主电路中某元件短路导致其他元件开关应力变大，从而出现短路现象	硬件电路保护或算法诊断
	主电路功率管开路	1）功率开关管的基极驱动电路发生故障，如驱动元件损坏、电源失效等； 2）门极故障、串联熔断器熔断或者触发脉冲丢失； 3）电容击穿、电感饱和、电阻器烧断等现象也会造成功率管开路； 4）电路中电气元件性能下降或受到较强的电磁干扰，导致逆变器输出发生畸变，引起其他元件过载	
	损坏	运输不当、极性反接、内部电源失效、雷击、功率开关管损坏、输入电压不正常、输出保险损坏等	硬件电路保护或算法诊断

思考与训练

1．光伏发电系统的日常维护包括哪些方面？

2．对于西北地区的光伏电站，由于风沙较大，且缺水，请问如何对光伏组件表面进行清洁？

3．雾霾天气会对光伏发电系统产生哪些影响？

4．分布式光伏发电系统的常见故障有哪些？系统各个部件可能出现哪些典型问题？

5．如何处理分布式光伏发电系统的常见故障？

6．分布式光伏发电系统的寿命有多长？

7．如何降低光伏发电系统的维护成本？

8．如何进行光伏发电系统的后期维护？多久维护一次？如何维护？

9．清洁光伏组件时用清水冲洗和简单的擦拭就可以了吗？

10．用水擦拭光伏组件的时候会不会有触电的危险？

11．如何正确利用光伏发电系统停机维护时间？

12．如何发现光伏阵列中某一块光伏组件是否出现故障？

项目 2　某别墅家庭分布式并网光伏发电系统的设计与施工

2.1　项目规划

任务目标：

完成家庭分布式并网光伏发电系统规划工作，内容包括用户需求分析、现场勘查、项目申请、系统技术方案选择、太阳能资源分析、发电量估算以及经济效益评估等。

任务描述：

某家庭用户已经在自家屋顶安装了家庭分布式并网光伏发电系统。作为光伏专业的学生，请对该系统的设计方案进行复核，并给出自己的建议和意见。

2.1.1　政策解读

近几年，为了促进我国光伏行业的健康发展，国家和各地方政府不断出台光伏政策进行扶持，这些扶持政策涵盖了并网、补贴等多个方面，如表 2-1 和表 2-2 所示。家庭分布式并网光伏发电系统的发展也与这些光伏政策密切相关。

表 2-1　2012—2014 官方光伏政策发布统计汇总表

年份	主要的光伏政策
2012	财政部、科技部、国家能源局《关于做好 2012 年金太阳示范工作的通知》 工信部《太阳能光伏产业“十二五”发展规划》 科技部《太阳能发电科技发展“十二五”专项规划》 国家能源局《关于申报新能源示范城市和产业园区的通知》 国家能源局《关于鼓励和引导民间资本进一步扩大能源领域投资的实施意见》 国家发改委《可再生能源发展“十二五”规划》《太阳能发电发展“十二五”规划》 财政部、住建部《关于完善可再生能源建筑应用政策及调整资金分配管理方式的通知》 国家能源局《关于申报分布式光伏发电规模化应用示范区通知》 国家电网《关于做好分布式光伏发电并网服务工作的意见（暂行）》《关于促进分布式光伏发电并网管理工作的意见（暂行）》《分布式光伏发电接入配电网技术规定（暂行）》 国家能源局综合司《关于编制无电地区建设应用政策及调整资金分配管理方式的通知》 财政部办公厅科技部办公厅住房城乡建设部办公厅国家能源局综合司联合发出《关于组织申报金太阳和光电建筑应用示范项目的通知》 国家发改委、国家电监会《关于可再生能源电价补贴和配额交易方案的通知》
2013	国家电网《关于做好分布式电源并网服务工作的意见》 国家能源局《分布式光伏发电示范区工作方案》 国务院《关于促进光伏产业健康发展的若干意见》 国家发改委《分布式发电管理暂行办法》 国家财政部《关于分布式光伏发电实行按照电量补贴政策等有关问题的通知》 能源局综合司《关于开展风电太阳能光伏发电消纳情况监管调研的通知》 国家能源局《关于开展分布式光伏发电应用示范区建设的通知》 国家发改委《关于发挥价格杠杆作用促进光伏产业健康发展的通知》 国家发改委《关于调整可再生能源电价附加标准与环保电价的有关事项的通知》 国家能源局、国家开发银行《关于支持分布式光伏发电金融服务的意见》 国家能源局《光伏电站项目管理暂行办法》

（续）

年份	主要的光伏政策
2013	国家财政部《关于光伏发电增值税政策的通知》 工信部《光伏制造行业规范条件》 工信部《光伏制造行业规范公告管理暂行办法》 国家能源局《关于征求 2013、2014 年光伏发电建设规模意见函》 国家能源局《关于印发分布式光伏发电项目管理暂行办法的通知》 财政部《关于对分布式发电自发自用电量免征政府性基金有关问题的通知》 能源局《关于光伏发电消纳情况监管调研的通知》
2014	关于印发风力发电场、光伏电站并网调度协议示范文本的通知（国能监管[2014]330 号） 关于印发风力发电场、光伏电站购售电合同示范文本的通知（国能监管[2014]331 号） 关于加强光伏产品检测认证工作的实施意见（国认证联[2014]10 号） 国家能源局关于下达 2014 年光伏发电年度新增建设规模的通知（国能新能[2014]33 号） 国家能源局关于印发加强光伏产业信息监测工作方案的通知（国能新能[2014]113 号） 国家能源局综合司关于加强光伏发电项目信息统计及报送工作的通知（国能综新能[2014]389 号） 《关于加强光伏电站建设和运行管理工作的通知》（征求意见稿） 关于进一步落实分布式光伏发电有关政策通知（征求意见稿） 关于国家电网公司购买分布式光伏发电项目电力产品发票开具等有关问题的公告 南方电网公司分布式光伏发电营业服务工作细则（试行） 能源局《关于公布创建新能源示范城市（产业园区）名单（第一批）的通知》《关于下达 2014 年光伏发电年度新增建设规模的通知》

表 2-2　2014 年地方光伏政策汇总表

地区	主要的光伏政策
北京	北京市分布式光伏发电项目管理暂行办法京发改规[2014]4 号
广东	广东省关于促进光伏产业健康发展的实施意见（粤府办[2014]9 号） 广东省发展改革委关于下达 2014 年光伏发电年度新增建设规模的通知（粤发改能新[2014]161 号） 关于印发广东电网公司分布式光伏发电营业服务相关规范文件的通知 佛山市关于促进光伏发电应用的实施意见佛府办（[2014]12 号） 深圳市分布式光伏发电项目管理
上海	上海市可再生能源和新能源发展专项资金扶持办法（沪发改能源[2014]87 号） 上海市发改委关于下达 2014 年度分布式光伏发电年度新增建设规模的通知（沪发改能源[2014]161 号）
浙江	浙江省关于进一步明确光伏发电价格政策等事项的通知（浙价资[2014]179 号） 江山市关于促进光伏发电项目建设的意见（试行）江政发[2014]2 号 杭州市人民政府关于加快分布式光伏发电应用促进产业健康发展的实施意见（杭政函[2014]29 号） 绍兴市关于加快分布式光伏发电应用的实施意见（绍政办发[2014]42 号） 衢州市人民政府关于促进光伏产业发展的若干意见（衢政发[2013]53 号） 富阳市关于加快分布式光伏发电应用促进产业健康发展的实施意见（试行）（富政函[2014]58 号）
江西	江西省人民政府办公厅关于印发加快推进全省光伏发电应用工作方案的通知（赣府厅字[2014]56 号）
湖北	湖北省关于促进光伏发电项目建设的通知（鄂发改办[2014]194 号）
河南	河南省发展和改革委员会关于推进光伏发电项目建设的通知（豫发改能源[2014]626 号）
山西	山西省关于加快促进光伏产业健康发展的实施意见（晋政发[2014]4 号）
内蒙古	内蒙古自治区 2013—2020 年太阳能发电发展规划
天津	关于印发天津地区光伏发电项目电力并网服务工作流程的通知（津发改能源[2014]345 号）
福建	关于印发福建省促进光伏产业健康发展六条措施的通知（闽经信技术[2014]60 号）

任务实施

通过网络、书籍、报刊等途径收集整理近 3 年全国各地（包括国家电网公司、南方电网公司）的光伏相关政策，用 Excel 表格将要点分类罗列出来，完成光伏政策调研报告，对比各地光伏政策对光伏产业发展的扶持力度，分析光伏政策对家庭分布式并网光伏发电产业发展的影响。

任务考核

光伏政策调研报告评分标准如表 2-3 所示。

表 2-3 光伏政策调研报告评分标准

任务名称	任务内容	完成情况	分值
光伏政策调研报告	国家光伏政策 地方光伏政策 佛山市光伏政策 国家电网公司光伏政策 南方电网公司光伏政策	报告完整、数据准确	100
		报告基本完整、数据基本准确	70
		报告不完整、数据不准确	40

注：视具体完成情况，参照标准适当增减分。

思考与训练

1．什么是“自发自用，余电上网”？
2．什么是“光伏上网标杆电价”政策？
3．什么是“单位电量定额补贴”政策？
4．“自发自用”电量和“余电上网”电量的补贴方式相同吗？
5．不同领域的分布式光伏发电补贴是否相同？
6．如何获取光伏相关政策信息？
7．有关分布式光伏发电相关政策应该咨询哪些部门？
8．用户如何获得国家的电量补贴？
9．分布式光伏发电补贴资金通过什么方式发给业主？

2.1.2 项目申请

国家电网公司于 2012 年 10 月 26 日向社会发布了《关于做好分布式光伏发电并网服务工作的若干意见》，国家正式允许并鼓励分布式光伏发电系统接入公共电网，并允许向电网卖电。所谓分布式光伏发电是指位于用户附近，所发电能就地利用，以 10kV 及以下电压等级接入电网，且单个并网点总装机容量不超过 6MW 的光伏发电项目。因此，这一国家光伏政策的发布意味国家正式在引导光伏发电走入寻常百姓家。建于用户内部场所的分布式光伏发电项目，发电量可以全部上网、全部自用或自发自用余电上网，由用户自行选择，用户不足电量由电网企业提供。上、下网电量分开结算，电价执行国家相关政策。居民家庭用户一般选择余电上网模式。居民将所发电量上网卖出时，国家电网将按高于当地燃煤机组标杆上网电价进行收购。

国家发改委出台《关于发挥价格杠杆作用促进光伏产业健康发展的通知》（发改价格 20131638 号），完善了光伏发电价格政策，通知规定将全国分为三类太阳能资源区，对大型光伏发电站发电和分布式发电分别制定标杆上网电价和补贴。对分布式光伏发电实施全电量补贴政策，补贴价格为 0.42 元/度。

国家电网承诺：在并网申请受理、接入系统方案制订、合同和协议签署、并网验收和并网调试全过程服务中，不向分布式光伏发电项目业主收取任何费用。支持分布式光伏发电分散接人低压配电网，按照国家政策全额收购富余电量；对所有分布式光伏发电项目免收系统备用容量费。项目接入公共电网的部分也由电网公司买单。用户仅需自己投资光伏发电设备以及自用部分少量电缆线路投入。

2014 年 3 月，南方电网公司发布分布式光伏发电营业服务细则（试行），对分布式光伏发电并网服务流程、购售电管理、计量管理和咨询服务做了说明。南方电网公司对居民家庭分布式光伏发电项目 380V 及以下分布式光伏并网服务流程和发电量补贴支付流程如图 2-1 所示。发电量补贴支付流程图如图 2-2 所示。

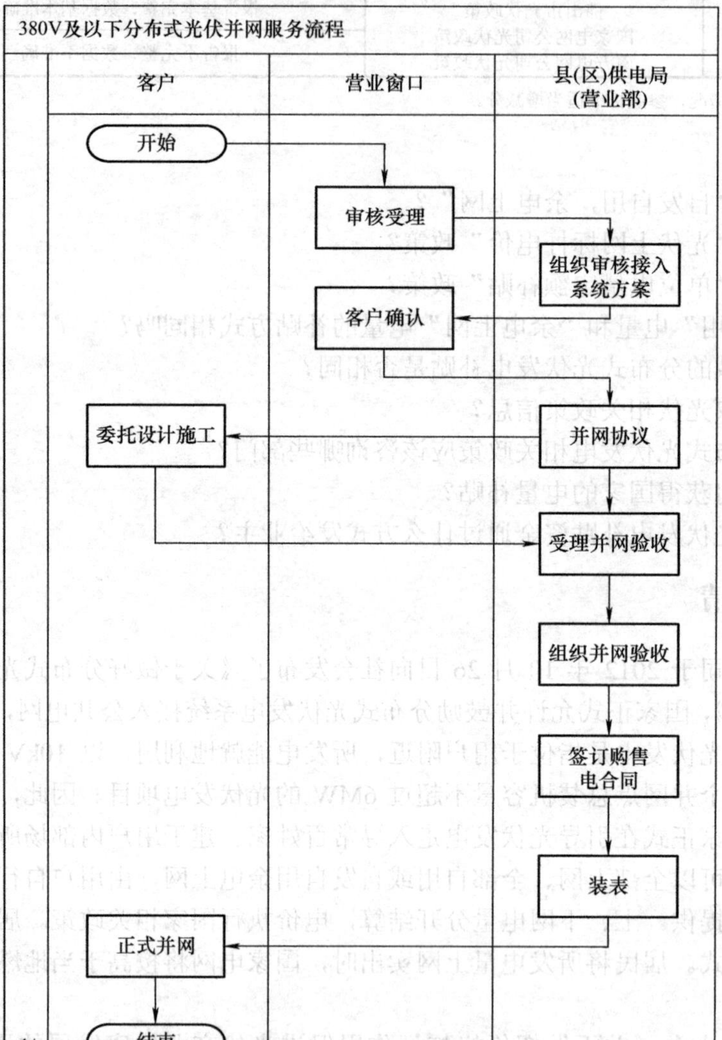

图 2-1　380V 及以下的分布式光伏发电项目并网服务流程图

任务实施

某家庭用户打算在自家屋顶安装并网光伏发电系统，并希望能获得电量补贴，但是他不知道如何申请，作为光伏应用技术专业的学生，请你给他必要的协助，告诉他如何获得政策信息，如何进行申请流程，如何获得电量补贴。

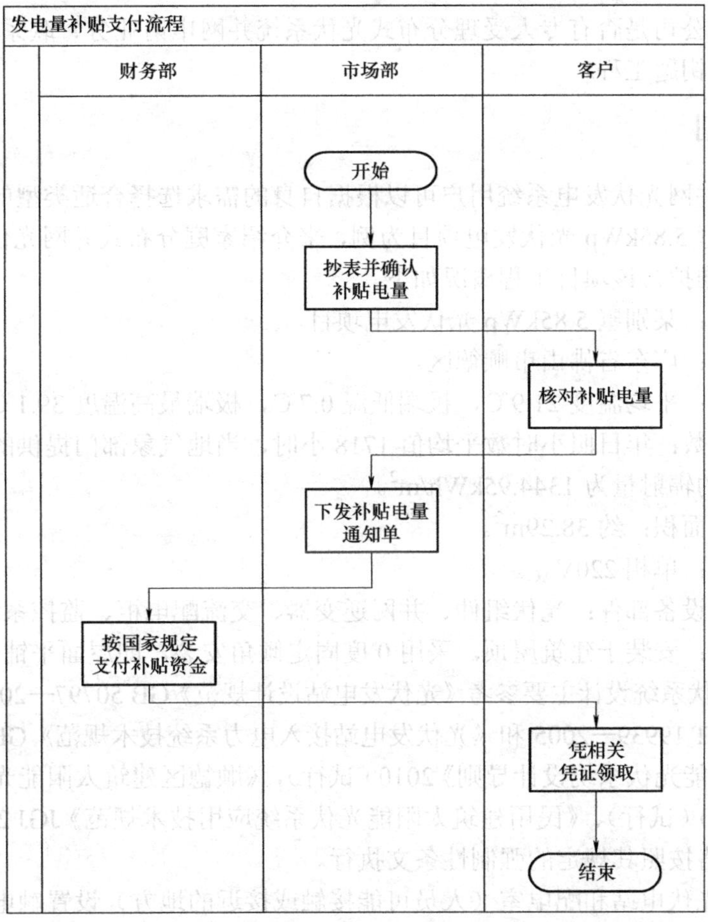

图 2-2 发电量补贴支付流程图

任务考核

如表 2-4 所示。

表 2-4 家庭分布式并网光伏发电项目申请任务考核评分标准

任务名称	任务内容	完成情况	分值
家庭分布式并网光伏发电项目申请	申请相关表格的填写；用图表画出申请流程；需要确认一下南网和国网流程是否一致	表格填写完整、合理；申请流程可行	100
		表格填写基本完整、基本合理；申请流程基本可行	70
		表格填写不完整、数据不准确；申请流程不可行	40

注：视具体完成情况，参照标准适当增减分。

思考与训练

1．如何向电网公司申请分布式光伏并网发电系统接入？需要走哪些程序？

2．如何向电网卖出光伏余电？

3．分布式系统申请接入是否需要费用？个人申请分布式光伏并网系统需要什么资料？流程是什么？如果是企业申请呢？

4．分布式光伏发电系统并网需要考虑什么问题？

5．在自己屋顶安装光伏发电系统，如何获得小区物业的支持和邻居们的同意？

6．当地电力公司是否有专人受理分布式光伏系统并网申请业务？联系热线是什么？

7．什么是交钥匙工程？

2.1.3　系统规划

家庭分布式并网光伏发电系统用户可以根据自身的需求选择合适类型的光伏发电系统。这里我们以某别墅 5.85kWp 光伏发电项目为例，来介绍家庭分布式并网光伏系统的规划、设计、实施和运行维护，该项目工程概况如下。

1）工程名称：某别墅 5.85kWp 光伏发电项目。

2）工程位置：广东省佛山市顺德区。

3）环境温度：平均温度 21.9℃，极端低温 0.7℃，极端最高温度 39.1℃。

4）日照小时数：年日照小时数平均值 1718 小时，当地气象部门提供的太阳能辐射量信息每年水平面上的辐射量为 1344.95kWh/m^2。

5）光伏组件面积：约 38.29m^2。

6）并网形式：单相 220V_{AC}。

7）系统主要设备部件：光伏组件、并网逆变器、交流配电柜、监控系统等。

8）安装方式：安装于建筑屋顶，采用 0 度固定倾角安装，即屋面平铺安装。

9）此项目光伏系统设计主要参考《光伏发电站设计规范》GB 50797—2012、《光伏系统并网技术要求》GB/T 19939—2005 和《光伏发电站接入电力系统技术规范》GB/T 19964—2005，《顺德区建筑太阳能光伏系统设计导则》2010（试行），《顺德区建筑太阳能光伏系统规划与建筑设计导则》2010（试行）、《民用建筑太阳能光伏系统应用技术规范》JGJ 203—2010 等标准为设计依据，严格按照其规定的强制性条文执行。

10）在屋顶光伏电站和配电室（人员可能接触或接近的地方）设置触电警示标志。

11）光伏系统根据相关规范及要求设计了相应的并网保护功能（参见并网逆变器性能要求），在并网柜设置符合规定的计量装置、隔离装置及相关双电源等专用警告标识。

12）符合相关的建筑防雷设计要求。

2.1.3.1　家庭分布式并网光伏发电系统结构分析

某别墅 5.85kWp 光伏发电系统主要由光伏组件、并网逆变器、交流配电柜和监控系统组成，如图 2-3 所示。根据光伏系统需要还可配置（防雷）汇流箱、双向计量电表等部件。

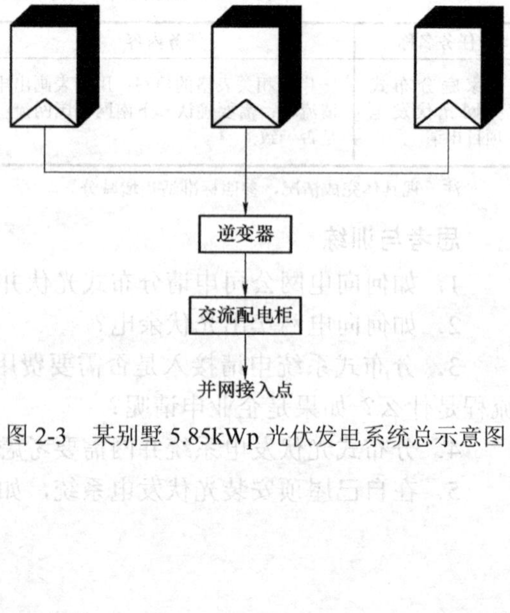

图 2-3　某别墅 5.85kWp 光伏发电系统总示意图

光伏组件是具有封装及内部联结的，能单独提供直流电输出的，最小不可分割的太阳电池组合装置。在光伏发电系统中，通常要通过串并联的方式组装在一起并且有固定的支撑结构而构成光伏阵列。本项目中，设计总功率为 5.85kWp，屋顶光伏系统采用单晶硅光伏组件，单块功率 195Wp，组件数量共 30 块，具体配置如表 2-5 所示。

表 2-5　某别墅 5.85kWp 光伏发电系统初步配置表

系统名称	组件功率/W	组件数量/块	功率/W	组串数	逆变器	交流箱
屋顶或地面	195	30	5850	10 串 3 并	5kW	220V32A

系统具有友好的人机互动功能，采用 LCD 液晶显示屏，可监测和显示系统直流工作电压和电流、交流输出电压和电流、功率、功率因素、频率、故障信息以及环境参数（如辐射强度、环境温度等），统计和显示日发电量、总发电量等信息，并可打印报表。另外，系统还具有过压、失压、过载过流、漏电、短路保护功能，并网逆变器内置的电网保护装置具有防孤岛保护单元（MSD），能有效地防止孤岛效应。

并网接入点设定为用户市电配电低压侧。

2.1.3.2　现场评估

对某别墅 5.85kWp 光伏发电系统所在位置进行现场评估，基本情况如下：

1）根据已确定施工方案进行现场踏勘。

2）对屋面进行丈量，确定屋面东、西、南面无树木、无遮挡等。

3）屋面承重满足要求，屋顶荷载要求 25kg/m^2 以上。

4）屋面可利用面积不应小于 40m^2，长 8m 以上，宽 5m 以上。

5）屋面无污秽气体、烟尘排放。

6）安装户应告知安装位置是否有大风、龙卷风刮过的历史，便于技术人员及时调整安装位置或施工方案。

现场评估（现场勘查）是光伏发电系统设计安装过程中的重要步骤。安装人员应收集系统设计规划和优化中所需的必要信息，如屋顶朝向、倾角、周边的可能遮挡情况等。

现场评估的目标主要包括 3 个方面。

（1）确定光伏阵列的位置、屋顶规格

对于家庭分布式并网光伏发电系统，大多将光伏阵列安装在建筑屋顶上，因此屋顶规格决定了光伏阵列的朝向和倾角的选择。

光伏阵列的理想朝向是在北半球朝南，而在南半球朝北，以获得更多的太阳辐射。但现实中光伏阵列的安装受限于屋顶朝向，如图 2-4 所示。

此外，在大多数光伏系统里，光伏组件倾角与屋顶倾角一致；系统最佳倾角近似于当地纬度，但不一定与屋顶倾角相同，如图 2-5 所示。

图 2-4　屋顶上光伏阵列的朝向

图 2-5　屋顶上光伏阵列的倾角

确定光伏阵列的倾角和方位角后，我们可以计算屋顶规格对光伏阵列发电量的影响（通常需要使用一些光伏计算软件）。

（2）确定遮挡情况

由于光伏组件上的遮挡会造成其输出功率的显著降低，并可能对光伏组件造成损坏，因此，在现场勘查时，需要将所有遮挡源都标识出来，包括永久性遮挡源和潜在遮挡源。

图 2-6　屋顶上永久遮挡源（烟囱和天窗）和潜在遮挡源（树木）

永久性遮挡源可能包括：屋顶上的烟囱、女儿墙或其他屋顶建筑物。而潜在遮挡源可能包括：不断生长的树木和植物、屋顶新建的建筑物、屋顶上新安装的电视天线等设施、山脉或山丘等有可能遮挡光伏阵列的自然地形，如图 2-6 所示。

现场勘查中除了标识出遮挡源外，还需要进行更详尽的遮挡分析，评估遮挡源在全年中造成的遮挡情况以及对太阳能资源的影响。

评估现场全年的遮挡情况的工具有 Solar Pathfinder、Solmetric Suneye、HORlcatcher 等。这些工具的工作原理都是基于太阳运行路径的计算和遮挡源在太阳路径图上留下的阴影的分析。除了这些遮挡评估工具外，我们也可以利用一些仿真程序进行光伏阵列的遮挡效果分析。这些仿真软件有 Shawdow Analyzer、Ecotect、PVSOL、PVSyst、SketchUp Pro 等，如图 2-7 所示。

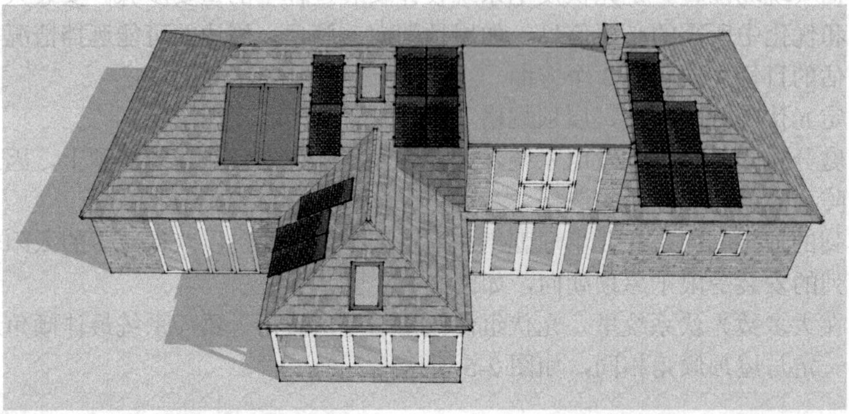

图 2-7　采用 SketchUp Pro 软件进行光伏阵列阴影遮挡分析模型

（3）确定屋顶有效面积

光伏阵列设计中需要确定在已标识的无遮挡区域内放置多少块光伏组件。对于一些屋顶存在烟囱等突起物体或其他构筑物的情况，尽管屋顶面积明显大于光伏阵列安装面积，但是合适光伏系统安装的有效面积要小一些。在光伏阵列设计和光伏组件选型过程中，有效面积的计算极其重要。为确定屋顶有效面积，需要进行以下几个步骤，如图 2-8 所示。

1）用卷尺测量屋顶的有效空间（如长度、宽度等），或者直接从建筑物的结构图中获得。

2）确定“边缘区域”。根据所选择的光伏阵列安装方式，在屋檐周边留出“边缘区域”（推荐选取有效面积的 20%），以保证可以安全施工和运维管理。

图 2-8　确定屋顶有效面积示意图

3）确定有效面积内可安装的最大光伏组件数量。需考虑光伏组件尺寸、布置方式（横排、竖排）和屋顶有效空间长度和宽度之间的关系。

4）如果空间是一个问题，必须计算可安装最多光伏组件的朝向；如果屋顶是非矩形区域，必须把屋顶分割成若干个矩形区域，然后再进行光伏组件布置。

5）除了屋顶有效空间限制光伏组件数量外，逆变器的选择也会对最终的光伏组件数量起约束作用。

除了光伏组件的位置外，光伏系统中其他部件的位置也必须在现场评估中确定。这些部件包括汇流箱、逆变器、电能计量装置等。光伏系统中全部设备部件的位置应在结构图或建筑图上标出。如果没有这类图样，现场勘查人员应当准备现场草图。对现场及各设备推荐位置进行拍照记录。

现场勘查中还需要对当地环境做出评估，因为当地环境的不同可能会影响到设备选择。

1）当地温度范围：考虑设备正常工作温度，光伏系统阵列设计时需考虑光伏组件的温度系数等。

2）盐雾天气、紫外辐射等腐蚀性条件：光伏组件需通过盐雾腐蚀测试、紫外测试等相关的产品认证。

3）降雪：考虑雪荷载可能对光伏组件产生的影响；按照《地面用晶体硅光伏组件——设定鉴定和定型》IEC 61215 标准，可选择光伏组件的额定荷载容量为 5400Pa。

在光伏发电系统安装之前，安装人员需完成一个详细的现场规划。现场规划图中应包括屋顶长度、电缆长度、系统部件位置和建筑物间距等尺度。

2.1.3.3　设备选型

1. 光伏组件

本项目屋顶系统初步采用峰值功率为 195Wp 单晶硅太阳电池光伏组件，其技术参数如表 2-6 所示。

表 2-6　项目中使用光伏组件的技术参数

型号（STC）	单晶硅 195（屋顶系统）		
电气参数		机械参数	
标称功率	195W	电池片类型	单晶 125×125
开路电压	44.5V_{dc}	电池排列	36（4×9）
最大工作电压	36.5V_{dc}	尺寸	1580mm×808mm×35mm
短路电流	5.771A	重量	14.8kg
最大工作电流	5.34A	前盖	钢化超白玻璃
电池转换效率	17.2%	边框材质	阳极氧化铝
组件转换效率	15.2%	接线盒	防护等级 IP67
功率偏差	0～+5W	导线	4mm²/12AGW，250mm
最大系统电压	1000V_{dc}	连接器	MC4
工作温度	–40～+85℃		

2．逆变器

本方案设计中初步采用 5kW 组串式并网逆变器。该产品类型普遍齐全，应用方式灵活多变，外观设计充满时代感，能充分满足电力系统性能、可靠性和审美观的需求，如图 2-9 所示。

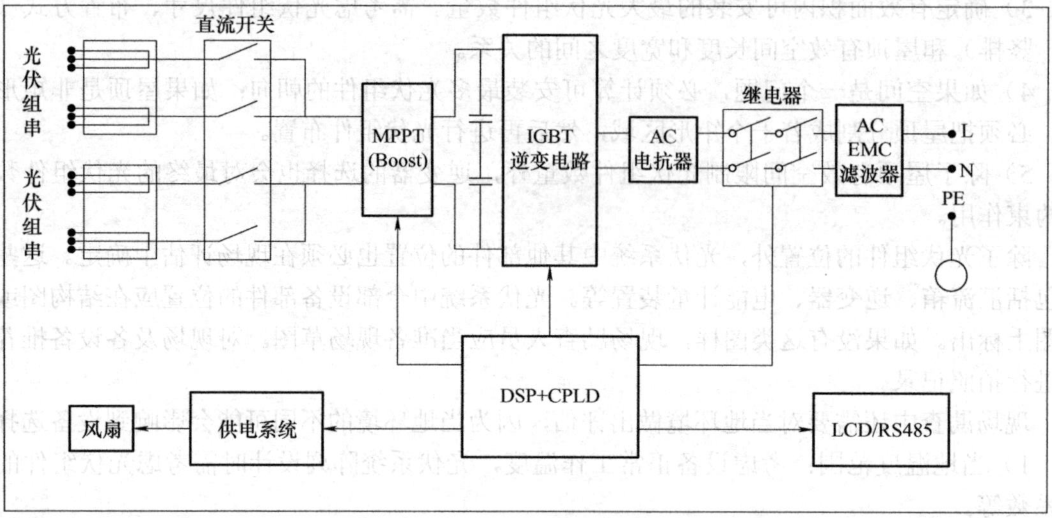

图 2-9　某别墅 5.85kWp 光伏发电系统初步选用逆变器（5kW）的拓扑结构图

逆变器技术特点如下。

1）宽直流输入电压范围，最高可达 600V_{dc}。

2）具有很高转换效率，逆变效率>97.9%，总电流波形畸变率<3%。

3）最大功率（MPPT）效率>99.9%。

4）先进的 IGBT 器件，平均无故障时间 5 年以上，使用寿命 20 年以上。

5）具有过载、短路、电网断电、电网过欠压、电网过欠频、防孤岛保护、极性反接保护、对地绝缘监测、环境温度监测、直流过压、过流保护、模块温度保护等完善保护功能。

6）有直流输入手动分断开关，交流电网手动分断开关，紧急停机操作开关等手动应急保护开关。

7）精确的输出电能计量，交流电压工作范围 180～280V。

8）多语种液晶显示和多种通信接口（可选）。

9）柜顶设有散热排风口，并有风道接口。

10）通过 TUV 认证、CE 证书以及通过国内金太阳认证、3C 认证等。

本项目中采用的逆变器技术参数如表 2-7 所示。

表 2-7 项目中使用逆变器的技术参数

逆变器规格	5kW	允许电网频率	50Hz/60Hz
最大直流电压 U_{max}	$550V_{dc}$	功率因数	≥0.99
MPPT 跟踪电压	$200～500V_{dc}$	最大效率	97.6%
直流输入功率	5.2kWp	欧洲效率	96.8%
直流输入最大电流	26A	防护等级	IP65
交流输出功率	5kW	允许环境温度	−20～+60℃
额定电网电压	$220V_{ac}$	标准通信方式	RS485
允许电网电压	$180～260V_{ac}$	可选通信方式	RS485/RS232

注：逆变器电气参数为设计参考参数，在实施时，在满足逆变器功率、效率、系统功能和相关标准的基础上，其他电气参数和外形尺寸允许有些差异。

3．光伏电缆

为保证装饰效果美观，线缆隐蔽铺设，在不同位置做不同大小的线管。线管之间可靠有效连接，各方阵的线缆方便连接，有足够的强度，线缆连接附件的防水、抗老化性能优异。

在光伏系统中，选用通过 TÜV、CE 等认证的专业光伏电缆产品。该电缆有以下特点：

1）阻燃，极低的烟释放量；

2）额定电压为：U0/U：$0.4/0.6kV_{AC}$，$900/1500V_{DC}$；

3）耐化学腐蚀；

4）最高长期工作温度可达 120℃；

5）低温条件下的柔性保持；敷设时的环境温度−40℃及以上；敷设时的最小弯曲半径可到 4d。

4．交流防雷配电柜及柜内元器件

交流防雷配电柜和内部器件的安装，委托专业电器成套设备公司制造，全部采用厚度不小于 1.5mm 的不锈钢钢板制作，外形美观，并做防腐处理，防护等级不低于 IP20，柜内电气元件采用国际知名品牌产品，使电气控制柜具备防雷接地、电能计量、隔离等功能。交直流防雷配电柜内有接地保护、断路器、浪涌保护器和各种电表等模块。

交流配电单元：额定功率为 50Hz，额定交流电压为 220V，单相输入回路。

2.1.3.4 发电量的估算

光伏发电系统发电量的预测应根据站址所在地的太阳能资源情况，并考虑光伏发电系统设计、光伏方阵布置和环境条件等各种因素后计算确定。

并网光伏发电系统的总效率由光伏方阵的效率、逆变器的效率、线路效率 3 部分组成。并网光伏发电系统发电量计算公式如下：

$$Q=PR\eta_s/R_o$$

式中 Q——发电量（kWh）；

P——系统直流总功率（h）；

R——倾斜方阵面上的太阳总辐射量（kW/m^2）；

η_s——光伏系统发电效率（%）；

R_o——标准日照辐射强度，即 $1kW/m^2$。

其中，$\eta_s=K_1K_2K_3K_4K_5$

式中 K_1——太阳电池运行性能修正系数，这里取 0.96；

K_2——灰尘引起太阳电池透明度的性能修正系数，这里取 0.93；

K_3——太阳电池升温导致功率下降修正系数，这里取 0.95；

K_4——导电损耗修正系数，这里取 0.98；

K_5——逆变器效率，这里取 0.95。

本项目屋顶系统 25 年发电量如表 2-8 所示。

表 2-8 本项目屋顶系统 25 年发电量

时间	年发电量/kWh	时间	年发电量/kWh
第 1 年	5734.05	第 14 年	5435.88
第 2 年	5711.11	第 15 年	5412.94
第 3 年	5688.18	第 16 年	5390.01
第 4 年	5665.24	第 17 年	5367.07
第 5 年	5642.31	第 18 年	5344.13
第 6 年	5619.37	第 19 年	5321.20
第 7 年	5596.43	第 20 年	5298.26
第 8 年	5573.50	第 21 年	5275.33
第 9 年	5550.56	第 22 年	5252.39
第 10 年	5527.62	第 23 年	5229.45
第 11 年	5504.69	第 24 年	5206.52
第 12 年	5481.75	第 25 年	5183.58
第 13 年	5458.82	25 年累计	136470.40

任务实施

1）试完成某别墅 5.85kWp 光伏发电系统设备的具体选型工作，并填写表 2-9。

表 2-9 光伏发电系统设备的具体选型

序号	名称及规格	单位	数量
1			
2			
3			
4			
5			
6			

2）用 AutoCAD 软件绘制某别墅 5.85kWp 光伏发电系统结构图，并详细描述所选设备的作用、选型依据等内容。

3）对某别墅5.85kWp光伏发电系统的年发电量的估算数据进行复核。

4）完成指定地点的现场评估工作，内容包括屋顶规格、遮挡分析、设备安装位置规划等。

5）如果你是光伏电站的业主，根据目前主流光伏市场情况，请重新为别墅5.85kWp光伏电站进行设备选型，并给出你的选型依据。

任务考核

如表2-10所示。

表2-10　家庭分布式并网光伏发电系统规划报告评分标准

任务名称	任务内容	完成情况	分值
家庭分布式并网光伏发电系统规划报告	家庭分布式并网光伏发电系统结构的选择分析报告；太阳资源分析报告；发电量的预测报告	报告完整、数据准确	100
		报告基本完整、数据基本准确	70
		报告不完整、数据不准确	40

注：视具体完成情况，参照标准适当增减分。

思考与训练

1．什么是分布式光伏发电？

2．家庭分布式并网光伏发电系统由哪些设备和部件构成？

3．个人（家庭）安装分布式光伏发电系统是如何界定的？

4．分布式光伏发电和配电网有什么关系？

5．为什么说光伏电力是绿色低碳能源？

6．分布式光伏发电有哪些应用形式？

7．分布式光伏发电适用于哪些场合？

8．分布式光伏发电系统与农业、渔业有哪些可能的结合？

9．哪些地点适合安装分布式光伏发电系统？

10．如何决定家庭分布式并网光伏发电系统的装机容量？

11．如何估算分布式并网光伏发电系统的发电量？

12．如果遇到连续阴雨或雾霾，光伏发电系统还会工作吗？会不会电力不足或断电？

13．冬天天冷时，光伏发电系统会不会发电量不足？

14．分布式光伏发电项目为什么需要备案？不需要国家补贴的项目能开工建设吗？

15．分布式光伏发电项目如何备案？应准备哪些材料？

16．备案过的光伏发电项目还能够申请变更吗？如何变更？

17．家庭分布式并网光伏发电系统有什么优惠政策，以佛山为例说明。

18．如何估算用户并网光伏发电系统的投资？一般需要多长时间才可以收回成本？

19．如何估算分布式发电系统的度电成本？

20．如何核算分布式光伏发电业主的补贴收益？

21．影响光伏发电系统投资收益的因素有哪些？

22．分布式光伏发电系统有哪些建设和商业模式？

23．什么叫合同能源管理？

24．工商业用户安装光伏发电系统有哪些好处？

25．用户资金不足可以申请银行贷款建设分布式光伏发电系统吗？借款人需要具备哪些条件？

26．申请银行贷款建设分布式光伏发电系统的贷款额度最高可达多少？期限多长？利率多高？还款方式有哪些？

27．分布式光伏发电项目的贷款模式主要有哪些？申请银行贷款需要准备哪些资料？贷款发放需要哪些条件？

28．光伏组件基本性能指标和检测方法有哪些，请列举其中的五项加以阐述。

29．查阅《外壳防护等级（IP 代码）》IEC 60529—2013 标准，IP××中两位特征数字分别代表什么？

30．如何选用家庭分布式光伏系统的光伏组件？

31．如何选用光伏电缆？如何计算光伏电缆的成本？

32．光伏组件电学特性的温度系数单位是什么？温度是如何影响光伏组件的电学输出的？对比国内主要光伏组件生产厂商的光伏组件的温度系数参数。

33．列举光伏逆变器各个国家认证要求。（至少列举 5 个）

34．光伏逆变器的主要功能、要求及主要技术参数如何？

35．如何选用家庭分布式光伏系统的逆变器？

36．什么是双向电表？为什么需要双向电表？

37．如何选择合格的系统配件产品，质保大概需要多长时间？

38．获得国家补贴需要哪些产品认证？

39．我国目前获得许可的光伏系统和产品检测和质量认证机构有哪些？

40．分布式并网光伏发电系统的监控装置安装在哪些地方？

41．试计算广州地区不同方位角和倾角下 1kWp 光伏阵列日发电量。

2.2 项目设计

任务目标：

完成对某别墅 5.85kWp 家庭分布式并网光伏发电系统项目设计的复核工作，复核内容包括系统的阵列设计、电气设计、安全设计等。

任务描述：

根据客户提供的光伏电站设计图样，对其设计方案进行复核。试着分析该光伏电站的设计方案可以从哪些方面进行改进和优化。

2.2.1 家庭分布式并网光伏发电系统的阵列设计

本项目中，系统建设在屋面上，需占用 50m^2 左右的空间，空间开阔，边缘没有障碍物遮挡。根据家庭屋顶的面积及周围遮挡情况分析，留有宽度为 300～600mm 的系统维护通道，最终确定屋顶光伏组件安装的有效面积。光伏组件一共 30 块，水平安装，采用 10 串 3 并方式接线。光伏组件的布置如图 2-10 所示。光伏系统支架基础的布置如图 2-11 所示。光伏系统支架基础的规格如图 2-12 所示。光伏支架的布置如图 2-13 所示。

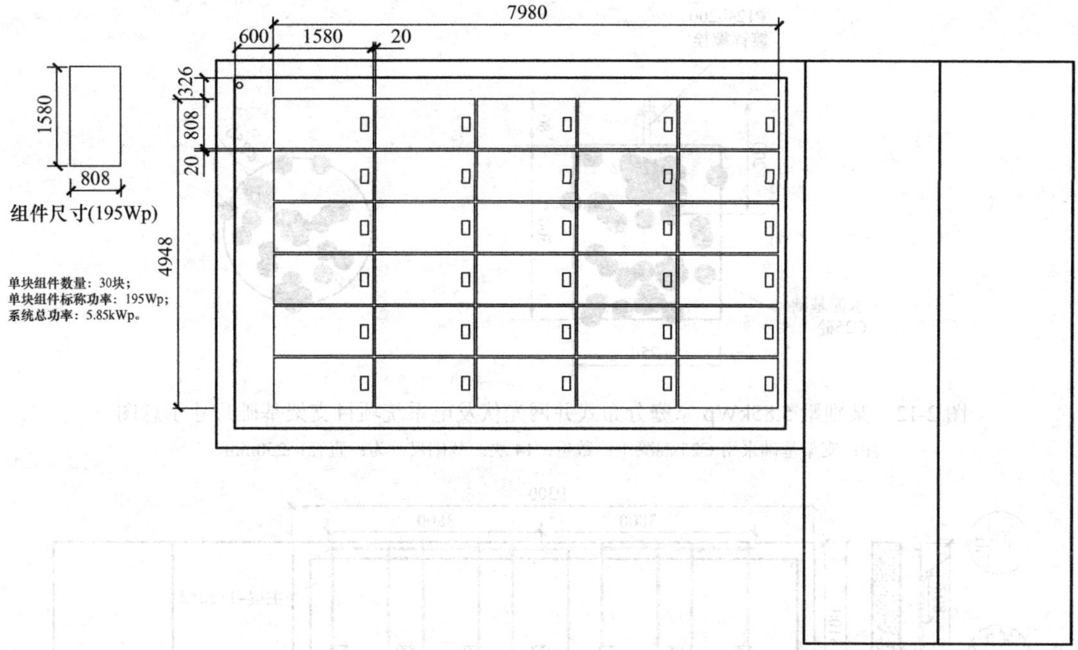

图 2-10 某别墅 5.85kWp 家庭分布式并网光伏发电系统项目光伏组件布置图

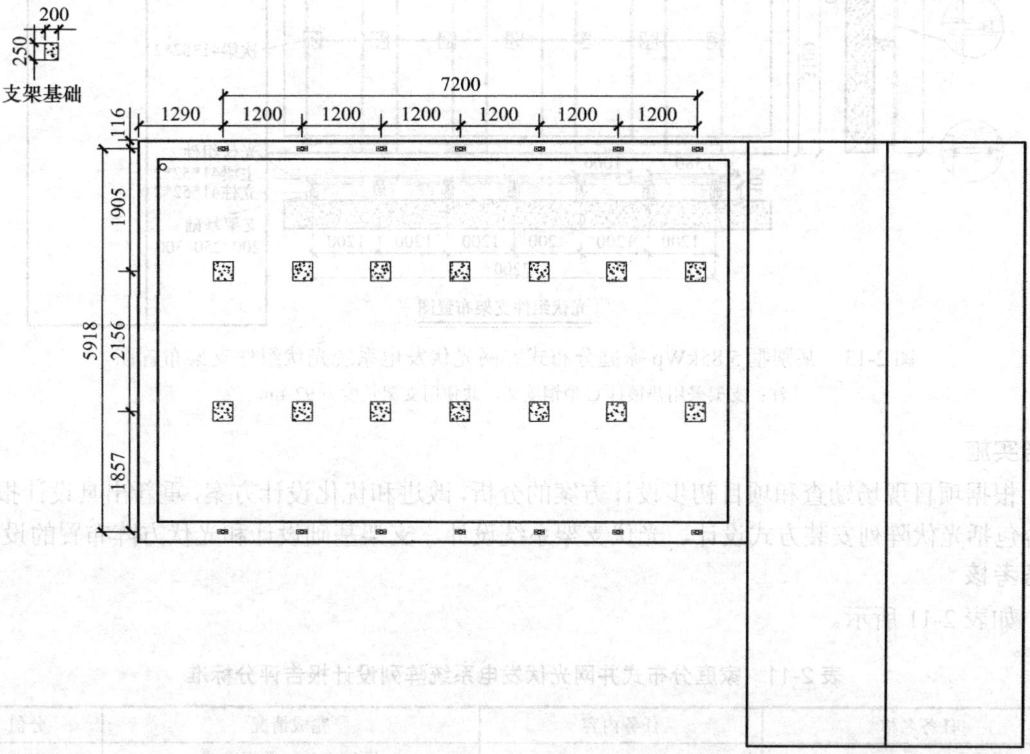

图 2-11 某别墅 5.85kWp 家庭分布式并网光伏发电系统项目支架基础布置图

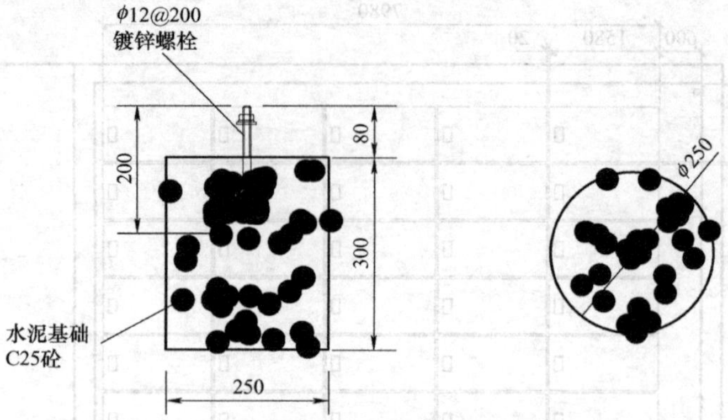

图 2-12　某别墅 5.85kWp 家庭分布式并网光伏发电系统项目支架基础尺寸示意图

注：支架基础采用 C25 混凝土：数量：14 块；基础尺寸为：直径：250mm。

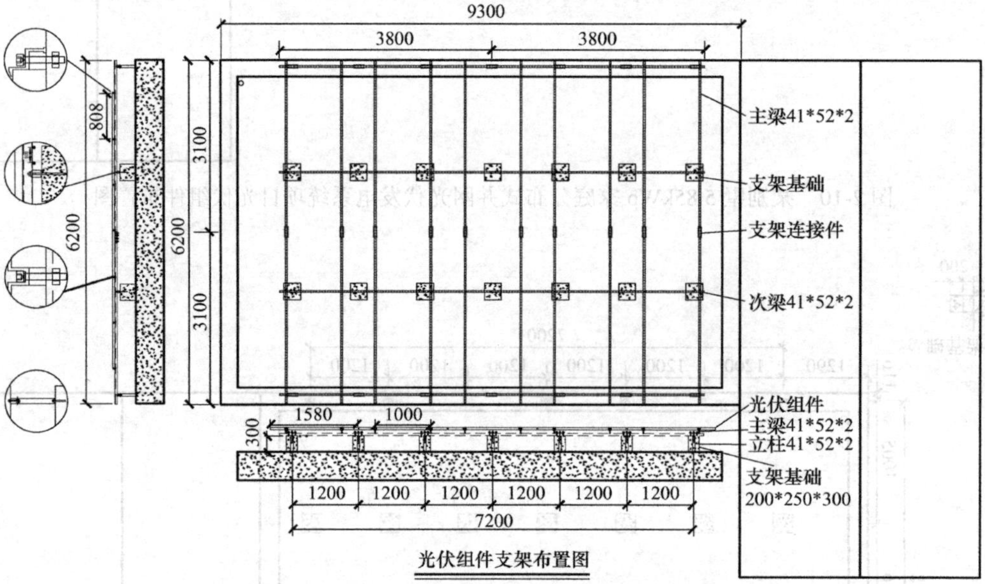

图 2-13　某别墅 5.85kWp 家庭分布式并网光伏发电系统光伏组件支架布置图

注：支架采用热镀锌 C 型钢支架，共使用支架长度为 92.4m。

任务实施

根据项目现场勘查和项目初步设计方案的分析，改进和优化设计方案，重新出具设计报告，内容包括光伏阵列安装方式设计、光伏支架系统设计、支架基础设计和光伏方阵布置的设计。

任务考核

如表 2-11 所示。

表 2-11　家庭分布式并网光伏发电系统阵列设计报告评分标准

任务名称	任务内容	完成情况	分值
家庭分布式并网光伏发电系统阵列设计报告	光伏阵列安装方式设计、光伏支架系统设计、支架基础设计和光伏方阵布置的设计	报告完整、数据准确	100
		报告基本完整、数据基本准确	70
		报告不完整、数据不准确	40

注：视具体完成情况，参照标准适当增减分。

思考与训练

1．设计工程师在根据客户要求进行系统设计时，需要客户提供哪些资料？

2．光伏阵列的安装倾角由什么决定？

3．光伏阵列的安装朝向如何确定？对发电量有何影响？

4．光伏阵列的设计安装是否要考虑风速的影响？为什么？

5．安装家庭分布式光伏发电系统时如何考虑建筑荷载和抗风能力的要求？

6．光伏组件上的房屋阴影会对光伏发电系统造成影响吗？

2.2.2 家庭分布式并网光伏发电系统的电气设计

本项目采用自发自用，余电上网模式并入电网。系统中采用 1 台 5kW 单相输出的并网逆变器，通过低压输电线缆就近接入用户内部电网，如图 2-14 所示。（注意：当接入点容量不足，即接入点原有的电力供电线路、配电开关的载流能力低于并网逆变器输出电流最大值时，需更换满足要求的接入点或另行敷设安装输电线缆、配电开关等装置设备）。

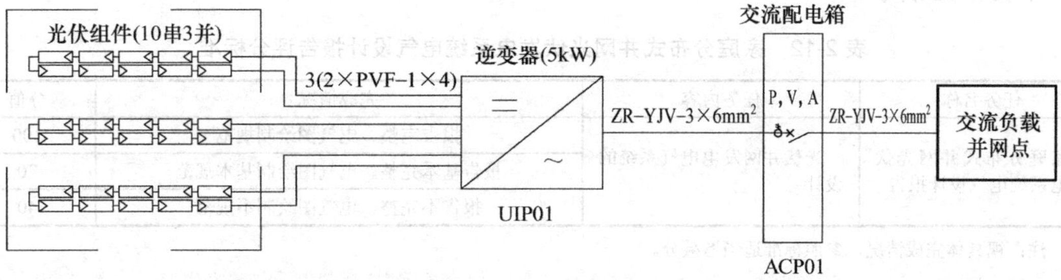

图 2-14 某别墅 5.85kWp 家庭分布式并网光伏发电系统方案图

交流配电箱（柜）是在光伏发电系统中连接在逆变器与交流负载之间的接受、调度和分配电能的电力设备，它一般具备以下功能。

1）电源隔离功能。安装断路器或刀闸，可在检修或维护时切断某一路或几路的线路。

2）具有短路保护功能。

3）电能计量功能。可加装电度表等计量装置，方便对逆变器发电量进行统计。

4）电源接通指示功能。可在配电箱前面板安装指示灯、电压表、电流表等显示装置，显示配电箱内的电源状态，提示操作人员安全操作。

5）防雷保护功能。在配电柜的输出端口安装浪涌保护器件，防止雷电对负载造成损害。

系统交流配电箱的电气图如图 2-15 所示。

任务实施

1）根据客户要求完成光伏发电系统并网方式设计，并用 CAD 软件画出系统并网电气图。

2）根据客户要求完成光伏发电系统并网控制和保护系统设计，并用 CAD 软件画出保护系统电气图。

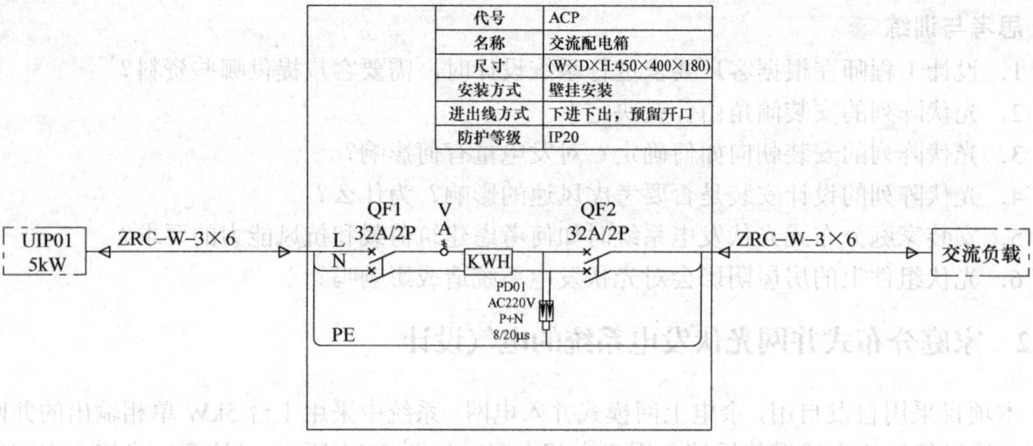

图 2-15 某别墅 5.85kWp 家庭分布式并网光伏发电系统交流配电箱电气原理图

任务考核

如表 2-12 所示。

表 2-12 家庭分布式并网光伏发电系统电气设计报告评分标准

任务名称	任务内容	完成情况	分值
家庭分布式并网光伏发电系统电气设计报告	光伏并网发电电气系统的设计	报告完整、电气图绘制规范	100
		报告基本完整、电气图绘制基本规范	70
		报告不完整、电气图绘制不规范	40

注：视具体完成情况，参照标准适当增减分。

思考与训练

1．光伏并网电站的并网接入设计方案应考虑哪些问题？

2．如何选择分布式并网光伏发电系统的并网电压？

3．分布式并网光伏发电系统并网后，如何区分家里当前的用电是来自公共电网还是来自自家的光伏组件？

4．分布式光伏系统接入电网会不会影响电能质量？

5．在既有建筑上安装光伏发电系统需要另行布线吗？如何和家中已有的电气系统连接？

6．如果电网停电或发生其他故障，分布式并网光伏发电系统还能正常运行吗？

7．光伏发电系统会对用户有电磁辐射危害吗？

8．光伏发电系统有噪声危害吗？

2.2.3 家庭分布式并网光伏发电系统的安全设计

2.2.3.1 防雷设计

光伏组件主要会受到直击雷和感应雷的袭击。

1）光伏方阵安装在室外，当雷电发生时太阳能电池方阵有可能会受到雷击的侵入。光伏方阵防雷击措施如下。

① 金属支架与建筑物主体避雷系统应有可靠连接，光伏组件之间等电位连接，合理利用建筑物已有接闪器。

② 若已有的防雷设备，满足不了光伏设备防雷接地要求，需单独设计防雷接地系统，接地电阻小于4Ω。

2）针对感应雷的措施。

① 对沿直流输入线侵入的感应雷的保护，在光伏方阵的交流配电柜进行一次防雷保护，安装防雷过电压浪涌保护器，同时逆变器本身已经具有过电压保护功能。

② 对沿交流输出线的感应雷的保护，安装防雷过电压浪涌保护器，同时并接的外部电网系统也有防雷系统进行保护作用。

③ 对所有引入配电房的线槽金属外壳进行可靠接地处理以削弱雷电波侵入的幅值。

2.2.3.2 系统可靠性、安全性

（1）逆变器具有良好的可靠性和安全性

1）同步闭环控制功能：实时对外部电网的电压、相位、频率等信号进行采样并比较，始终保证逆变器输出与外部电网同步，电能质量稳定可靠，不会污染电网，安全性能良好。

2）具有自动关闭与运行功能：逆变器实时对外部电网的电压、相位、频率，直流输入及交流输出电压、电流等信号进行检测，当出现异常情况时会自动进行保护，断开交流输出；当故障原因消失，电网恢复正常时，逆变器会进行检测并延时一定的时间后，才恢复交流输出并自动并网运行，可靠性能良好。

3）保护功能具有过压、失压、频率检测与保护、过载过流、漏电、防雷、接地短路和自动隔离电网等保护功能。

（2）系统安全性能

因为整个光伏发电系统设有安全可靠的防雷装置，选用的逆变器具有过压、欠压、过载过流、短路接地和漏电等保护，因此整个光伏发电系统具有所有这些保护功能，以保证系统与设备正常运行，确保整个系统的用电安全。

任务实施

1）完成光伏发电系统防雷系统设计，并用CAD软件画出系统防雷设计图。

2）完成光伏发电系统接地系统设计，并用CAD软件画出系统接地设计图。

任务考核

如表2-13所示。

表2-13 家庭分布式并网光伏发电系统安全设计报告评分标准

任务名称	任务内容	完成情况	分值
家庭分布式并网光伏发电系统安全设计报告	光伏并网发电安全系统的设计	报告完整、防雷接地设计图规范	100
		报告基本完整、防雷接地设计图基本规范	70
		报告不完整、防雷接地设计图不规范	40

注：视具体完成情况，参照标准适当增减分。

思考与训练

1．光伏发电系统易遭雷击的主要部位有哪些？

2．雷电防护设备有哪些，原理如何？

3．为什么在浪涌保护器之前须安装断路器？

2.3 项目实施

家庭分布式并网光伏发电系统安装

施工现场应采取严格的管理措施，以防止安全事故的发生。施工方案中应包括安全技术措施。安装人员应经过相关安全知识的培训，在安装过程中，应采取防触电、防跌落等个人防护措施，确保安装人员安全。例如，安装人员应穿绝缘鞋，戴低压绝缘手套，使用绝缘工具，如图 2-16 所示。

图 2-16 某别墅 5.85kWp 家庭分布式并网光伏发电系统安装现场

本项目为屋顶光伏发电系统，在安装过程中涉及以下几个步骤。

1. 测量放线、光伏支架基础布置

1）根据已确定的技术方案及设计图样，进行测量放线；测量放线过程中，务必保证光伏阵列的朝向为正南方，角度偏差小于 5°。

2）测量放线要符合图样要求，严禁私自更改设计方案。

3）布置光伏支架基础，如图 2-17 所示。

图 2-17 某别墅 5.85kWp 家庭分布式并网光伏发电系统光伏支架水泥基础的布置

2．支架安装

1）支架到场后应做如下检查。

① 外观及镀锌层应完好无损，镀锌层均匀光亮，并无明显暗泽。

② 型号、规格及材质应符合设计图样要求，附件、备件应齐全。

2）支架安装过程中不应强行敲打，不应气割扩孔；对热镀锌材质的支架，现场不宜开孔。

3）根据支架设计图样完成支架的初装（如图 2-18 所示），初装完成后，运抵项目现场整体组装、调节。

图 2-18　某别墅 5.85kWp 家庭分布式并网光伏发电系统支架安装

4）支架搬运过程中，应做好保护，以免损坏支架。

5）螺栓等紧固件需完全拧紧，保证支架横平竖直。

6）支架倾斜角度为 0°。

7）支架安装验收标准，如表 2-14 所示。

表 2-14　固定及手动可调支架安装的允许偏差

项目名称	允许偏差/mm
中心线偏差	≤2
梁标高偏差 9（同组）	≤3
立柱面偏差	≤3

3．光伏组件安装

1）本项目采用了 195Wp 的单晶硅光伏组件，项目设计组串方式为 10 串 3 并的方式。

2）采用车运将 30 块组件运至离安装地点最近的位置后，采用人工进行二次倒运。在倒运组件过程，务必进行成品保护，工人每次限制搬运一块组件。

3）组件搬运至现场后，切勿集中放置，以免损坏组件。

4）组件安装过程中，必须由两人以上进行配合安装，严禁 1 人独自进行组件安装。

5）如 30 块组件安装在同一支架内，应先安装前排组件，后安装后排组件，严禁踩踏组件。

6）根据设计要求，完成串线工作，并要求走线正确，感观良好，如图 2-19 所示。

7）光伏组件安装验收标准如表 2-15 所示。

图 2-19　某别墅 5.85kWp 家庭分布式并网光伏发电系统光伏组件的安装

表 2-15　光伏组件安装允许偏差

项目	允许偏差	
	±1°	
光伏组件边缘高差	相邻光伏组件间	≤2mm
	同组光伏组件间	≤5mm

4. 布线接线

1）根据电气平面图及组串接线图，对光伏组件进行组串，在组串过程中不得组串短路，不得多串少串，确保 5kW 的组串式逆变器为 10 串 3 并接入，如图 2-20 所示。

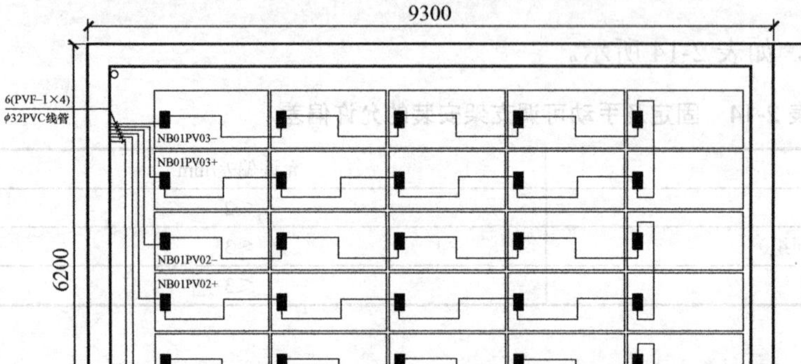

图 2-20　某别墅 5.85kWp 家庭分布式并网光伏发电系统光伏组件接线图

注：光伏系统直流电缆采用光伏专用铜芯电缆（4mm²），其抗老化强、使用寿命长，线管使用 32PVC 线管。

2）所有的光伏组件出线需绑扎整齐；光伏组串出线用 305 国标电工套管防护。

3）电缆敷设中，电缆需预留相应的余量，以保证后期维护使用。禁止强拉硬拽而损坏电缆。

4）连接件（公母接头）需严格按照技术要求，采用专用工具并采用与组件配套的连接件；由专业人员操作，保证连接件的质量，以免发生短路火灾事故。

5）连接件制作前，需根据技术要求，在组串出线电缆两头套上专用的线号管，以标识电缆，便于后期维护。

6）组串接线时，确保正负对应，严禁正负反接，以免造成短路事故。

7）组串接线完毕后接入逆变器前，务必使用万用表测量组串极性，极性一致，电压正常，方可接入逆变器。

8）相同测试条件下的相同光伏组件之间的开路电压偏差不应大于 2%，但最大偏差不应超过 5V。

9）逆变器、并网箱接线过程中，需严格按照技术要求进行操作，做到先发电侧后电网侧。

10）压接要牢固，做到不虚接，相序正确无误。

11）接线完毕后，测量线路无短路，标识清晰明朗，记录准确无误。

12）严禁触摸光伏系统中金属带电部位。

13）严禁在雨中进行光伏接线工作。

5. 防雷、接地

1）使用 $4mm^2$ 光伏专用电缆将屋面的接地系统引至地面垂直接地体上。

2）接地施工完毕后，要用接地电阻仪测量接地电阻；接地电阻需小于 4Ω。

6. 设备安装

1）设备开箱时，填写开箱记录，以便验收之用。

2）设备安装前需检查逆变器型号、规格是否与设计相符，且无破损。

3）设备安装时，仔细阅读产品说明书及安装手册，并按要求进行安装。

4）设备安装完毕后，注意成品保护，做到设备干净整洁，如图 2-21 所示。

图 2-21　某别墅 5.85kWp 家庭分布式并网光伏发电系统设备安装

7．并网调试

1）光伏发电设备安装完毕后，进入并网调试阶段。首先启动逆变器（组串式逆变器二次回路采用直流供电方式，无须市电即可进行相应的设置），根据操作手册，设置好逆变器。

2）逆变器设置完毕后，测量并网计量箱中的电气设施是否正常，如正常即可进行送电操作。

3）送电至逆变器后，逆变器无须人为干预，即可自行启动发电。

任务实施

1）归纳总结家庭分布式并网光伏发电系统施工步骤及注意事项，试着完成光伏电站施工计划。

2）试完成家庭分布式并网光伏发电系统设备安装说明书的编制。

任务考核

如表 2-16 所示。

表 2-16　家庭分布式并网光伏发电系统设备安装说明书评分标准

任务名称	任务内容	完成情况	分值
家庭分布式并网光伏发电系统设备安装说明书	光伏组件安装； 逆变器安装； 光伏支架安装； 其他部件的安装	说明书完整、描述准确	100
		说明书基本完整、描述基本准确	70
		说明书不完整、描述不准确	40

注：视具体完成情况，参照标准适当增减分。

思考与训练

1．光伏发电系统安装过程是怎样进行的？

2．试述光伏系统安装的大致顺序以及注意事项。

3．户用光伏系统应具备哪些条件才能开始安装？

4．光伏发电系统安装过程中需要注意哪些电气安全要求？会不会漏电对人身产生危险？

5．光伏发电系统工程验收时应注意的事项有哪些？请分别加以阐述。

6．光伏发电系统建好之后由何单位去验收？验收时主要关注哪些地方？

7．为什么要重视分布式光伏发电系统的质量监控？

8．光伏发电系统各个部件合格就意味着系统集成不需要检测了吗？

9．如何判断分布式光伏发电系统的质量好坏？

10．业主如何大致判断自己的光伏发电系统的优劣？怀疑系统存在质量问题应该如何寻求得到解决？

11．如何判断分布式并网光伏发电系统工作是否稳定，电能质量是否达到要求，系统故障状态下是否会对家用电器造成损坏？

12．不同朝向屋顶上安装的光伏组件可以接到一个光伏组串中吗？为什么？

13．不同数量光伏组件串联的光伏组串可以接到光伏逆变器 1 路 MPPT 中的两路输入端口吗？

2.4 系统运行

2.4.1 家庭分布式并网光伏发电系统的运行和管理

光伏发电系统安装、调试和相关检测完成后，需要进行试运行调整。试运行是第一次将光伏发电系统各部件完整闭合后向电网送电。并网过程中会涉及国家标准、规范的大量细节要求，因此，实施光伏发电系统试运行的电气工程师必须熟悉这些国家标准和规范，同时熟读设备生产厂家安装说明书。为确保并网逆变器保护功能的额定值的正确设定，需要多人（两人以上）进行确认，然后才能并网运行。并网光伏发电系统正式投入运行前，需向电网管理部门办理并网手续，系统经电网管理部门检查并获得许可，签订《并网协议》后，才能正式并网运行。

运行过程中需要特别注意出现的异常声音、振动和异味。如果有异常情况发生，对于非专业人员检查的场合，建议向设备生产厂商进行咨询，要求进行检查。

对于家庭分布式并网光伏发电系统运行状况的检查，由于多数家庭没有电压表、电流表等测量仪表，可以通过电能计量设备显示的发电量数据去判断系统运行状态。如果这些发电量数据与通常情况下的数据有较大变化，建议向设备生产厂商进行咨询，要求进行检查。

试运行时可参考表 2-17 进行。

表 2-17 试运行测试表

逆变器直流主断路器是否闭合	是 否
逆变器直流输入侧电压	V
逆变器工作电压范围	V～ V
逆变器交流主断路器是否闭合	是 否
逆变器交流输出侧电压	V
逆变器输入功率	W
逆变器输出功率	W
输出功率是否符合预期	是 否
当逆变器交流隔离装置断开时，系统是否与电网断开连接	是 否

在光伏发电系统试运行正常后，系统转入日常运行状态。

2.4.2 家庭分布式并网光伏发电系统的文档

家庭分布式并网光伏发电系统安装完毕并运行正常后，应当提供给业主一份系统手册，内容可参考表 2-18。

表 2-18 家庭分布式并网光伏发电系统手册

系统设备清单	光伏组件、逆变器、光伏支架、光伏汇流箱、交直流断路器等型号、数量、主要性能参数
系统图	包括基本的电路图、布线图、建筑结构图、现场规划图等
系统性能评估表	光伏系统设计人员计算的发电量预期值、地方补贴信息、节省电费信息、节能减排信息等
系统运行及设备操作说明	系统概述、设备主要功能、系统运行的工作原理等
紧急情况和注意事项	系统出现故障时的处理流程；系统运行过程中的注意事项等

（续）

系统维护	系统维护内容和要求；系统维护记录表等
系统安装和试运行记录	技术人员签名后的系统安装和试运行记录文档
系统监控	监控系统的使用方法及系统运行数据的说明
质保信息	产品质保、系统质保等
设备生产厂商的文档和手册	逆变器手册、光伏组件数据表、系统平衡设备的技术信息等

任务实施

完成光伏发电系统运行测试报告，并给出结论。

任务考核

如表 2-19 所示。

表 2-19　家庭分布式并网光伏发电系统试运行测试报告评分

任务名称	任务内容	完成情况	分值
家庭分布式并网光伏发电系统试运行测试报告	试运行测试	测试报告完整、描述准确	100
		测试报告基本完整、描述基本准确	70
		测试报告不完整、描述不准确	40

注：视具体完成情况，参照标准适当增减分。

思考与训练

1．分布式并网光伏发电系统的发电量监控数据和电表的计量数据是一样的吗？误差有多大？

2．分布式并网光伏发电系统并网时如何监控上网电量？

3．并网光伏发电系统的发电量能够实现在线监测吗？

4．如何管理分布式光伏发电项目？

2.4.3　家庭分布式并网光伏发电系统的维护检查

对于家庭分布式并网光伏发电系统（BAPV 系统），通常安装的是小功率（小于 20kW）光伏发电设备，被视为一般电气设备，没有规范或标准要求进行定期检查，但为了保证光伏发电系统能在长时间内（设计寿命通常 25 年）能够稳定的正常运行，保证用户的收益，除了对安装完毕的并网光伏发电系统进行全面的检查和测试外，还应在光伏发电系统运行过程中定期不定期地进行各项检测，包括日常检查、自主检查。日常检查一般每天进行一次。定期检查虽然不做要求，但用户最好进行自主的定期检查。对于家庭分布式并网光伏发电系统，主要是对光伏组件阵列、支架、并网逆变器、接地系统等电气设备与部件等进行检测。

2.4.3.1　家庭分布式并网光伏发电系统的日常维护

家庭分布式并网光伏发电系统的日常维护工作由安装用户自行完成，主要检查光伏组件的清洁情况、逆变器工作运行状况、记录及对比发电情况。

1．光伏方阵的日常维护

1）保持光伏组件表面的清洁。

观察光伏组件表面是否清洁，当光伏组件表面受到污染时，其发电效率会大幅下降；同时，光伏组件表面局部污染会产生热斑效应，影响光伏组件寿命。因此，光伏组件表面需定期进行清洗。如少雨且风沙较大的地区，应做到每月清洗一次。当环境对光伏组件表面有较好的自洁作用（如有频繁的雨水冲刷，且组件布置倾角较大）时，可不考虑清洗。

清洗光伏组件时应先用清水冲洗，然后用干净柔软的抹布将水迹擦拭干净，注意不得使用化学试剂清洗，亦不能用硬物擦拭光伏组件。清洗时应选在没有阳光的时间（如阴天）或早上、傍晚进行。应避免在光伏组件被阳光晒热的情况下用冷水清洗组件，在热胀冷缩的作用下，冷水会使光伏组件的玻璃盖板破裂。

2）保证光伏组件表面无遮挡。

在下雪后，应及时清理组件表面的雪，有利于提高发电量。

禁止在光伏组件上方晾晒衣物或其他物品，当光伏组件表面出现阴影遮挡时，光伏发电系统发电量会受到极大的影响。

当发现光伏组件表面有局部遮挡，如树叶、鸟粪等，应及时清理，否则，会极大影响发电量并造成光伏组件产生热斑，降低光伏组件的使用寿命。

3）检查光伏支架是否有腐蚀和生锈；检查方阵支架间的连接是否牢固，支架与接地系统的连接是否可靠。

4）检查光伏方阵有无接线损伤或脱落现象出现；电缆金属外皮与接地系统的连接是否可靠。

2．逆变器的日常维护

1）检查逆变器外观有无锈蚀、损坏等情况。

2）检查逆变器接线端子是否松动。

3）检查逆变器工作状态，显示是否正常，是否出现红色故障灯常亮显现；发电状况有无异常。

4）用手背触碰逆变器外壳检查有无温度异常；检查逆变器设备内部温度、声音是否正常，有无烧焦等异味；如有，应立即切断开关进行处理，查找故障原因，采取有效措施恢复正常运行，并做好记录。

5）检查外露导线有无绝缘老化、机械损坏等情况。

6）检查通气孔或换气扇等散热装置是否正常工作，有无堵塞；清扫逆变器壳体的脏污，如蜘蛛网、浮灰等，保证逆变器散热可靠性。

7）检查防雷接地是否正常。

3．输电线路的日常维护

1）检查输电线路是否有掉线、搭线、垂线等现象。

2）检查输电线路有无损伤。

3）检查进户线和用户电表显示是否正常，有无异常代码和信号。

4）检查并网计量箱内的防雷保护器是否失效，按需要进行更换。

5）定期检查并网计量箱、逆变器与其他设备的连线是否牢固；检查并网计量箱、逆变器的接地连线是否牢固，按需要固紧。

2.4.3.2 家庭分布式并网光伏发电系统常见故障检修

1．光伏组件维护注意事项

1）为了避免电弧和触电危险，请勿在有负载工作的情况下断开电气连接。必须保持接插头干燥和清洁，确保它们处于良好的工作状态。不要将其他金属物体插入接插头内，或者以其他任何方式来进行电气连接。除非组件断开了电气连接并且穿着个人防护装备。否则，不要触摸或操作玻璃破碎、边框脱落和背板受损的光伏组件。请勿触碰潮湿的组件。

2）光伏组件附近禁止放置可燃性液体、气体和易爆炸等危险物品。

3）在火灾事件中，即便光伏组件与逆变器断开连接、光伏组件部分或整体烧毁、系统线缆折断或损坏，光伏组件仍可能继续产生有危险性的直流电压。因此，在发生火灾时，尽量远离光伏发电系统，直到采取相应措施确保光伏系统的安全性后方可接近。

4）请不要在系统工作的时候遮挡光伏组件，因为一块或多块光伏组件部分或全部被遮挡时系统性能和发电量会明显降低。

5）请不要踩踏或将重物放置在组件表面上，以免造成电池片隐裂。

6）光伏组件在长时间运行后，组件表面会沉积尘土或污垢，降低了输出功率。建议定期在早晨或者下午较晚的时候进行组件清洗工作（使用清水软布），尤其是在平时降水较少的地区和风沙灰尘较多的地区。注意：不能清洁玻璃破碎的光伏组件或暴露在外的线缆，避免产生危险。

7）在清除光伏组件表面积雪时，请用刷子轻轻清除积雪。不能用坚硬物体清除光伏组件表面上冻结的冰。

2. 逆变器注意事项

1）逆变器均已在完工后设置好，非专业人士请勿接触逆变器等光伏设备。

2）请勿触摸逆变器的散热装置，以免烫伤。

3）禁止在逆变器附近放置危险品。

4）不宜私自改动逆变器位置，因为施工安装设计是已经考虑到适合逆变器运行的环境因素，特别是逆变器不宜放置在暴晒或通风不良的地方。

5）禁止遮挡逆变器的通风装置。

6）断开逆变器交流或直流电压的顺序：首先断开交流电压，然后断开直流电压。

7）定期清理逆变器箱体上的灰尘，清理时最好使用吸尘器或者柔软刷子，而且只能用干燥的工具去清理逆变器。必要时，清除通气孔内的污垢，防止灰尘引起热量过高，导致逆变器性能受损。

任务实施

完成家庭分布式并网光伏发电系统维护任务的梳理工作，编制系统维护手册。

任务考核

如表 2-20 所示。

表 2-20 家庭分布式并网光伏发电系统维护手册评分

任务名称	任务内容	完成情况	分值
家庭分布式并网光伏发电系统维护手册	系统维护	维护手册完整、描述准确	100
		维护手册基本完整、描述基本准确	70
		维护手册不完整、描述不准确	40

注：视具体完成情况，参照标准适当增减分。

思考与训练

1. 家庭分布式并网光伏系统的日常维护包括哪些方面？

2．对于西北地区的光伏电站，由于风沙较大，且缺水，请问如何对光伏组件表面进行清洁？

3．雾霾天气会对光伏发电系统产生哪些影响？

4．分布式光伏发电系统的常见故障有哪些？系统各个部件可能出现哪些典型问题？

5．如何处理分布式光伏发电系统的常见故障？

6．分布式光伏发电系统的寿命有多长？

7．如何降低光伏发电系统的维护成本？

8．如何进行光伏发电系统的后期维护？多久维护一次？如何维护？

9．清洁光伏组件时用清水冲洗和简单的擦拭就可以了吗？

10．用水擦拭光伏组件的时候会不会有触电的危险？

11．如何正确利用光伏发电系统停机维护时间？

12．如何发现光伏阵列中某一块光伏组件是否出现故障？

13．光伏组件上的房屋阴影、树叶甚至鸟粪的遮挡会对光伏发电系统造成影响吗？

14．为防止光伏组件遭到重物撞击，能否给光伏阵列加装铁丝防护网？

15．烈日当空，易损器件坏了需立即更换吗？

16．雷雨天气需要断开光伏发电系统吗？

17．雪后需要清理光伏发电系统吗？

18．光伏组件冬天积雪消融结冰后如何处理？

19．可以踩在光伏组件上进行清理工作吗？

20．分布式光伏发电系统能抵抗冰雹的危害吗？

21．如何处理光伏组件的温升和通风问题？

22．用户用并网光伏发电系统的防火和消防应注意什么问题？

23．并网光伏发电系统出现故障后，用户应向谁报修，有没有全国统一服务电话？

24．分布式并网光伏发电系统出现质量问题后，供应商会走什么样的维修程序，大概需要多长时间？

项目3　某学院楼顶50kWp光伏电站的设计与施工

3.1　项目规划

任务目标：

完成某学院楼顶光伏电站的规划设计。

任务描述：

目前，我国建筑能耗约占社会总能耗的1/3，而且随着建筑物面积的快速增加以及人们对舒适度要求的提高，建设能耗所占比例有可能还会增大。高校建筑因其功能较为复杂、使用人群众多，时间周期长、能源管理粗放等特点，已成为社会的能耗大户。我国高校数量超过2000所，校园能耗占社会总能耗的8%。调查发现高校在校学生人均能耗和单位建筑面积能耗均高出全国人均水平和全国居民建筑单位面积能耗，如图3-1所示。

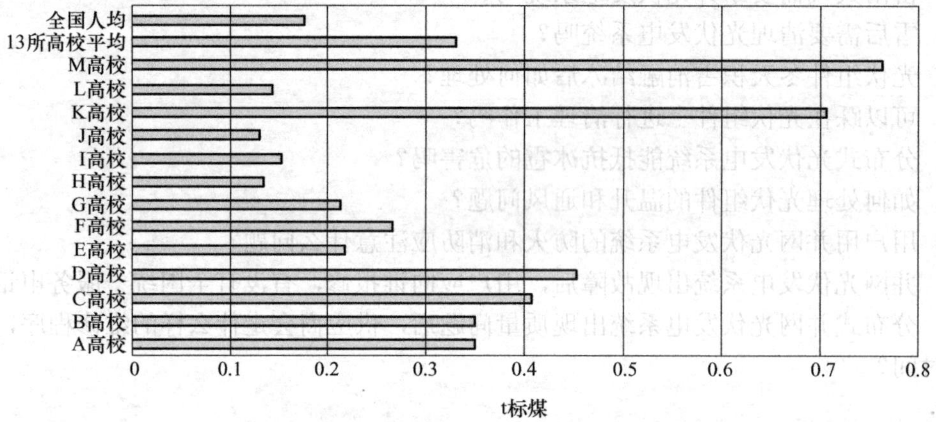

图3-1　高校生人均能耗调查结果

图3-2为广州某高校建筑能耗构成图。高校建筑的能耗主要包括照明能耗、空调能耗、电梯能耗、实验能耗和热水能耗等。由于高校学生大部分时间用于学习，而学习需要较好的照明环境，因此，高校建筑中照明能耗占的比例较大。其次是空调能耗。由于学校不断扩招，学生人数逐年增多，且人们对室内热舒适性的要求提高，空调能耗不断增长。

图3-3为2012年广州某高校各种能耗消耗比例。需要特别指出的是，高校建筑能耗高还与高校能源管理不规范以及个人不良行为习惯有关。高校能源浪费行为较为严重，例如实训楼教室下课后不关灯、不关投影的现象、扩音设备长期不关、计算机长期处于待机状态、饮水机整日保持运行状态等。

降低高校建筑能耗符合可持续发展的要求。除了对高能耗建筑进行节能改造外，利用高校屋顶面积大的优势，大力应用光伏发电技术，利用可再生能源降低建筑能耗。

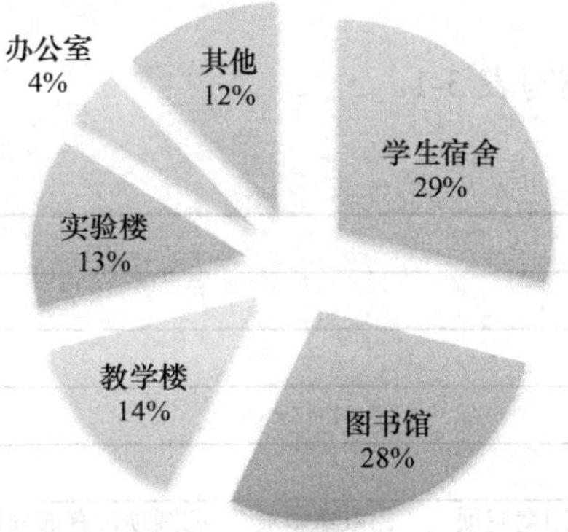

图 3-2　2012 年广州某高校建筑能耗构成图

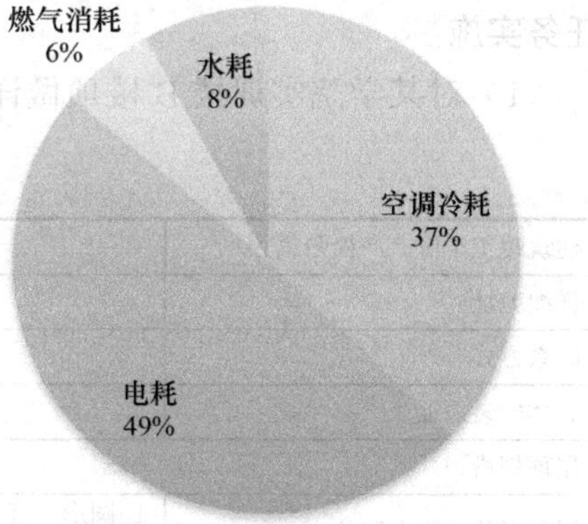

图 3-3　2012 年广州某高校各种能耗消耗比例

某学院楼顶 50kWp 光伏电站由上海某电力有限公司捐赠，目前主要用于光伏电站设计与施工等相关课程的实验教学电站，如图 3-4 所示。尽管其规模不大，但是在引领和推动大学校园可再生能源利用和绿色大学建设方面起到了积极的示范作用。

图 3-4　某学院楼顶 50kWp 小型光伏电站

某学院位于佛山市西北地区，校园建筑多为平顶屋面，承载力较强，比较适合建设屋顶光伏电站。某学院楼顶 50kWp 光伏电站位于实训楼 B，该实训楼日用电负荷约为 19kW，其中照明负荷约为 7kW。

某学院楼顶 50kWp 光伏电站安装容量较小，因此该电站除了实训教学使用外，主要用于实训楼 5 楼光伏实训室的照明系统用电。

项目实施时间为 2014 年 11～12 月，2011 级部分光伏专业学生参与了施工。

3.1.1　现场评估

现场评估的主要目的是收集尽可能多的信息为光伏发电系统设计提供依据。这里的信息包括屋顶规格、屋顶有效面积、永久或潜在的遮挡源、系统部件及设备安装位置等。

现场勘测需要准备 20m 以上卷尺、激光测距器、指南针或手机指南针 APP 和纸笔等。如果需要上倾斜屋面建议穿上防滑鞋带上安全绳（当然首先要确认屋顶是否有安全绳的牢固固定点）。

任务实施

1）对某学院实训楼 B 楼顶做详细的现场评估，并填写表 3-1。

表 3-1 现场评估表

建筑竣工年份、产权归属	
详细地址	
联系方式	
具体安装地址	
屋顶规格	
屋顶形状（附上照片）	□圆形 □平面 □倾斜 □斜脊 □宽屋顶 □双重斜坡 □圆顶带有部分斜脊 □其他：
屋顶覆盖物（附上照片）	□石板 □瓦楞 □屋顶毛毡 □瓷砖 □砺石 □沥青 □平瓦 □罗马瓦 □其他：
屋顶朝向及方位角	
屋顶倾角	
屋顶高度	
屋顶基础构造、防水情况（附上照片）	绝热？ □ 是 □ 否
屋顶高度评估	□需要脚手架 □不需要脚手架
屋顶承重评估	
屋顶是否有安全绳固定点	□是 □否
屋顶通道	□ 有 □ 无
可以铺设电缆通道	□通风瓷砖 □其他的屋顶入口 说明：
遮挡分析	
屋顶周围遮挡物及尺寸	
屋顶有效面积（附上 CAD 图或手绘草图）	
部件及设备安装位置确定	
进户电源相数	□单相 □三相
进线总开关容量	
逆变器安装位置（附上图片）	
并网点位置（附上图片）	
逆变器到并网点位置的距离（附上 CAD 图或手绘草图）	
是否需要穿墙开孔	□是 □否 具体描述：
防雷保护装置	□有 □无
光伏阵列接地位置	
其他需要说明的情况	

2）用 SketchUp 软件绘制某学院实训楼 B 楼顶的 3D 建筑图，并进行阴影遮挡分析，确保冬至日上午 9:00 和下午 15:00（当地真太阳时）光伏组件不被楼顶遮挡源（如女儿墙、楼梯间等建筑）遮挡。最后计算出光伏组件安装的有效面积。

任务考核

如表 3-2 所示。

表 3-2　某学院实训楼 B 楼顶现场评估报告评分

任务名称	任务内容	完成情况	分值
某学院实训楼 B 楼顶现场评估报告	屋顶规格； 遮挡分析； 部件安装位置规划	评估报告完整、描述准确	100
		评估报告基本完整、描述基本准确	70
		评估报告不完整、描述不准确	40

注：视具体完成情况，参照标准适当增减分。

思考与训练

1．简述光伏电站现场评估（现场勘测）要点。

2．简述光伏电站现场勘测所需工具及其作用。

3．采用 SketchUp Pro 软件模拟楼顶现场的遮挡情况并制作动画展示（注意屋顶方位和地理位置的设定）。

3.1.2　太阳能资源分析

（1）确定地理位置

某学院 50kWp 光伏发电项目位于实训楼 B 屋顶。某学院坐落于国家级工业园区——佛山市三水工业园区内，校园总占地面积 962 亩，建筑面积 23.5 万平方米，总投资近 10 亿元。学院位于佛山市三水区乐平镇，北纬约 23.24°、东经 112.98°。

（2）收集气象数据

光伏电站设计所需气象数据（如太阳辐射量、气压、气温、风速和风向等）的收集可来自地面气象站，也可来自气象商业软件包（如图 3-5 和图 3-6 所示）或者是气象卫星数据（如图 3-7 所示）。

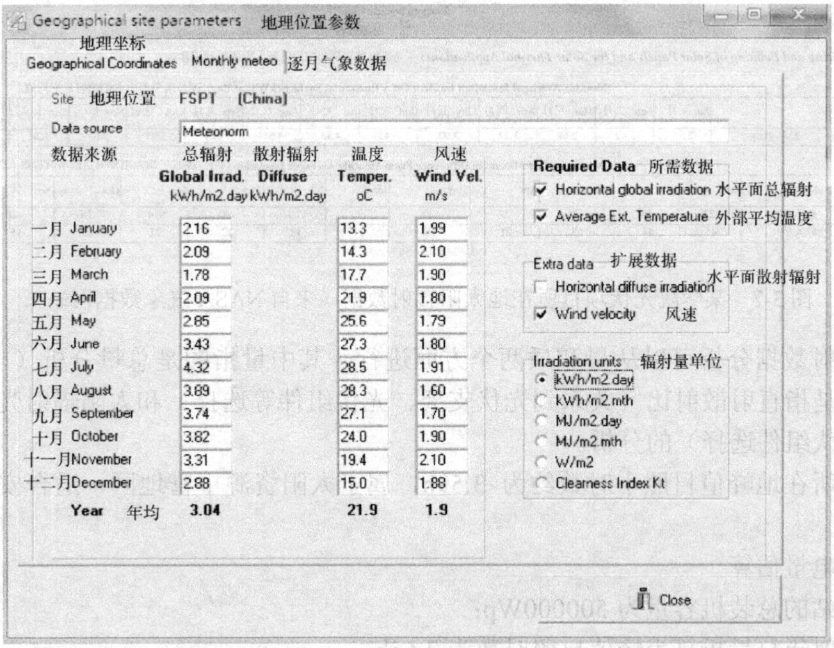

图 3-5　某学院光伏项目所在地太阳辐射数据（来自 PVSyst 软件）

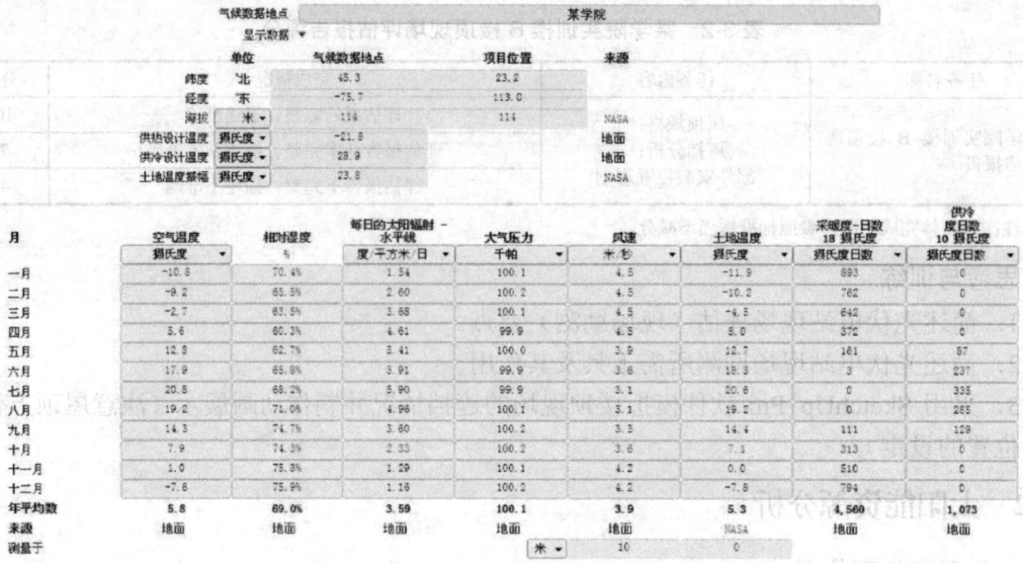

气候数据地点	某学院		
显示数据 ▾			

	单位	气候数据地点	项目位置	来源
纬度	°北	45.3	23.2	
经度	°东	-75.7	113.0	
海拔	米 ▾	114	114	NASA
供热设计温度	摄氏度 ▾	-21.8		地面
供冷设计温度	摄氏度 ▾	28.9		地面
土地温度振幅	摄氏度 ▾	23.8		NASA

月	空气温度	相对湿度	每日的太阳辐射 - 水平线	大气压力	风速	土地温度	采暖度-日数 18 摄氏度	供冷度日数 10 摄氏度
	摄氏度 ▾	%	度/平方米/日 ▾	千帕 ▾	米/秒 ▾	摄氏度 ▾	摄氏度日数 ▾	摄氏度日数 ▾
一月	-10.6	70.4%	1.54	100.1	4.5	-11.9	893	0
二月	-9.2	65.5%	2.60	100.2	4.5	-10.2	762	0
三月	-2.7	63.5%	3.68	100.1	4.5	-4.5	642	0
四月	5.6	60.3%	4.61	99.9	4.5	5.0	372	0
五月	12.8	62.7%	5.41	100.0	3.9	12.7	161	87
六月	17.9	65.8%	5.91	99.9	3.6	18.3	3	237
七月	20.8	68.2%	5.90	99.9	3.1	20.6	0	335
八月	19.2	71.0%	4.96	100.1	3.1	19.2	0	285
九月	14.3	74.7%	3.60	100.2	3.3	14.4	111	129
十月	7.9	74.3%	2.33	100.2	3.6	7.1	313	0
十一月	1.0	75.8%	1.29	100.1	4.2	0.0	510	0
十二月	-7.6	75.9%	1.16	100.2	4.2	-7.8	794	0
年平均数	**5.8**	**69.0%**	**3.59**	**100.1**	**3.9**	**5.3**	**4,560**	**1,073**
来源	地面	地面	地面	地面	地面	NASA	地面	地面
测量于				米 ▾	10	0		

图 3-6　某学院光伏项目所在地太阳辐射数据（来自 RETScreen 软件）

SSE Homepage　Find A Different Location　Accuracy　Methodology　Parameters (Units & Definition)

ATMOSPHERIC SCIENCE DATA CENTER

NASA Surface meteorology and Solar Energy - Available Tables

美国宇航局地面气象和太阳能-可获取的表格

Latitude 23.5 / Longitude 112.5 was chosen.

纬度　经度　海拔 Elevation: **225** meters taken from the NASA GEOS-4 model elevation

Geometry Information 几何信息

北部边界 Northern boundary **24**

西部边界 Western boundary **112**　Center 中心 Latitude **23.5** Longitude **112.5**　Eastern boundary **113** 东部边界

Southern boundary **23** 南部边界

Parameters for Sizing and Pointing of Solar Panels and for Solar Thermal Applications: 光伏组件容量和朝向以及太阳能热利用参数

Monthly Averaged Insolation Incident On A Horizontal Surface (kWh/m²/day) 逐月水平面上太阳辐射量平均值

Lat 23.5 Lon 112.5	Jan 一月	Feb 二月	Mar 三月	Apr 四月	May 五月	Jun 六月	Jul 七月	Aug 八月	Sep 九月	Oct 十月	Nov 十一月	Dec 十二月	Annual Average 年平均
22-year Average 22年平均	2.57	2.42	2.68	3.27	3.90	4.41	4.83	4.51	4.29	3.97	3.67	3.26	3.65

Minimum And Maximum Difference From Monthly Averaged Insolation (%) 逐月平均太阳辐射量最小值和最大值的差异

Lat 23.5 Lon 112.5	Jan	Feb	Mar	Apr	May	Jun	Jul	Aug	Sep	Oct	Nov	Dec
Minimum 最小值	-27	-26	-29	-28	-20	-20	-20	-20	-14	-18	-40	-38
Maximum 最大值	41	44	25	21	16	21	18	22	21	20	15	22

Parameter Definition

图 3-7　某学院光伏项目所在地太阳辐射数据（来自 NASA 气象数据网站）

太阳辐射数据分析可以从量和质两个方面进行，其中量指的是总量分析（丰富程度）；而质的分析是指直射散射比（关系到光伏支架、光伏组件等选择）和太阳辐射光谱（关系太阳电池、光伏组件选择）的分析。

某学院所在地峰值日照小时数约为 3.59h，属于太阳资源丰富地区，适合安装光伏发电系统。

（3）发电量估算

光伏电站的总装机容量为 500000Wp；

太阳辐射年总量折算为峰值日照时数为 3.65h；

光伏电站每天发电量约为：50kWp×3.655h×80%=146.2kWh；

光伏电站年发电量约为：146.2kWh×365=53363kWh；

光伏电站 25 年累计发电量约为：1334075kWh。

光伏电站 25 年累计发电量约为 133 万 kWh，节约标准煤 480 吨，减排 CO_2 约为 1313 吨，SO_2 约为 12 吨；具有巨大的社会环境效益。

注：每 kWh 电耗煤：目前我国发电耗煤为平均 390g 标煤/kWh （根据能源基础数据汇编，国家计委能源所，1999.1，p16）。

任务实施

1）完成某学院太阳辐射现场观测站的太阳能资源数据采集、分析和处理，并完成表 3-3。

表 3-3　某学院太阳辐射量数据表

月份	月平均辐照度 /kWh/m^2	月平均气温 /℃	月平均相对湿度/%	月平均风速 /m/s	月平均气压 /Ka	月平均总云量 /1 成	月平均降水量 /mm
1							
2							
3							
4							
5							
6							
7							
8							
9							
10							
11							
12							
年							
数据来源							

2）采用 Excel 软件完成太阳辐射现场观测站数据、NASA 数据、meteonorm 数据的相关性分析。可参考图 3-8 计算方法。

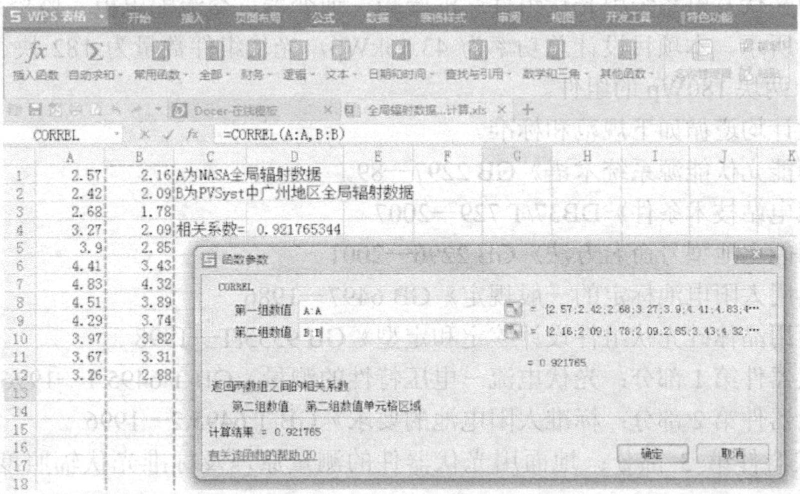

图 3-8　相关性分析示意图

提示："相关系数"是统计学中用来从数量上描述两个变量之间的相关程度，用符号"r"来表示。如学生成绩和旷课次数之间的关系，男女生学习成绩之间的关系等。

相关系数（r）取值范围限于：$-1 \leqslant r \leqslant +1$

相关系数表示的意义，如表 3-4 所示。

表 3-4　相关系数表示的意义

相关系数（r）	0.00	0.00…±0.30	±0.30…±0.50	±0.50…±0.80	±0.80…±1.0
相关程度	无相关	微正负相关	实正负相关	显著正负相关	高度正负相关

3）设计试验完成某学院实训楼 B 实训室中的用电量监控装置设计，并记录数据。

任务考核

如表 3-5 所示。

表 3-5　某学院太阳能资源分析报告评分

任务名称	任务内容	完成情况	分值
某学院太阳能资源分析报告	太阳能资源数据采集、分析和处理	分析报告完整、描述准确	100
		分析报告基本完整、描述基本准确	70
		分析报告不完整、描述不准确	40

注：视具体完成情况，参照标准适当增减分。

思考与训练

1. 什么是相关性分析？
2. 如何处理太阳辐射现场观测数据中的缺测数据？
3. 采用 RETScreen 软件对某学院楼顶光伏电站做环境效益分析。
4. 采用 meteonorm 软件获取某学院的气象数据。

3.2 项目设计

本项目的光伏发电系统由光伏组件、汇流箱、逆变器、交流配电柜、监控系统等系统组成，如图 3-9 所示。本项目设计总功率为 43.56kWp，光伏组件数量为 182 块、其中 180 块 240Wp 组件，两块 180Wp 的组件。

本工程设计均遵循如下规范和标准。

1）《太阳能光伏能源系统术语》GB 2297—89

2）《光伏电站技术条件》DB37/T 729—2007

3）《太阳能电池型号命名方法》GB 2296—2001

4）《地面用太阳电池标定的一般规定》GB 6497—1986

5）《地面用晶体硅光伏组件设计鉴定和定型》GB 9535/T—1998

6）《光伏器件第 1 部分：光伏电流－电压特性的测量》GB/T 6495.1—1996

7）《光伏器件第 2 部分：标准太阳电池的要求》GB/T 6495.2—1996

8）《光伏器件第 3 部分：地面用光伏器件的测量原理及标准光伏辐照度数据》GB/T 6495.3—1996

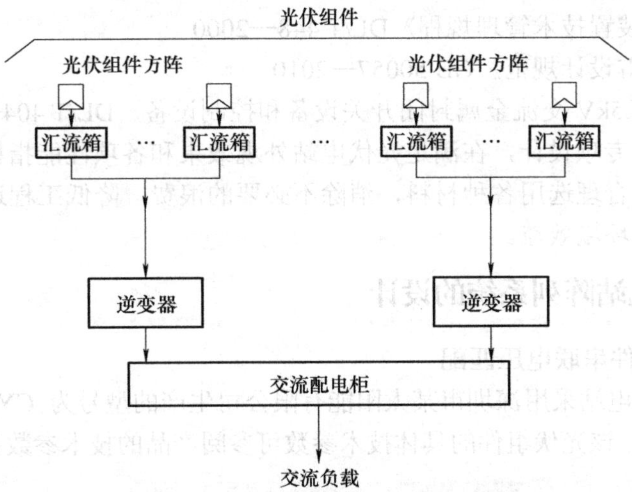

图 3-9 光伏发电系统总示意图

9）《晶体硅光伏器件的 I—V 实测特性的温度和辐照度修正方法》GB/T 6495.4—1996

10）《地面用光伏（PV）发电系统概述和导则》GB/T 18479—2001

11）《晶体硅光伏（PV）方阵 I—V 特性的现场测量》GB/T 18210—2000

12）《中空玻璃》GB/T 11944—2002

13）《建筑用安全玻璃第三部分夹层玻璃》GB 15763.3—2009

14）《建筑结构可靠度设计统一标准》GB 50068—2001

15）《建筑结构载荷规范》GB 50009—2001（2006 版）

16）《建筑用安全玻璃第 2 部分钢化玻璃》GB 16763.2—2005

17）《光伏发电站接入电力系统技术规范》GB/T 19964—2012

18）《包装运输图示标志》GB/T 191

19）《光伏系统并网技术要求》GB/T 19939—2005

20）《光伏（PV）系统电网接口特征（IEC 61727:2004，MOD）GB/T 20046—2006

21）《电工电子产品环境实验第 2 部分：实验方法实验 A：低温》GB/T 2423.1—2008

22）《电工电子产品环境实验第 2 部分：实验方法实验 A：高温》GB/T 2423.2—2008

23）《电工电子产品环境实验第 2 部分：实验方法实验 A：Cab：恒定湿热方法》GB/T 2423.9—2006

24）《外壳防护等级（IP 代码）（equ IEC 60529:1998）》GB 4208

25）《半导体变流器应用导则》GB 3859.2—1993

26）《电能质量公用电网谐波》GB/T 14549—1993

27）《电能质量电压波动和闪变》GB 12326—2000

28）《电能质量三相电压允许不平衡度》GB/T 15543—2008

29）《电能质量电力系统供电电压允许偏差》GB 12325—2003

30）《晶体硅光伏组件设计鉴定和定型》IEC 61215

31）《光伏组件的安全性构造要求》IEC 61730.1

32）《光伏组件的安全性测试要求》IEC 61730.2

33）《电能计量装置技术管理规程》DL/T 448—2000

34）《建筑物防雷设计规范》GB 50057—2010

35）《3.6kV－40.5kV 交流金属封闭开关设备和控制设备》DL/T 404—2007

作为光伏电站的专项设计，在满足光伏电站外观效果和各项性能指标的前提下，最大限度地优化设计方案，合理选用各种材料，消除不必要的浪费，降低工程造价，节约投资，提高电站的经济效益、环境效益。

3.2.1 楼顶光伏电站阵列系统的设计

3.2.1.1 光伏组件串联电压匹配

某学院楼顶光伏电站采用深圳市某太阳能有限公司生产的型号为 CY-TP240 多晶硅光伏组件，如图 3-10 所示。该光伏组件的具体技术参数可参阅产品的技术参数手册，如表 3-6 所示。

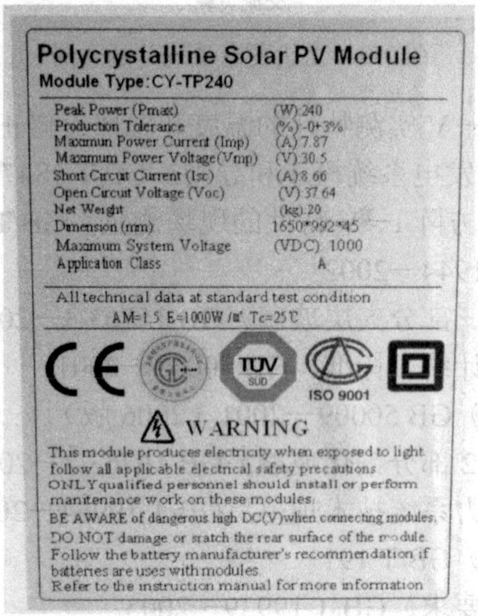

图 3-10 CY-TP240 多晶硅光伏组件铭牌

表 3-6 CY-TP240 光伏组件的技术参数（标准测试条件：AM1.5、25℃、1000W/m^2）

额定功率	240W+3%	MPP 最大工作电压	30.5V	MPP 最大工作电流	7.87A
开路电压	37.64V	短路电流	8.66A	最大系统电压	1000 V_{DC}
最大功率温度系数	−0.45%/℃	开路电压温度系数	−0.35%/℃	短路电流温度系数	+0.05%/℃

光伏发电系统阵列设计中，光伏组件串联的数量并不能任意设置，而需要考虑以下两个方面：一是串联光伏组件的耐受电压的限制；二是光伏组件串和光伏逆变器之间的匹配问题，包括额定电压和最大功率点电压的匹配。

某学院楼顶 50kWp 小型光伏电站作为一个教学电站，采用了集中式逆变器和组串式逆变器两种布置方式，它们在阵列设计中稍有不同，我们分别对其做计算。此外，由于光伏方阵的电压和温度有关，所以在设计中通常将冬季和夏季作为两个极端情况来考虑。

1）光伏组件的串联电压之和要小于光伏组件的耐受电压。

$$nU_{oc} \leqslant U_{max}$$

式中　n——串联光伏组件的数量；

U_{oc}——光伏组件开路电压（V）；

U_{max}——光伏组件耐受电压（V）。

考虑到温度的影响，光伏组件电压随着温度的降低而升高，这意味着我们需要重新考虑光伏组件串联数量与温度的关系，避免在温度降低（如在冬季）时，光伏组件串的串联电压可能超过光伏组件耐受电压的情况的出现。

$$nU_{oc(STC)}[1+K_{oc}(T_{min}-25℃)]\leqslant U_{max}$$

式中　$U_{oc(STC)}$——标准测试条件下光伏组件的开路电压（V）；

K_{oc}——光伏组件的开路电压温度系数（%/℃）；

T_{min}——光伏组件安装处的最低温度（℃）。

对于某学院楼顶电站的光伏组件而言，影响 n 大小的参数如表 3-7 所示。开路电压温度系数为−0.35%/℃意思是：温度每升高 1℃，开路电压下降 0.35%。这里开路电压为 37.64V，那么，当温度升高 1℃时，开路电压就变成 37.64×(100−0.35)%=______V。要是升高 10℃，开路电压变成 37.64×(100−0.35×10)%=______V。

表 3-7　型号 CY-TP240 光伏组件的开路电压及其温度系数

参数	数值
开路电压（标准测试条件）$U_{oc(STC)}$	37.64V
开路电压温度系数 K_{oc}	−0.35%/℃
光伏组件安装处的最低温度（某学院）T_{min}	0℃ （该数据可从 meteonorm 或 NASA 的气象数据中获得）

试将表中数值代入式中，并计算 n_{max} 的大小，然后再将 n 值代入式中进行验算，看一下是否符合要求。

2）光伏组件串联数量 n 除了考虑光伏组件的耐受电压限制外，还需考虑光伏组件串并联和逆变器性能的匹配和优化。

光伏组件低温下的开路电压要小于逆变器的最大直流输入电压。

$$nU_{oc(STC)}[1+K_{oc}(T_{min}-25℃)]\leqslant U_{DC,max}$$

式中　$U_{DC,max}$——逆变器的最大直流输入电压（V）。

如果在冬季晴天将光伏发电系统关闭（或是电网出现故障），再闭合时会产生一个很高的开路电压，该电压如果比逆变器的最大直流输入电压要高，那么逆变器可能会被损坏。

对于某学院楼顶光伏电站并网逆变器 SG50K3-V21 而言，其最大直流输入电压为 900V（如图 3-11 所示），由此可计算得到 n_{max} 值。

图 3-11　合肥阳光 SG50K3-V21 并网逆变器铭牌

此外，光伏组件串的工作电压必须在逆变器 MPPT 电压范围内。

$$U_{DC,MPPT,min} \leqslant nU_{np(STC)}[1+K_{oc}(T_{pv}-25℃)] \leqslant U_{DC,MPPT,max}$$

式中 $U_{DC,MPPT,min}$——逆变器的 MPPT 最小直流输入电压（V）；

$U_{DC,MPPT,max}$——逆变器的 MPPT 最大直流输入电压（V）；

$U_{np(STC)}$——标准测试条件下光伏组件的工作电压（V）；

T_{pv}——光伏组件的工作温度（℃）。

在炎热的夏天，楼顶的光伏组件在阳光直射下工作，温度可以很容易达到 70℃。而对于通风性能良好的光伏发电系统，系统的最高工作温度也可能达到 60℃（作为粗略的估计，光伏组件工作温度约比环境温度高 25℃）。如此高的温度下，光伏组件的输出电压要小于标准条件下的输出电压（思考这是为什么）。如果光伏组件串的输出直流电压低于逆变器最大功率点跟踪电压，逆变器就不能正确跟踪光伏发电系统的最大功率，更糟糕的情况下会切断光伏发电系统的逆变。为了保险起见，光伏组件串中最小光伏组件串联数目应根据逆变器的最大功率点的最小输入电压和光伏组件在 70℃时的最大功率点电压来计算。

SG50K3—V21 型逆变器的 MPPT 最小和最大直流输入电压分别为 450V 和 820V，由此可以得到 n 的取值范围。

3.2.1.2 光伏组件并联电流匹配

光伏系统在运行过程中，温度对光伏组件的输出电流影响相对较小。光伏方阵的最大电流应小于逆变器的允许最大直流电流。

$$mI_{np} < I_{DC,max}$$

式中 m——光伏组件串并联数量；

I_{np}——光伏组件串输出电流（A）；

$I_{DC,max}$——并网光伏逆变器最大输入直流电流（A）。

SG50K3—V21 型逆变器的最大输入直流电流为 110A，而 CY—TP240 光伏组件串的工作电流大约为 8A，因此可以计算得到 m_{max} 大小。

光伏方阵额定功率与逆变器功率匹配关系如果逆变器厂商没有特别说明，可参考以下式子，

$$95\% < \frac{\text{逆变器最大直流功率}}{\text{光伏方阵的额定功率}} < 115\%$$

最终，可以确定 n 和 m 的大小。

综上所述，我们最终可以确定光伏组件串联数目和光伏组件串并联数目。根据你的计算完成表 3-8。

表 3-8 光伏组件串联数目和光伏组串并联数目的计算分析表

光伏组件串联数量	最低工作电压	最高电压
12		
13		
14		
15		
16		
17		

（续）

光伏组件串联数量	最低工作电压	最高电压
18		
19		
20		
极低温度 极高温度	MPPT 最低电压	MPPT 最高电压

光伏组件串并联数量	并联电流 A	光伏组件串并联数量	并联电流 A
2		7	
3		8	
4		9	
5		10	
6		11	

为了验证该结果的可靠性，我们用 PVsyst、PVSOL 或其他光伏设计软件对其进行验算，计算参数如表 3-9 所示。

表 3-9 楼顶光伏电站系统设计计算参数表

系统名称	屋面面积/m^2	组串数量	单块组件功率	朝向	总功率/Wp
实训楼 B 固定支架	2064	20	240Wp	南	43200
实训楼 B 跟踪支架		1	180Wp	跟踪	360

序号	设备、材料名称	规格	数量	单位	备注
1	光伏组件	240Wp	180	块	
2	光伏组件	180Wp	2	块	
3	水泥基础	400×400×250mm	144	个	C25 砼（混凝土）

3.2.1.3 光伏方阵的布置

（1）最佳方位角的设计

根据光伏发电特点，正南方向为最佳方位角。某学院的建筑物中除了图书馆的朝向偏离正南外，其他建筑物都是标准的东西走向，因此，光伏组件的布置可以很好地按最佳朝向布置。

在楼顶建造光伏发电站时，为了使光伏组件接受尽可能多的太阳辐射，同时考虑雨水、灰尘等因素的影响，通常需要在安装光伏组件时，使其和楼顶屋面有个倾角，保证光伏发电系统的年发电量最大，这个倾角即为最佳倾角。

在计算最佳倾角时，需要从参考气象站或是商业气象软件包等途径获取太阳辐射数据，通常是水平面上的太阳辐射量，须换算成光伏阵列倾斜面的辐射量，然后才能预测出光伏发电系统的发电量。

通常这些计算都比较繁琐，我们可以通过一些光伏设计软件完成计算，结算结果如表 3-10 所示。

表 3-10 光伏组件在各倾斜面上太阳辐射量的统计

月份每日太阳辐射/（kWh/m^2）	水平面	16°	17°	18°	19°	20°	21°	25°
1 月								
2 月								

（续）

月份每日太阳辐射/（kWh/m^2）	水平面	16°	17°	18°	19°	20°	21°	25°
3 月								
4 月								
5 月								
6 月								
7 月								
8 月								
9 月								
10 月								
11 月								
12 月								

值得进一步讨论的是，为了使光伏方阵全年接受的太阳辐射最大，根据太阳运行路径的特点，我们还可以每个月或每个季度对光伏方阵的倾角做一次调整，如表 3-11 所示。夏季倾角调小一些和冬季倾角调大一些。

表 3-11　光伏方阵逐月及各季度最佳倾角

月份每日太阳辐射/（kWh/m^2）	最佳倾角/度	季度每日太阳辐射/（kWh/m^2）	最佳倾角/度
1 月		第 1 季度	
2 月			
3 月			
4 月		第 2 季度	
5 月			
6 月			
7 月		第 3 季度	
8 月			
9 月			
10 月		第 4 季度	
11 月			
12 月			

（2）最佳光伏方阵间距的设计

在北半球，光伏组件方阵除了保证朝向南边固定排列外，还需考虑合理的间距排布，以充分利用太阳能资源，节约土地，提高发电量，如图 3-12 所示。

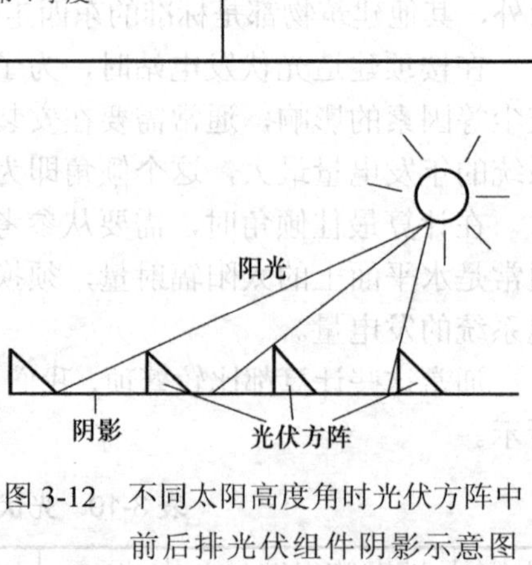

图 3-12　不同太阳高度角时光伏方阵中前后排光伏组件阴影示意图

对于楼顶安装的光伏方阵，为避免光伏阵列之间的相互遮挡，以获得全年的最大发电量，必须要考虑光伏阵列之间的安装间距。我们可以按照项目 1 中的计算公式设计光伏阵列间距。

但是需要指出的是，某学院实训楼楼顶屋面并不是水平的，在南北方向上有一个坡度，大约 1°～2°。对于这种情况，我们考虑按照下面的模型进行修正计算。

在光伏发电站地面具有南北向自然坡度的情况下，光伏组件南北向间距除了与当地纬度、光伏组件倾角相关外，还与地形南北坡度有关，如图 3-13 所示。

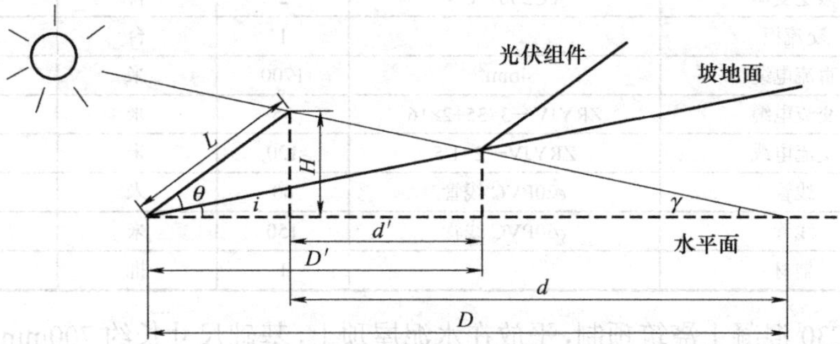

图 3-13　南北坡度地面光伏组件阴影示意图

图中，i 为自然地形南北向坡度（北高南低为正，相反为负），可以看出，北高南低的地形有利于缩短光伏组件南北向间距，节约用地。

3.2.1.4　安装方式设计

由于某学院楼顶光伏发电系统是在既有建筑屋面进行设计和安装，因此，在光伏方阵安装设计上采用独立基础式支架安装方式，如图 3-14 所示，该方法不破坏屋面防水、保温、结构安全，同时也具有较高的经济性。材料清单如表 3-12 所示。

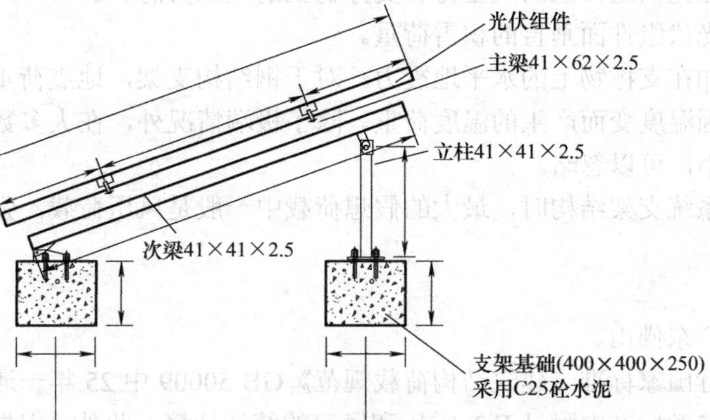

图 3-14　光伏组件规定支架图（1：10）

表 3-12　楼顶光伏电站所需设备材料清单

序号	设备、材料名称	规格	数量	单位	备注
1	光伏组件	240Wp	180	块	
2	光伏组件	180Wp	2	块	
3	水泥基础	400mm×400mm×250mm	144	个	C25 砼（混凝土）
4	固定支架	10400mm	18	套	固定倾角 20°
5	跟踪支架		1	套	
6	汇流箱	10 进 1 出	1	台	
7	并网逆变器	50kW	1	台	

（续）

序号	设备、材料名称	规格	数量	单位	备注
8	微逆变器	YC200—CN	2	台	
9	交流柜		1	台	
10	直流电缆	$4mm^2$	1700	米	
11	交流电缆	ZRYJV—3×35+2×16	35	米	
12	交流电缆	ZRYJV—2×1.5	120	米	
13	线管	ϕ20PVC 线管	60	米	
14	线管	ϕ50PVC 线管	150	米	
15	辅材		1	批	

基础采用 C30 混凝土浇筑预制，平放在水泥屋顶上，基础尺寸长约 700mm，宽约 300mm，厚度约（由于屋顶流水坡度的存在，基础最薄处约 300mm，上平面在同一水平面内），每个基础重量约 150kg，在地面做好后，通过货梯搬运至楼顶。

3.2.1.5 光伏系统支架设计

根据《光伏发电站设计规范》GB 50797—2012，光伏支架材料宜采用钢材，材质的选用和支架设计应符合现行国家标准《钢结构设计规范》GB 50017 的规定。光伏系统支架的设计时假想荷载包括固定荷载、风荷载、雪荷载、地震荷载和温度荷载等。

固定荷载：光伏组件质量和支撑物质量的总和。

风荷载：加在光伏组件上的风压力和支撑物上的风压力总和。

雪荷载：与光伏组件面垂直的积雪荷重。

地震荷载：加在支撑物上的水平地震力。对于钢结构支架，地震荷重一般比风荷载小。

温度荷载：因温度变而产生的温度荷重。除了极端情况外，在大多数情况下温度荷载和其他荷载相比很小，可以忽略。

在设计光伏系统支架结构时，最大的假想荷载中一般是风压荷载，强风容易对光伏系统支架造成损坏。

（1）条件

所在地区：广东佛山。

风荷载按现行国家标准《建筑结构荷载规范》GB 50009 中 25 年一遇的荷载数值取值，具体计算公式可参考标准中附录 E.3 雪压和风速的统计计算。此外，根据《光伏发电站设计规范》GB 50797—2012，地面和楼顶支架风荷载的体型系数取 1.3。

由于佛山地区全年气温较高，无下雪，因此，也无须考虑雪压。

（2）荷载计算

1）光伏组件自重：

240Wp 光伏组件自重为_______kN，外形尺寸为： _____mm× _____mm×_____mm。

2）风荷载计算：

基本风压 Wo=_______kN/m^2（按《建筑结构荷载规范》GB 50009 中规定的方法确定 25 年重现期的风压）。

风压高度变化系数：μ_z=_______。

风荷载体型系数：μ_s=_______。

高度 z 处的风振系数：β_z =_________（支架系统与屋面的接触点比较多，不考虑共振作用）

风荷载标准值：$w_k=\mu_s\times\mu_z\times w_o\times\beta_z$ =__________Pa。

单块光伏组件受到的风力为：

$F=w_k\times$光伏组件面积×sin（光伏组件倾角）=__________ N。

（3）屋面荷载校核

由于光伏阵列面积较大，光伏系统支架基础设计时首先要考虑风荷载。在强风作用下，支架基础可能会发生以下情况：

1）横向风导致的基础滑动或者跌倒；

2）垂直力导致的地基下沉；

3）地基强度不足本身被破坏；

4）吹进光伏组件背面的风使得支撑物浮起；

5）吹进光伏组件下侧的风产生漩涡，引起气压变化，使光伏组件向地面吸引。

要上述不利情况的发生，必须通过作用于支架基础的水平反力、垂直反力及力矩对基础进行强度和稳定性校核。

以 9 块光伏组件范围内的光伏支架和混凝土基础对屋面的荷载为例进行计算。

9 块光伏组件的重量约为_____kg；

光伏支架重量约为_____kg；

混凝土基础重量约为 100kg/个×6 个=__________kg；

紧固件及角码重量较小，忽略不计。

总重量约为__________kg；

单位面积增重为_____kg/m^2，_____N/m^2（$<<2000N/m^2$）；

故屋面承载足够安全。

（4）负风压问题的校核

以 3 块光伏组件范围内的光伏支架及混凝土基础为例计算。

光伏支架及光伏组件总重量约为_____kg；重力 G_2 约等于_____N；

混凝土基础重力 G_1=_____N；

光伏组件所受到的负风压为 F_1=_____N；

风对光伏组件及支架系统产生的力矩为 $M_1=F_1\cdot L$=__________N·m；

重力产生的力矩 $M_2=G_1L_2+G_1L_3+G_2L_4$=__________N·m；

M_2=_____M_1（如果 M_1 大于 M_2，光伏组件不会被风掀翻；反之，则会）；

摩擦阻力 $f=\mu N=0.6\ (G_1+G_2+G_1)$=__________N（计及两块混凝土基础）；

f=__________F_1（如果 f 大于 F_1，则光伏阵列不会产生滑移；反之，则会）；

任务实施

1）完成 50kWp 楼顶电站的阵列设计（采用 240Wp 光伏组件和 50kWp 合肥阳光逆变器），并给出详细的设计报告。

2）画出光伏支架受力分析图，通过计算验证光伏支架安装设计是否可靠（是否会压溃屋面，是否会风掀翻或产生滑移）。

3）设计实验测量水泥基础的密度，并核实其重量。

任务考核

如表 3-13 所示。

表 3-13　某学院实训楼 B 楼顶 50kWp 光伏电站阵列设计报告评分

任务名称	任务内容	完成情况	分值
某学院实训楼 B 楼顶 50kWp 光伏电站阵列设计报告	光伏组件串并联设计；光伏阵列安装方式设计	设计报告完整、描述准确	100
		设计报告基本完整、描述基本准确	70
		设计报告不完整、描述不准确	40

注：视具体完成情况，参照标准适当增减分。

思考与训练

1．如果某学院实训楼 B 楼顶 50kWp 光伏电站改用华为 SUN2000-10kWp 逆变器，那么阵列设计上需做何改动？

2．1500V 电压等级新标准给光伏组件、逆变器、直流开关选型带来了什么影响？

3．浅析直流开关对安全施工的重要性。

4．用 SketchUp 软件完成光伏组件前后排最佳间距的设计，进一步分析南北坡度对最佳间距的影响。

5．如何计算光伏组件的风荷载？

6．光伏支架力学设计的仿真软件有哪些？

3.2.2　楼顶光伏电站电气系统的设计

某学院楼顶光伏电站系统包括光伏组件、汇流箱、并网逆变器、交流配电柜等几部分，如图 3-15 所示。其中总配电箱的电气图如图 3-16 所示。

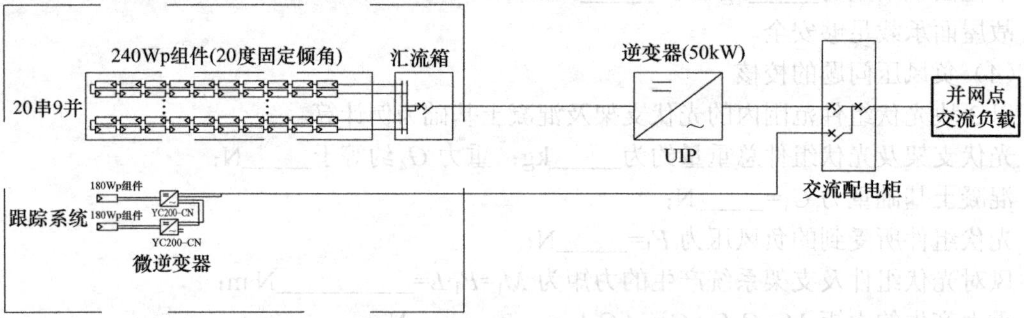

图 3-15　某学院楼顶光伏电站系统原理图

并网接入点设定为学院内市电配电低压侧，如图 3-17 所示。

并网逆变方式设计

某学院楼顶光伏电站在并网设计时考虑了以下两种并网方式。需要特别指出的是现在电力消纳的模式应该就只有两种，一种是自发自用余电上网，另一种是全额上网。至于安装防逆流装置的全部自用模式较少见到。尽管如此，防逆流装置在一些特定场合仍有应用。

（1）学生在校期间的并网设计

由于某学院楼顶光伏电站的装机容量较小，发电量与实训楼的负荷对比微不足道，因此，学生在校期间的并网方式为直接接入用户内部电压配电网。

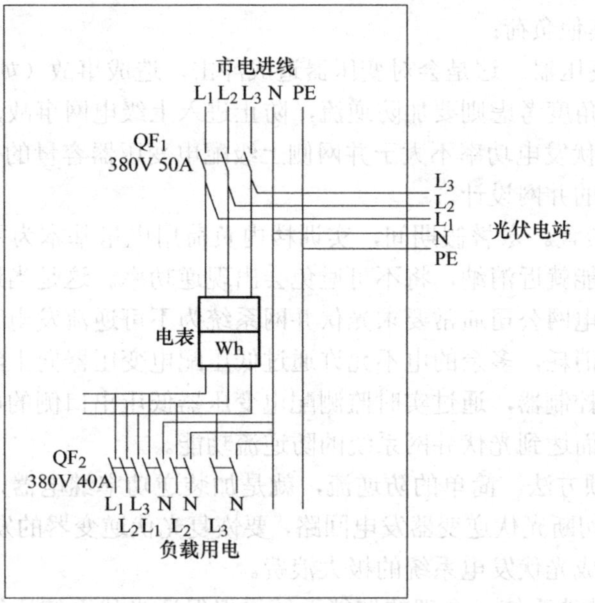

图 3-16　楼顶光伏电站总配电箱电气图

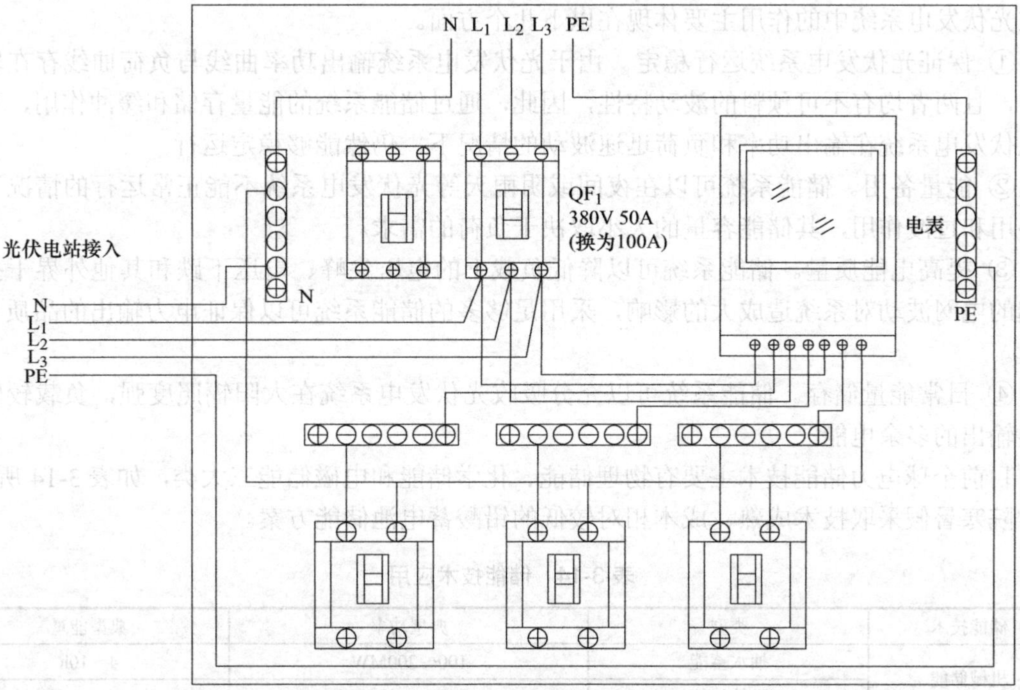

图 3-17　楼顶光伏电站总配电箱面板布置图

注：1．将原有断路器 QF_1 容量由 380V/50A 更换为 380V/100A。

2．确定市电总进线电缆截面积不小于 $16mm^2$，若小于 $16mm^2$，要更换并网接入点。

光伏发电系统中的防逆流关键是并网点如何选择。如果并在低压侧 400V，如果光伏电站白天发的电远远小于负荷，则不必安装防逆流装置。只有当大于负荷时才会逆流，一般两种情况：

1）流向同级的其他负荷；

2）流向上一级变压器。这是会对变压器造成冲击，造成事故（如停电事故等）。对于这种情况，从技术风险角度考虑则要加防逆流，防止进入上级电网事故，光伏电站的容量一般不超过负荷 20%（光伏发电功率不大于并网侧上级配电变压器容量的 20%）。

（2）寒暑假期间的并网设计

1）安装防逆流装置。寒暑假期间，实训楼内负荷用电量基本为零，这时，某学院楼顶光伏电站所发电量不能就近消纳，将不可避免会出现逆功率。这是当地电网公司（不是所有地区）所不允许的。电网公司通常要求光伏并网系统为不可逆流发电系统，即光伏并网系统所发的电由本地负荷消耗，多余的电不允许通过低压配电变压器向上级电网逆向送电。

系统配置防逆流控制器，通过实时监测配电变压器低压出口侧的电压、电流信号来调节系统的发电功率，从而达到光伏并网系统的防逆流功能。

2）采用人工干预方法。简单的防逆流，就是加装逆功率继电器，监视并网点的功率，当出现逆功率时，就切断光伏逆变器发电回路，要恢复光伏逆变器的发电，只能是人工干预。这种防逆流方式会造成光伏发电系统的极大浪费。

3）采用合理的储能系统。合理的储能系统不仅保证光伏系统运行的稳定可靠，还是解决诸如电压脉冲、涌流、电压跌落和瞬时供电中断等动态电能质量问题的有效途径。储能系统在光伏发电系统中的作用主要体现在以下几个方面。

① 保证光伏发电系统运行稳定。由于光伏发电系统输出功率曲线与负荷曲线存在较大差异，且两者均有不可预料的波动特性，因此，通过储能系统的能量存储和缓冲作用，可以使光伏发电系统在输出功率和负荷迅速波动的情况下，仍然能够稳定运行。

② 能量备用。储能系统可以在夜间或阴雨天等光伏发电系统不能正常运行的情况下，起备用和过渡作用，其储能容量的大小取决于负荷的需求。

③ 提高电能质量。储能系统可以降低负载上的电压尖峰、电压下跌和其他外界干扰所引起的电网波动对系统造成大的影响，采用足够多的储能系统可以保证电力输出的品质与可靠性。

④ 日常能量储存。储能系统可以充分吸收光伏发电系统在太阳辐照度强，负载较轻的时候输出的多余电能。

目前全球电力储能技术主要有物理储能、化学储能和电磁储能三大类，如表 3-14 所示。某学院寒暑假采取技术成熟、成本相对较低的铅酸蓄电池储能方案。

表 3-14　储能技术应用

储能技术	类型	典型功率	典型能量
机械储能	抽水蓄能	100～200MW	4～10h
	飞轮储能	5kW～1.5MW	15s～15min
化学储能	铅酸蓄电池	1kW～50MW	1min～3h
	钠硫电池	1kW～600MW	30s～2h
	磷酸铁锂电池	1～100kW	1～10h
	液流电池，如 ZnBr、NaBr 等	100kW～100MW	1～20h
电磁储能	超导电磁储能	1kW～3MW	1ms～10h
	超级电容	1～100kW	1s～1min

任务实施

1）如果某学院楼顶 50kWp 光伏电站改用华为 SUN2000—10KTL 组串型逆变器，则电气设计将做如何改动？

2）如何完善光伏电站储能系统，将楼顶光伏电站设计成智能微电网系统？

任务考核

如表 3-15 所示。

表 3-15　某学院实训楼 B 楼顶 50kWp 光伏电站电气设计报告评分

任务名称	任务内容	完成情况	分值
某学院楼顶 50kWp 光伏电站电气设计报告	并网方式设计；储能方案设计	设计报告完整、描述准确	100
		设计报告基本完整、描述基本准确	70
		设计报告不完整、描述不准确	40

注：视具体完成情况，参照标准适当增减分。

思考与训练

1．电能监测装置应安装在光伏电站中的哪个地方？

2．光伏发电工程电气主接线有哪些方案？用 CAD 软件绘制电气图说明。

3．何为无功补偿？

4．对比不同光伏发电系统储能技术的优缺点。

5．简述智能防逆流装置的工作原理。

6．如何选择光伏发电系统并网点？

3.2.3　楼顶光伏电站安全系统的设计

3.2.3.1　电气安全设计

1．低压并网防逆流系统

某学院实训楼白天平均用电负荷约为 19kW（寒暑假除外），由于楼顶电站的装机容量较小，正常月份下所发电能可完全被实训楼的用电负荷消纳。但是在学校寒暑假期间，整个校区用电负荷处于低谷，接入实训楼公共并网点的光伏发电有可能出现电能逆流至供电电网的情况，这种情况对供电局来说是绝对不允许的（《光伏电站接入电网技术规定》Q/GDW 617—2011 要求：光伏电站设计为不可逆并网方式时，应配置逆功率保护设备，当检测到逆向电流超过额定输出的 5%时，光伏电站应在 0.5～2s 内停止向电网送电），因此，必须采取措施防止逆流发生。

目前，常用的解决方法有两种。

1）安装防逆流装置。因为学生在校期间，防逆流装置基本不参与控制，因此该方法投资利用率非常低。尽管如此，该方法自动化程度高，减少了人为干预，工作较为安全可靠。

防逆流装置的工作原理是通过不停检测低压侧母线功率以及各个光伏发电系统的发电功率。当低压侧母线功率大于投入阀值，运用一定的逻辑判断，投入光伏发电系统的部分开关；当低压侧母线功率小于分断阀值时，断开光伏发电系统的部分开关，从而防止电流流向电网。

在防逆流系统中，主要分为光伏发电和低压侧母线供电两大部分，用户负载由这两个发电系统共同供电。光伏发电系统主要涉及以下定值。

① 切断动作阈值：配变低压侧所需最小功率（即电网消耗功率）若小于此值，则防逆流逻辑切除一个或多个光伏子系统。此值根据实际应用得出。

② 投入动作阈值：配变低压侧所需最小功率若大于此值，则防逆流逻辑投入一个或多个光伏子系统，投入后的电网消耗功率不应小于切断阈值。此值根据实际应用得出。

③ 切断动作的死区时间：切断光伏发电系统通道后，数据库所对应的功率点值归零所需要的时间。此值在实际工程中测得。

④ 投入动作的死区时间：光伏发电系统在断开状态下发生投入动作后，数据库所对应的功率点值达到稳定值所需要的时间。此值在实际工程中测得。

⑤ 故障自动清除时间：防逆流系统识别到光伏通道控制点不受控时，默认故障发生，并标记故障标记位，且在故障自动清除时间内忽略该故障通道的投切功能。一旦超出故障自动清除时间，将重新清除故障标记来释放该故障点。

防逆流装置的电气安装图如图 3-18～图 3-20 所示。

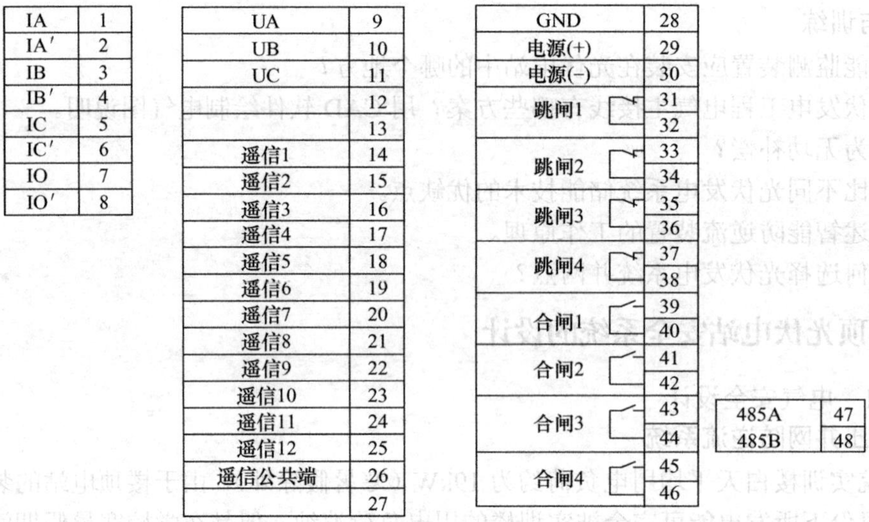

图 3-18 防逆流装置安装一次系统图

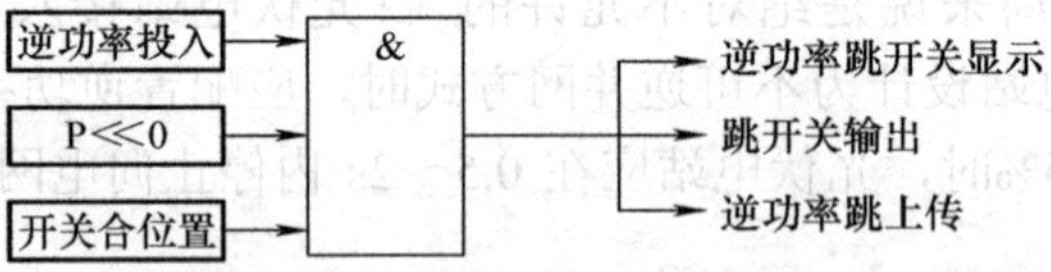

图 3-19 逆功率恢复控制逻辑

2）采用人工干预的方法。由于某学院楼顶光伏电站安装容量较小，只有 50kWp，而学生在校期间的用电负荷较大，因此，不会出现逆流现象。在学校寒暑假期间，可根据实训楼用电计划，采取人为关断并网逆变器，保证不出现逆流现象。

3.2.3.2 防孤岛保护

某学院楼顶光伏电站项目并网逆变器采用了两种防孤岛的检测方法，即被动式和主动式检测，来确保光伏发电系统的可靠运行。

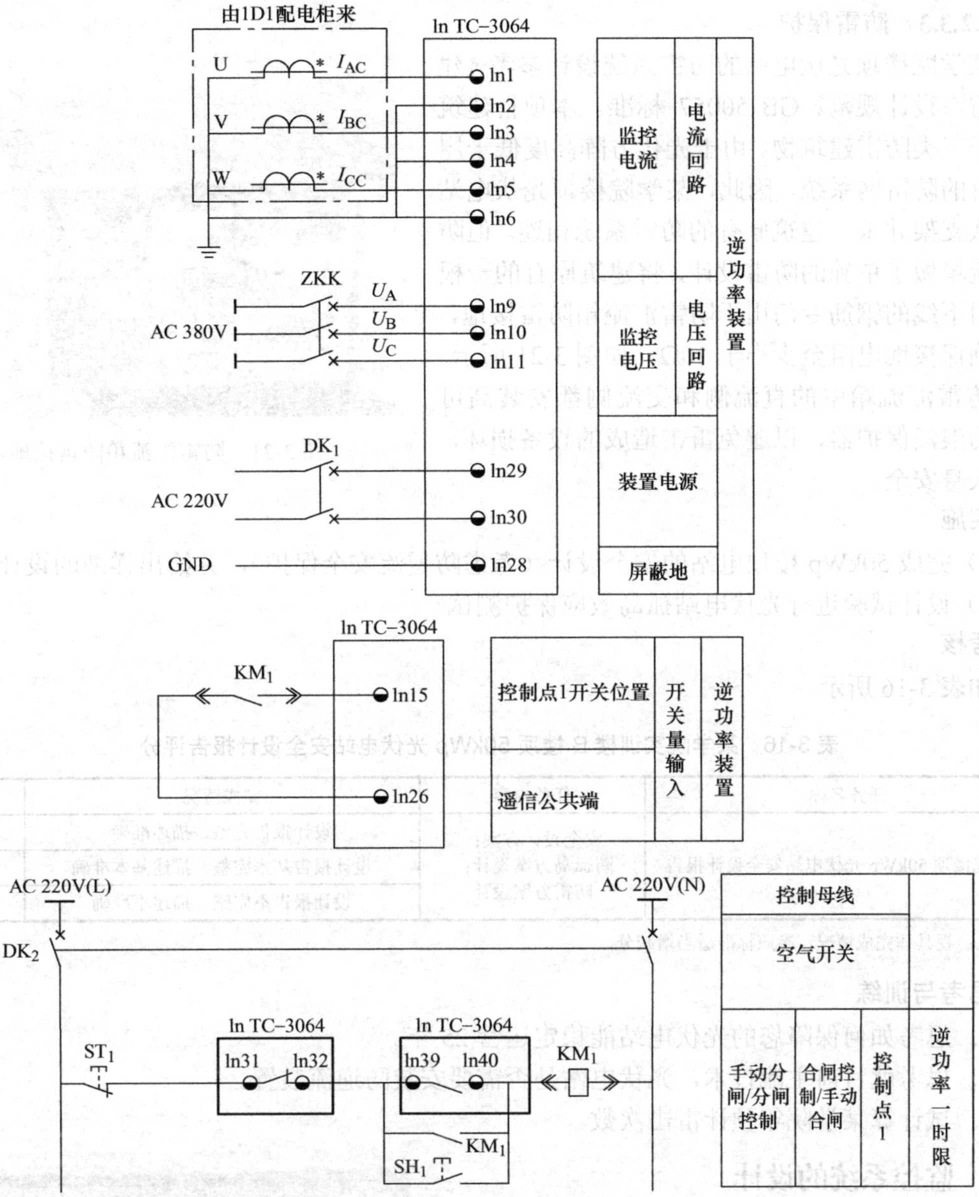

序号	符号	名称	型号与规格	单位	数量	备注
1	ln	逆功率监控装置	TC-3064 AC220V	个	1	
2	DK_1	空气开关	2P 6A	个	1	
3	ZKK	空气开关或熔丝		个	1	
4	ST_1	手动跳闸按钮	不保持	个	1	可选
5	SH_1	手动合闸按钮	不保持	个	1	可选
6	KM_1	交流接触器	三相主触头容量按实际要求	台	1	必配
7	CT	电流互感器	变比按实际要求三相	套	1	必配

图 3-20 防逆流装置二次原理接线图

此控制回路用来控制逆变器组交流接触器

注：交流接触器要带常开的辅助触电

3.2.3.3 防雷保护

某学院楼顶光伏电站的防雷系统设计参考《建筑物防雷设计规范》GB 50057 标准。本项目建筑物属于三类防雷建筑物。由于光伏方阵高度低于屋顶原有的防雷网系统，因此，某学院楼顶光伏电站的光伏支架并未与建筑原有的防雷系统相连。但防雷汇流箱做了单独的防雷设计，将建筑原有的一根用作引下线的钢筋专门用于防雷汇流箱防雷接地，同时确保接地电阻至少小于 10Ω，如图 3-21 所示。同时防雷汇流箱中的直流侧和交流侧都安装高可靠性的浪涌保护器，以避免雷击造成的设备损坏，保证人身安全。

图 3-21 防雷汇流箱防雷接地

任务实施

1）完成 50kWp 楼顶电站的安全设计（考虑防逆流安全保护），并给出详细的设计报告。

2）设计试验进行光伏电站孤岛效应保护测试。

任务考核

如表 3-16 所示。

表 3-16 某学院实训楼 B 楼顶 50kWp 光伏电站安全设计报告评分

任务名称	任务内容	完成情况	分值
某学院楼顶 50kWp 光伏电站安全设计报告	安全设计方案； 防孤岛方案设计； 防雷方案设计	设计报告完整、描述准确	100
		设计报告基本完整、描述基本准确	70
		设计报告不完整、描述不准确	40

注：视具体完成情况，参照标准适当增减分。

思考与训练

1．思考如何保障您的光伏电站能稳定运营 25 年。

2．思考就目前主流技术，光伏电站是否需要安装防逆流装置。

3．试计算某学院年预计雷击次数。

3.2.4 监控系统的设计

某学院楼顶光伏电站采用基于 Web 的监测系统。监控系统可对诸如支路电压和电流、逆变器输入功率和输出功率、温度和太阳辐射量数据等气象数据进行监控，并通过 RS485 等通信方式将数据传送到 LED 室外显示屏进行显示，如图 3-22 所示。

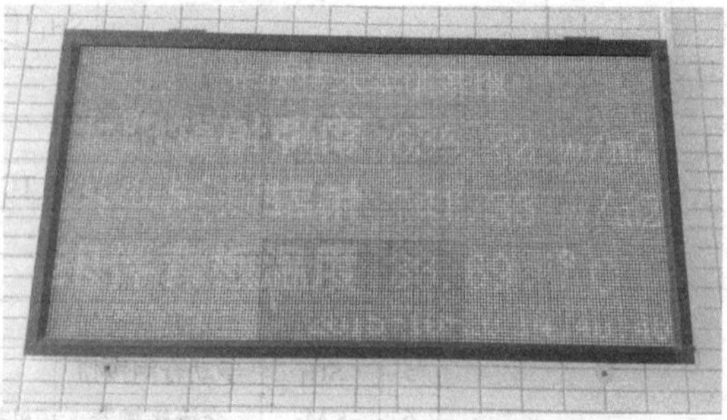

图 3-22 气象数据监控系统 LED 屏

任务实施

完成某学院楼顶光伏电站监控系统设计。内容包括汇流箱各光伏组件串电压和电流的数据采集、逆变器输入功率和输出功率的数据采集等。

任务考核

如表 3-17 所示。

表 3-17　某学院楼顶 50kWp 光伏电站监控系统设计报告评分

任务名称	任务内容	完成情况	分值
某学院楼顶 50kWp 光伏电站监控系统设计报告	监控系统设计方案	设计报告完整、描述准确	100
		设计报告基本完整、描述基本准确	70
		设计报告不完整、描述不准确	40

注：视具体完成情况，参照标准适当增减分。

思考与训练

1．智能光伏电站使用哪种监控系统？通信方式是什么？

2．列举光伏发电系统案例中使用的监控系统方案。

3.2.5　楼顶光伏电站设备的选型

整个光伏发电系统的设备选型应确保系统与设备能正常运行，用电安全，因此，设备的可靠性和安全性应完善，性能优越。

3.2.5.1　光伏组件的选型

选择的光伏组件应具有优良的性能，通过 TÜV、CE、ROHS、IEC61215 和 CGC 等产品认证。

3.2.5.2　光伏并网逆变器的选型

并网光伏逆变器应具有良好的可靠性和安全性。

1）同步闭环控制功能：实时对外部电网的电压、相位和频率等信号进行采样并比较，始终保证逆变器输出与外部电网同步，电能质量稳定可靠，不会污染电网，安全性能良好。

2）具有自动关闭与运行功能：逆变器实时对外部电网的电压、相位、频率、直流输入及交流输出的电压、电流等信号进行检测；当出现异常情况时会自动进行保护，断开交流输出；当故障原因消失电网恢复正常时，逆变器会进行检测并延时一定的时间后，才恢复交流输出并自动并网运行，可靠性能良好。

3）保护功能：具有过压、失压、频率检测与保护、过载过流、漏电、防雷、接地短路、自动隔离电网等保护功能。

3.2.5.3　汇流箱的选择

光伏方阵中，首先将电性能一致的若干光伏组件依次串联构成一组（即光伏组串），使其电压与所需要的光伏方阵的输出电压相一致，然后将光伏组串并联，实现光伏方阵容量要求。这里实现光伏组串并联的箱体，称为汇流箱。通常在汇流箱中安装必要的保护器件，如防雷保护的浪涌保护器，如图 3-23 所示。

汇流箱中的主要元器件包括防反二极管、熔断器、浪涌保护器（防雷器）和断路器等。

1）防反二极管（阻塞二极管）：安装在每个光伏组串正极或负极，防止逆向电流反灌到光伏组件。

2）熔断器：安装在每个光伏组串正负极，防止过大的电流进入光伏组串。

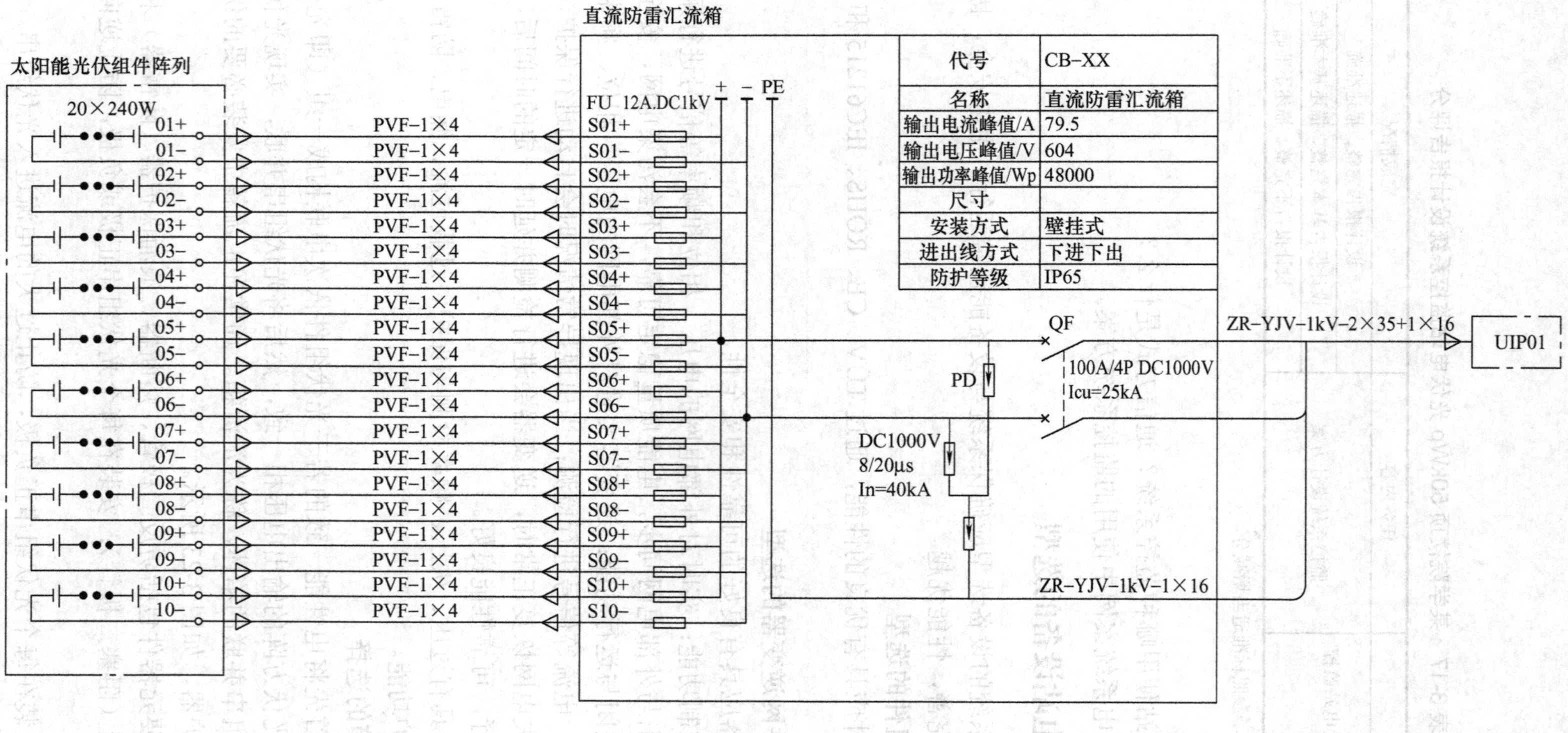

图 3-23 某学院楼顶光伏电站汇流箱电气原理图（10 进 1 出）

3）浪涌保护器（防雷器）：安装在光伏组串汇总侧正负极（正极汇总侧并接到防雷器的正极保护片；负极汇总侧并接到防雷器的负极保护片；正负极保护片的另一侧合并接地），防止感应雷击的损坏。

4）断路器（隔离刀闸）：安装在光伏组串汇总侧，一边接入光伏组件串汇总输入；另一边是提供向上级（二级汇流）的输出端，便于在检修时切断电源。

对于大型光伏发电站，占地面积大，运行方式主要为少人值守或无人值班。在汇流箱上设置监测模块，主要监测内容包括电压、电流以及防雷器状态、断路器状态等，对异常光伏组串产生报警，以便可以更快、更准确地了解光伏阵列的运行信息，如图 3-24 所示。监控装置中一般采用电压互感器和电流互感器来测量光伏组串的汇总电压和电流。监控装置直接引用光伏组件串汇总正负极，给监测模块供电，省去市电的引入。此外，汇流箱监测装置需要与监控系统组网，否则工作人员无法发现故障的发生。一般通过 RS485 总线网络或无线网路，将监测装置的数据采集单元与监控后台和大屏幕显示组成以太网就构成了光伏发电站的监控系统。这样汇流箱监控装置就能及时将监测数据和信息及时上报，工作人员就可实时得到光伏组串的故障报警、故障定位、异常跟踪，并可通过长期积累历史数据分析光伏组件的使用情况及衰减老化，比如长期积累的光伏组件串电流；与长期积累的环境参数——太阳辐照度的对比；与长期积累的逆变器发电量的对比；都可为优化光伏发电站的运行效率、维护工作提供极大的帮助。

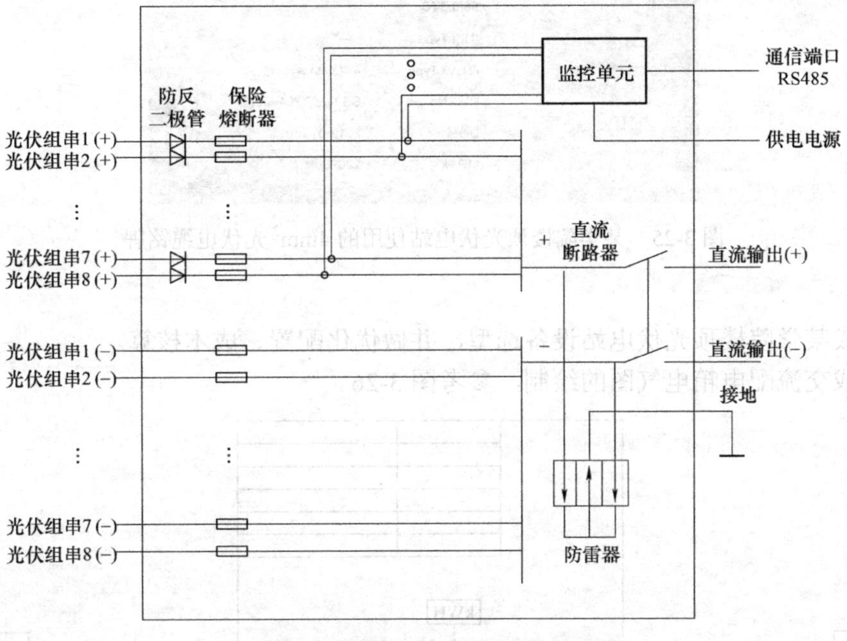

图 3-24　带监控装置的汇流箱原理图

汇流箱在整个光伏发电系统中所占的投资份额很小，仅为 1%～2%，但是它在光伏发电系统的作用非常重要。

① 将若干（通常 8～16 路）光伏组串的电流汇总。对非晶薄膜组件，由于每串电流很小（1A），预先会有 2～6 路简单汇流，然后再进行正常的汇流。在 1 级汇流后，会根据逆变器的容量，进行直流配电柜的 2 级汇流，就直接接入逆变器了。

② 对光伏阵列的所有光伏组串进行防雷保护（主要是感应雷防护）。

③ 监测光伏阵列的所有组件串，当出现故障时，实时和即时报警。

④ 实时和长期监测光伏阵列的所有组件串，准确地了解光伏阵列的运行信息。

汇流箱应依据型式、绝缘水平、电压、温升、防护等级、输入输出回路数、输入输出额定电流等技术条件进行选择。

汇流箱使用的注意事项如下。

① 机箱的防护等级 IP65，IP54 门框密封条、箱体锁、箱门铰链等都是关键因素，防雷防浪涌整个箱体框架各个部分都要良好连接，并接地良好智能监测模块的通信接口、供电接口均要有防浪涌措施电气间隙和爬电距离。

② 对于直接将光伏组件串电压或汇总电压接入 PCB 的元件，如汇流 PCB、自供电电源、电压变送器等，要特别考虑尘土和潮气带来的问题，必要时在其引用回路上加装熔断保护装置。

3.2.5.4 电缆的选型

项目中，直流侧光伏组件之间的连线以及与光伏汇流箱之间的连线采用 $4mm^2$ 光伏电缆，如图 3-25 所示。交流侧电缆采用 $16mm^2$ 低压电力电缆。

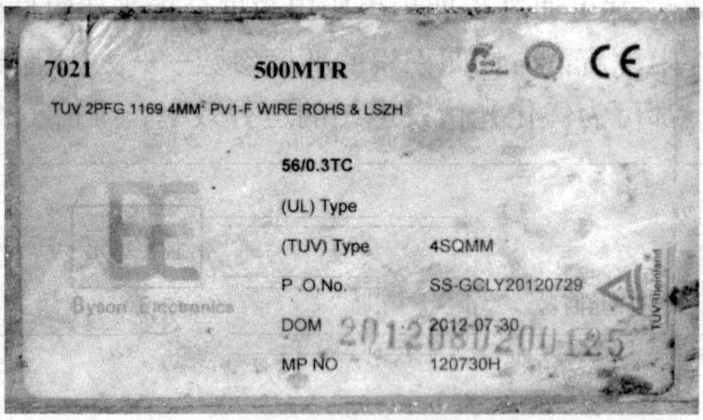

图 3-25 某学院楼顶光伏电站使用的 $4mm^2$ 光伏电缆铭牌

任务实施

1）完成某学院楼顶光伏电站设备选型，并做优化配置、成本核算。

2）完成交流配电箱电气图的绘制，参考图 3-26。

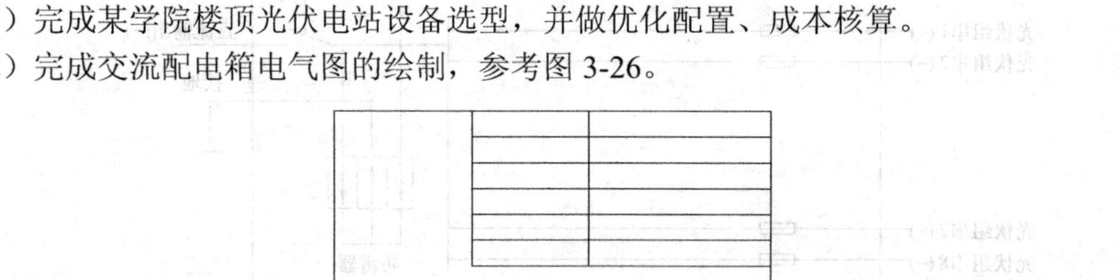

图 3-26 交流配电箱电气图

任务考核

如表 3-18 所示。

表 3-18　某学院楼顶 50kWp 光伏电站监控系统设计报告评分

任务名称	任务内容	完成情况	分值
某学院楼顶 50kWp 光伏电站监控系统设计报告	监控系统设计方案	设计报告完整、描述准确	100
		设计报告基本完整、描述基本准确	70
		设计报告不完整、描述不准确	40

注：视具体完成情况，参照标准适当增减分。

思考与训练

1．采用 AutoCAD 软件将楼顶光伏电站的汇流箱内的电气布置图画出来（参考图 3-27），并说明汇流箱的工作原理。

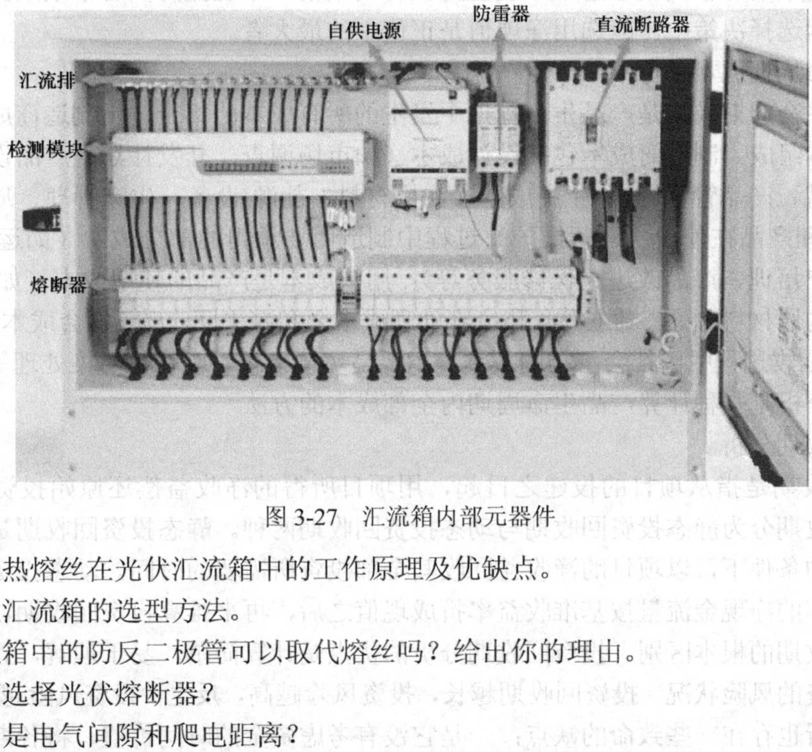

图 3-27　汇流箱内部元器件

2．简述热熔丝在光伏汇流箱中的工作原理及优缺点。

3．简述汇流箱的选型方法。

4．汇流箱中的防反二极管可以取代熔丝吗？给出你的理由。

5．如何选择光伏熔断器？

6．什么是电气间隙和爬电距离？

3.2.6　经济及环境评价

光伏发电系统经济性分析属于能源经济领域，在当前迅猛发展光伏产业中的意义尤其重要。

3.2.6.1　分析方法

1．分析准则

1）考虑到国家能源安全和利益，政府在政策上予以扶持，降低光伏发电项目的贷款利率；同时，对光伏发电项目给予一定的财政补贴。

2）考虑常规能源的不可再生而日益枯竭，其价格上涨趋势不可逆转，给光伏发电的开发利用提供了宽松有利的条件。

3）考虑光伏发电系统在其生命周期内的能量平衡。光伏发电系统的能量产出大于能量耗费才有意义。

2．分析方法

在工程经济性分析中常用的方法有净现值分析、生命周期成本分析、回收期分析、投入产出比、内部收益率等。其中，净现值分析和生命周期成本分析这两种方法比较适合用于光伏发电系统经济性分析。

（1）净现值分析

净现值是指投资方案所产生的现金净流量以资金成本为贴现率折现之后与原始投资额现值的差额。净现值法就是按净现值大小来评价方案优劣的一种方法。折现，将未来收入折算成等价的现值。成本或收益的价值以今天的现金来计量时，称为现值。

净现值大于零则方案可行，且净现值越大，方案越优，投资效益越好。因此，在只有一个备选方案的采纳与否决决策中，净现值为正者则采纳，净现值为负者不采纳。在有多个备选方案的互斥选择决策中，应选用净现值是正值中的最大者。

（2）生命周期成本分析

产品的生命周期成本是产品生命周期中发生的所有成本的集合，由制造商成本、用户成本及社会成本组成。制造商成本包括设计成本（如市场调查、开发计划、产品设计、文档制作、产品测试、产品管理等）、生产成本（如原材料、能源/设备、生产管理、质量控制、工资/奖金等）和产品在使用（运行维护）过程中制造商要承担的部分成本（如运输/存贮、产品分销、用户培训、产品改进、保修服务等）；用户成本是产品的使用成本（如采购/运输、运行过程中的原材料/能源、维护等）和废弃处理成本之和减去回收款；社会成本是产品生产、使用、处理/回收过程中由社会承担的成本，主要是环境卫生、废物及污染处理等。因此，生命周期成本分析是一种计算产品生命周期内全部成本的方法。

（3）回收期分析

投资回收期是指从项目的投建之日起，用项目所得的净收益偿还原始投资所需要的年限。投资回收期分为静态投资回收期与动态投资回收期两种。静态投资回收期是在不考虑资金时间价值的条件下，以项目的净收益回收其全部投资所需要的时间。动态投资回收期是把投资项目各年的净现金流量按基准收益率折成现值之后，再来推算投资回收期，这就是它与静态投资回收期的根本区别。投资回收期分析的优点是计算简单，易于理解，且在一定程度上考虑了投资的风险状况（投资回收期越长，投资风险越高，反之，投资风险越低）。但是投资回收期分析也存在一些致命的缺点：一是它没有考虑资金的时间价值，将各期的现金流赋予了同样的权重；二是只考虑了投资回收期之前的现金流量对投资收益的贡献，没有考虑回收期之后的现金流量；三是投资回收期的标准期确定主观性较大。

（4）投入产出比

投入产出比是指项目全部投资与运行寿命期内产出的工业增加值总和之比。它适用于科技项目、技术改造项目和设备更新项目的经济效果评价指标。其值越小，表明经济效果越好。

（5）内部收益率

内部收益率是资金流入现值总额与资金流出现值总额相等、净现值等于零时的折现率。内部收益率是进行盈利能力分析时采用的主要方法之一。在一般情况下，内部收益率大于等于基准收益率时，该项目是可行的。

3.2.6.2 光伏发电系统经济性分析

1. 成本分析

光伏发电系统成本包括初始投资成本、年运行成本和周期性成本三部分。

（1）初始投资成本

初始投资成本包括开发设计成本、能源设备成本、配套设备成本以及其他杂费四部分。开发设计成本包括光伏发电系统可行性研究费用、项目开发费用、工程设计费用等。能源设备成本包括光伏组件成本、设备运输成本和其他能源设备成本等。配套设备成本包括光伏系统支架成本、逆变器和其他电气设备成本以及配套设备的运输、安装成本和其他配套设备成本。

其他杂费包括人员培训费和不可预见费（上述初始成本投资过程中出现的预计之外的成本）。

（2）年运行成本

年运行成本指光伏发电系统在运行过程中每年须投入的成本，主要包括地产税、保险费、运行及人工维护费和上述费用的不可预见费。

（3）周期性成本

周期性成本包括逆变器等主要设备的更换成本、其他周期性维护和周期性成本中产生的不可预见费。此外，还包括系统寿命结束时的人员遣散、设备处理等费用。

2. 财务收益分析

光伏发电系统进行财物收益分析，首先，设置系统的经济性参数，包括负债率、贴现率、折旧率、贷款利率、通货膨胀率、所得税率、能源成本上升率以及光伏发电上网电价等；其次，计算系统的年度成本和债务、项目成本、电力经济效益、发电收益及环保效益，并由此得到系统的年现金流图。

（1）电力经济效益分析

电力经济效益包括就业效益和经济增长效益。

1）就业效益。光伏产业的不断发展带动机械设备制造业的发展，增加就业机会，具有明显社会综合效益。

2）经济增长效益。光伏发电系统所带来的经济增长效益可体现在两个方面：一是通过光伏扶贫产生经济效益。西部地区自然条件比较恶劣，居民发展经济条件较差，但西部地区太阳能资源丰富，在贫困地区只要年光照在 1100h 以上就可以发展光伏产业，帮助当地居民脱贫；二是在我国电力长期短缺的情况，光伏发电作为电力的补充可产生很大的经济效益。

光伏发电系统电力经济效益可采用电力的平均经济价值（GDP/年发电量）来计算。

光伏发电系统电力经济效益=电力的平均经济价值×光伏发电系统上网发电量×时间

（2）发电收益分析

在电网无条件收购光伏发电，并对光伏发电实行保护性电价的前提下，光伏发电带来的发电收益可以由下式计算。

发电收益=光伏发电系统发电功率×光伏发电上网电价×系统发电时间

光伏的总效率与光伏阵列效率、逆变器转换效率、交流并网效率等因素有关，光伏阵列效率，指光伏阵列在 $1000W/m^2$ 辐照度下，实际直流输出功率与标称功率之比；逆变器转换效率是指逆变器输出的交流输出功率与直流输入功率之比；交流并网效率是指逆变器输出至供配电网的传输效率，其中最主要的是隔离变压器的效率。

光伏阵列在能量转换与传输过程中的损失包括：

1）温度引起功率损失、最大功率点跟踪损失，取值4%；

2）组件失配损失，对于精心设计和施工的系统，该损失约为4%；

3）灰尘及遮挡损失、低辐照度下逆变器启动电压限制造成的功率损失，约为5%；

4）直流线路损失，根据有关标准规定，应小于3%。

$$\eta_1=(1-4\%)\times(1-5\%)\times(1-4\%)\times(1-3\%)=96\%\times95\%\times96\%\times97\%=85\%$$

由逆变器技术手册可知，合肥阳光 50kWp 逆变器的转换效率为 95%；从逆变器输出至供配电网的传输效率一般可取为 95%。

根据光伏发电项目的情况，使用 RETScreen 软件进行分析。

（3）环境效益分析

光伏发电具有很高的环境效益，包括资源效益、减排效益、健康效益和水资源效益。

1）资源效益。光伏发电可替代火电，从而减少煤炭资源的消耗。光伏发电的资源效益可用煤炭资源对等来表示，其大小可由下式计算。

资源效益=光伏发电系统发电功率×生产每千瓦时电量所需煤炭的资源税×系统发电时间

2）减排效益。光伏发电是清洁能源，可减少污染物（如二氧化碳、硫氧化合物、氮氧化合物、烟尘和废水等）的排放量。减排效益可由下式计算。

减排效益=光伏发电系统发电功率×每千瓦时火电产生的各种排放治理的总费用×系统发电时间

3）健康效益。光伏发电可减少火电发电中对人体健康有害气体（如二氧化硫、氮氧化合物和烟尘等）的排放，从而带来健康效益，其大小可由下式计算。

健康效益=光伏发电系统发电功率×每千瓦时电量对人体产生的伤害值×系统发电时间

4）水资源效益。光伏发电可节省火力发电中冷却过程所需的大量水资源。水资源效益可由下式计算。

水资源效益=光伏发电系统发电功率×每千瓦时火电所需水的价格×系统发电时间

光伏发电属于清洁可再生能源，无论从能源角度，还是从环境角度，都是未来发展的重点，光伏并网发电的推广应用，无疑会带来良好的环境效益。在高校推广光伏发电清洁能源利用的意义将环保概念更深入人心。

根据 RETScreen 软件计算结果可知，某学院楼顶 50kWp 光伏电站每年相当于节约标准煤约_____吨，同时减少污染排放_____吨碳粉尘、_____吨二氧化碳（CO_2）、_____吨二氧化硫（SO_2）；光伏电站能耗回收期只有_____年。

填写表 3-19。

表 3-19 某学院 50kWp 楼顶光伏电站环境效率分析

项目名称		
系统年均发电量/kWh		
减排量计算		
类别	年燃料能耗（吨标准煤）	年发电量/MWh
火力发电系		
光伏发电系统		
年节能量		

光伏电站项目实施后，主要大气污染物的减排效果如表 3-20 所示。

表 3-20　某学院楼顶光伏电站减排效果

年均减排量			寿命期减排量		
CO_2/（吨/年）	SO_2/（吨/年）	TSP/（吨/年）	CO_2/（吨/年）	SO_2/（吨/年）	TSP/（吨/年）

注：每节约 1 度（kWh）电，就相应节约了 0.36kg 标准煤，减少排放 0.272kg 碳粉尘、0.997kg 二氧化碳（CO_2）、0.03kg 二氧化硫（SO_2）和 0.015kg 氮氧化物（NO_x）。

50kWp 楼顶光伏电站能耗回收期计算，如表 3-21 所示。

表 3-21　某学院楼顶光伏电站能耗回收期

温室气体的回收时间（GPBT）		$GPBT=（GHG_S+GHG_{BOS}）/GHG_{OUTPUT}$	
光伏电站装机面积 S/m^2			
光伏电站单位面积能耗 E/（kWh/m^2）		$E=E_1+E_2+E_3+E_4$	
E_1 光伏组件生产能耗/（kWh/m^2）	E_2 支架生产能耗/（kWh/m^2）	E_3 逆变器能耗/（kWh/m^2）	E_4 维护、故障等能耗/（kWh/m^2）
976	220	33	125
$GHG_S+GHG_{BOS}=E\times S=$　　kWh			
GHG_{OUTPUT}（kWh）			
光伏电站能耗回收期/年			

3．项目现金流分析

光伏发电项目现金流分析可以比较直观地查看项目的资金流动情况及未来利润收益情况。项目现金流计算基于项目成本分析，并考虑到市场经济的通货膨胀、能源成本的上升等经济因素。

光伏发电项目年收入包括电力经济效益、发电效益和环保效益。考虑经济因素，项目第 i 年的年收入由下式计算。

$$项目第\,i\,年的年收入=电力经济效益\times（1+能源成本上升率）^i+发电效益\times（1+通货膨胀率）^i+环保效益\times（1+通货膨胀率）^i$$

$$第\,i\,年的净收入=（项目第\,i\,年的年收入-年度成本和债务）\times（1-所得税率）（1+能源成本上升率）^i+（能源成本+其他辅助设备成本）\times设备折旧率\times（1+能源成本上升率）^i+政府投入或补贴\times政府投入或补贴兑现率$$

考虑到光伏发电系统使用寿命大于其逆变器的使用寿命，当 i 为逆变器使用寿命整数倍时，还需将第 i 年的净输入中扣除更换逆变器的费用。

$$第\,i\,年的累计现金流=\Sigma第\,i\,年的净收入（i=0\sim i）$$

4．项目可行性分析

光伏发电项目可行性分析需考虑能源生产成本、债务偿还和成本收入比。

（1）能源生产成本

光伏发电系统的能源生产成本可由下式计算。

能源生产成本=总投入成本/（系统寿命×年发电量）

对比光伏发电系统的能源生产成本和国家规定的保护性电价，可以估算出光伏发电项目的盈利能力。

（2）债务偿还

光伏发电项目总成本不仅包括初始投资成本、年运行成本、周期性成本，还包括由于债务而产生的年度债务。

年度债务的偿还由光伏系统开发商初始投资时的负债率、贷款利率、企业投入兑现率和贷款时间决定，可由下式计算。

$$\text{年度债务}=\text{初始投资总计}\times\text{企业投入兑现率}\times\text{负债率}\times\text{贷款利率}\times(1+\text{贷款利率})^{\text{贷款时间}}/[(1+\text{贷款利率})^{\text{贷款时间}}-1]$$

（3）成本收入比

成本收入比为营业费用加折旧与营业收入之比，其大小可由下式计算。

$$\text{成本收入比}=\text{营业费用}/\text{营业收入}\times 100\%$$

光伏发电项目的成本收入比不应高于 45%，否则项目无利可图。

任务实施

完成 50kWp 楼顶光伏电站经济及环境评价，并提交报告。

任务考核

如表 3-22 所示。

表 3-22　某学院楼顶 50kWp 光伏电站经济及环境评价报告评分

任务名称	任务内容	完成情况	分值
某学院楼顶 50kWp 光伏电站经济及环境评价报告	经济及环境评价	评估报告完整、描述准确	100
		评估报告基本完整、描述基本准确	70
		评估报告不完整、描述不准确	40

注：视具体完成情况，参照标准适当增减分。

思考与训练

1．如何实现光伏发电平价上网？

2．简述光伏电站环境效益。

3．试完成光伏电站的成本分析。

3.3 项目实施

3.3.1 光伏电站的施工准备

根据建筑材料、构配件的需用量计划组织其进场，按规定地点和方式存放或堆放，并做好组织和保护措施，如图 3-28～图 3-30 所示。

任务实施

完成光伏电站施工组织计划以及做好光伏电站施工前准备工作。

图 3-28　光伏组件施工进场

图 3-29　光伏支架施工进场

图 3-30　光伏电缆施工进场

任务考核

如表 3-23 所示。

表 3-23　某学院楼顶 50 kWp 光伏电站准备工作质量评分

任务名称	任务内容	完成情况	分值
某学院楼顶 50 kWp 光伏电站准备工作	设备进场工作安排	施工准备工作任务完成质量高	100
		施工准备工作任务完成质量较高	70
		施工准备工作任务完成质量不高	40

注：视具体完成情况，参照标准适当增减分。

思考与训练

1．简述 50 kWp 楼顶光伏电站设备进场流程及注意事项。

2．光伏电站施工组织计划涉及哪些内容？

3.3.2　光伏电站的施工设计

3.3.2.1　光伏电站施工图设计

光伏电站设计施工图是表示光伏电站总体布局，建筑物的外部形状、内部布置、结构构造、内外装修、材料作法以及设备、施工等要求的图样。施工图具有图样齐全、表达准确、要求具体的特点，是进行工程施工、编制施工图预算和施工组织设计的依据，也是进行技术管理的重要技术文件。

这里给出了某学院楼顶光伏电站光伏组件布置图、接线图，如图 3-31 和图 3-32 所示。

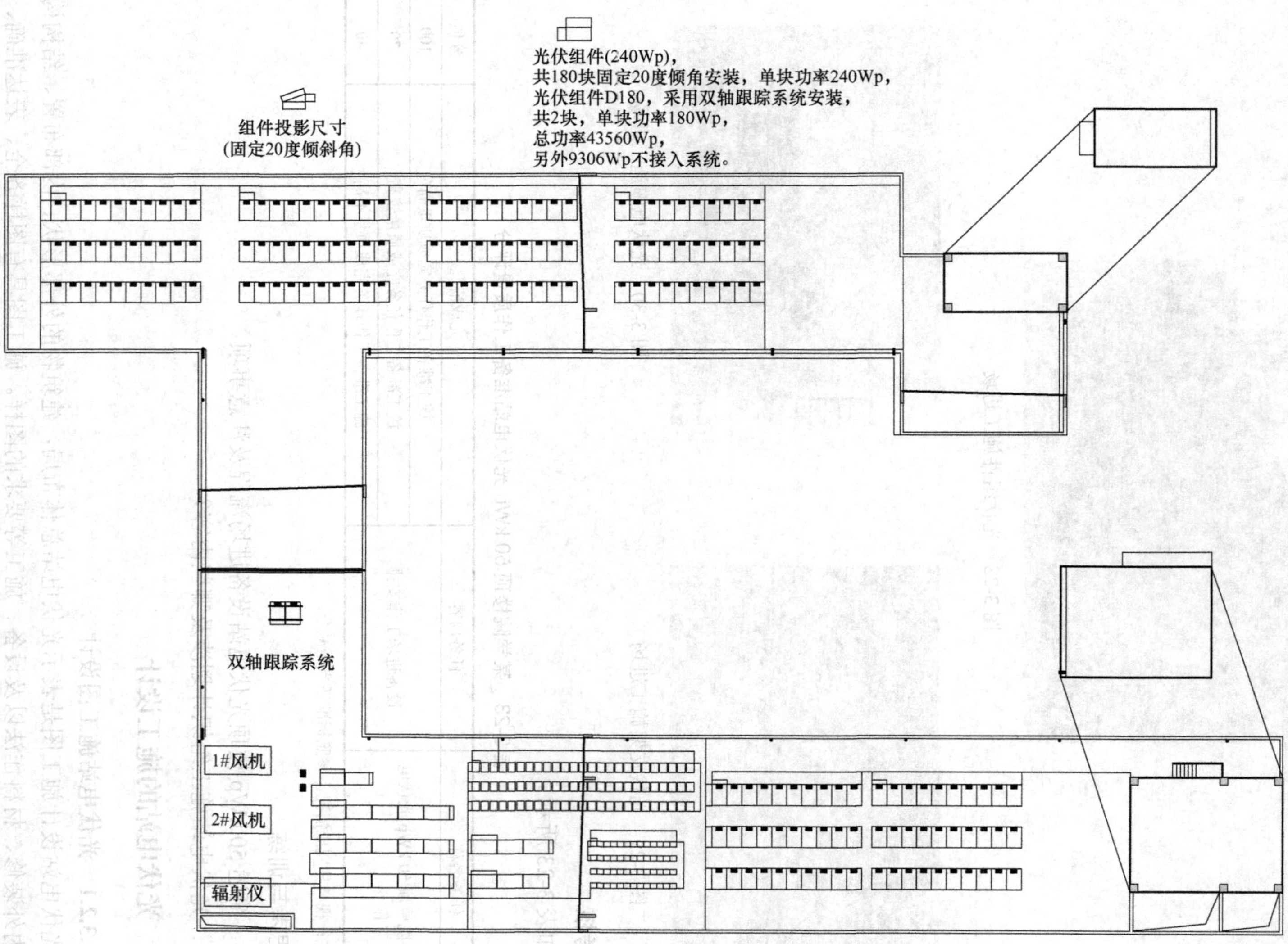

图3–31　某学院楼顶光伏电站光伏组件布置图

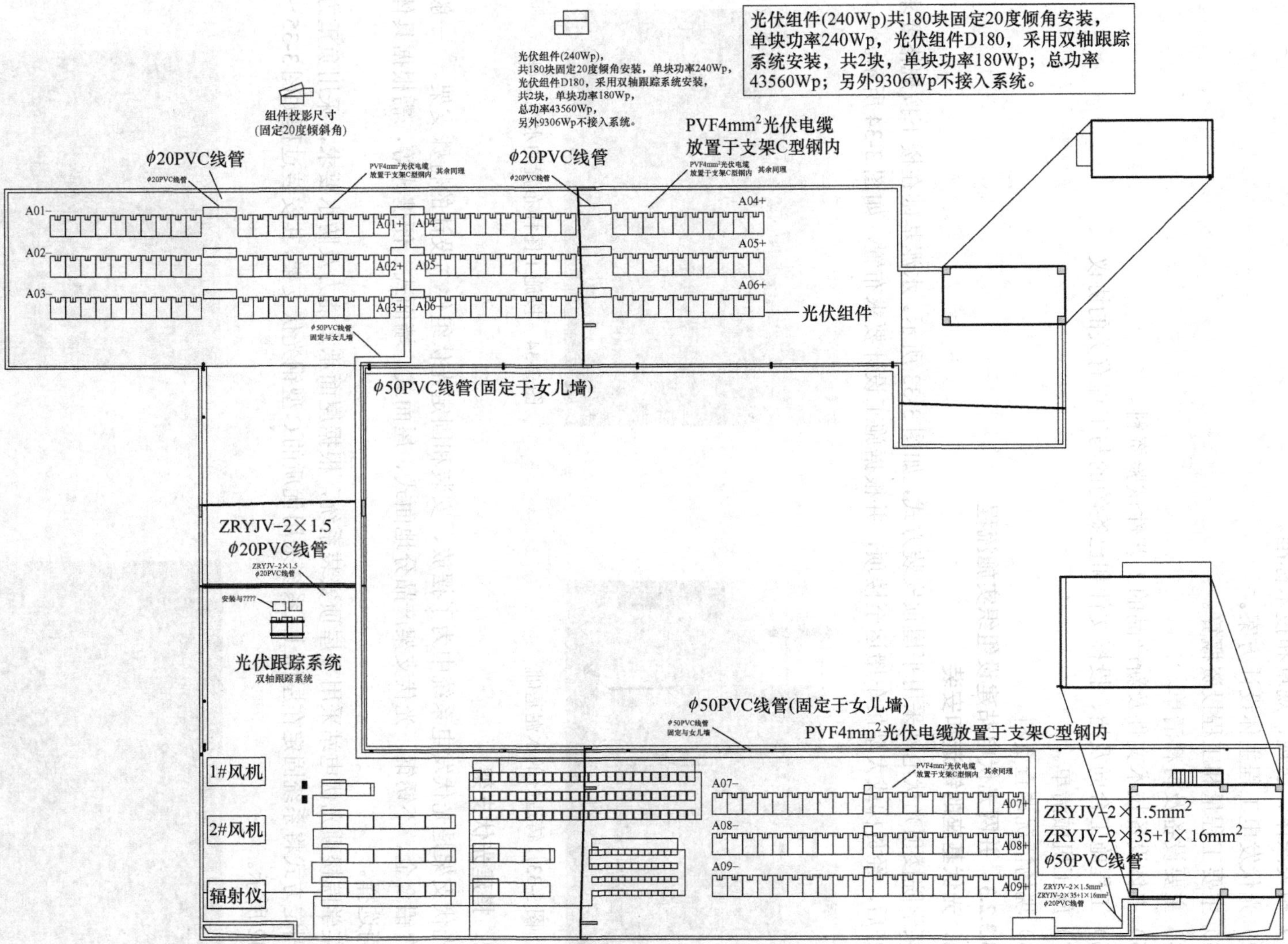

图3-32 某学院楼顶光伏电站光伏组件接线图

3.3.2.2　施工建设方案编制依据

1）相关法律、法规、规章和技术标准。

2）光伏发电工程主体设计方案。

3）主要工程量和工程投资概算。

4）主要设备及材料清单。

5）主体设备技术文件及新产品的工艺性试验资料。

6）工程施工合同及招、投标文件和已签约的与工程有关的协议。

7）施工机械清单。

8）现场情况调查资料。

3.3.2.3　并网光伏电站建设组织实施流程

1．光伏基座的铸造和安装

某学院楼顶光伏电站采用平屋顶安装方式，如图 3-33 所示。水泥基础在楼下按规格要求铸造好后，经货梯或大型吊车搬运至楼顶，并根据施工设计要求布置，如图 3-34 所示。

图 3-33　铸造好的水泥基础

图 3-34　按施工图样布置的水泥基础

2．搭建光伏支架

光伏支架是光伏发电系统中为了摆放、安装和固定光伏组件二设计的特殊支架。 一般材质有铝合金、不锈钢。光伏支架产品分地面式、屋面式、墙面式、便携式等，需根据具体情况而选择。

某学院楼顶光伏电站采用平屋顶安装系统，根据屋面承重能力及防水要求，采用负重方式的固定方式将系统固定在屋面上。系统采用优质的 C 型钢光伏支架，其安装过程如图 3-35～图 3-42 所示。

图 3-35　C 型钢三角连接件（万向接调节器）的安装

图 3-36　C 型钢光伏支架后脚的安装

图 3-37　C 型钢光伏支架导轨的安装

图 3-38　C 型钢光伏支架导轨的安装（放线）

图 3-39　C 型钢光伏支架横梁导轨的安装

图 3-40　技术人员在指导光伏组件的安装

图 3-41　光伏安装过程中的搬运

图 3-42　光伏组件的固定（采用压块固定）

3．安装光伏组件

4．安装汇流箱

本项目采用的汇流箱如图 3-43 所示，在安装前应检查是否符合下列的要求。

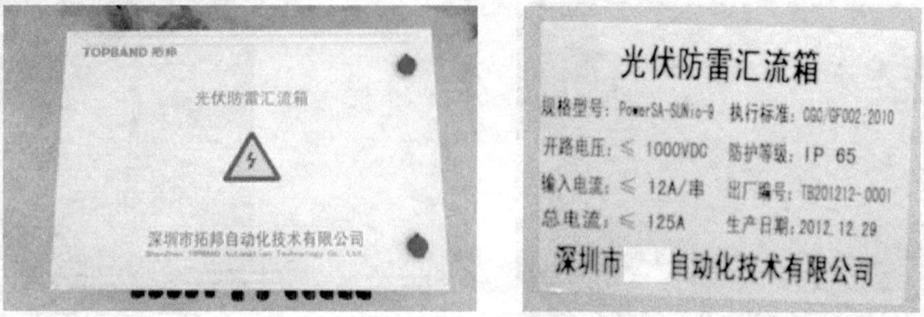

图 3-43　光伏防雷汇流箱及技术参数

1）汇流箱内的元器件应完好，连接线应无松动；汇流箱在经过长途运输和现场保管后，箱内的元器件及连线可能会存在破损和松动现象。

2）为了后续接线工作的安全，汇流箱的所有开关和熔断器应处于断开状态。

3）汇流箱进线端及出线端与汇流箱接地端绝缘电阻不应小于 20MΩ。

汇流箱安装应符合下列要求。

1）安装位置应符合设计要求，定位好后用冲击钻在墙上开孔，放入膨胀螺栓，再安装支架，如图 3-44 所示。支架和固定螺栓应为防锈件。

2）汇流箱安装的垂直偏差应小于 1.5mm。

汇流箱内光伏组件串的电缆接引前，必须确保没有电压，确认光伏组件侧和逆变器侧均有明显的断开点。汇流箱在进行电缆接引时，如果光伏组件串已经连接完毕，那么在光伏组件串的两端就会产生几百伏的高电压，为了安全，光伏组件侧必须有明显断开点；而逆变器侧如果没有断开点，其他已经接引好的光伏组件串的电流可能会从逆变器侧逆流到汇流箱内，很容易对人身和设备造成伤害，如图 3-45 所示。

图 3-44　光伏防雷汇流箱的安装

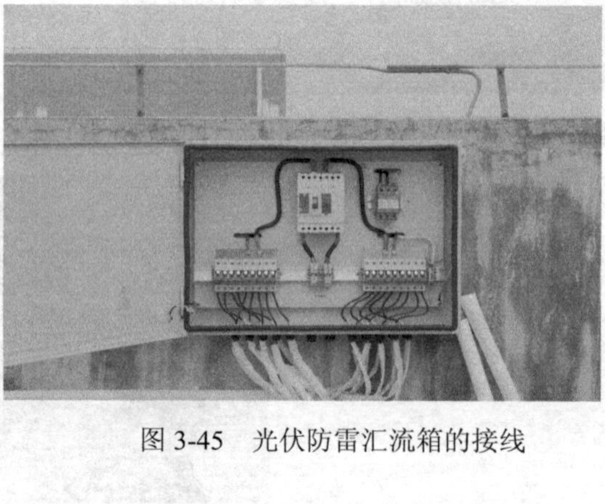

图 3-45　光伏防雷汇流箱的接线

5．安装交流配电箱

本项目选用的交流配电箱如图 3-46 所示，其内部接线图如图 3-47 所示。

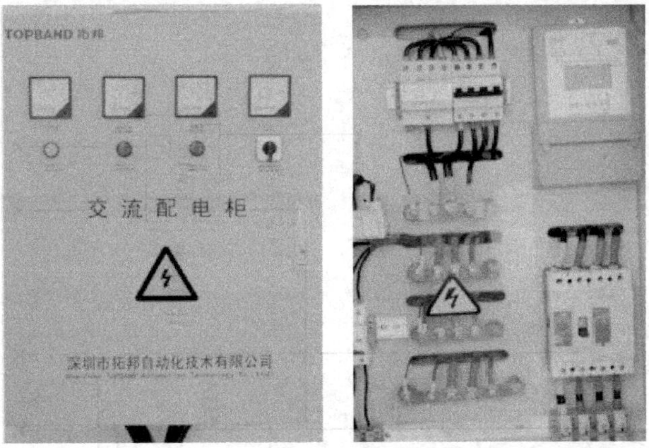

图 3-46　交流配电柜及内部结构

6．安装并网逆变器

由于并网逆变器直流侧连接的光伏阵列端直流电压高达 450～900V_{dc}，而电网交流侧电压达到 450V_{ac}，因此，严禁直接触摸带电端子。在安装前确保交直流侧均不带电。

逆变器的安装必须由经过培训的专业人员进行，且必须严格遵守相关规范和说明，熟读逆变器技术手册，这里以合肥阳光 SG50K3 型并网光伏逆变器为例介绍。

1）使用逆变器并网发电，需征得当地供电部门允许，并由专业人员进行相关操作。

2）所有电气安装必须符合当地电气安装标准。

3）安装时，除了接线端子外，不要触碰机箱内部的其他部分。

4）逆变器在运行过程中存在高电压，在对其内部进行各类操作之前，必须切断逆变器交直流电源以及外部控制电源，等待至少 18min，并使用万用表测量直流母线电压，以确定支撑电容放电完毕。

5）注意逆变器热表面。例如功率半导体的散热器等，在逆变器断电后一段时间内，仍保持较高温度。

6）注意冷却风扇叶片。在逆变器断电后一段时间内，风扇仍继续旋转。

SG50K3 型并网光伏逆变器的安装流程如表 3-24 所示。

表 3-24　SG50K3 型并网光伏逆变器的安装流程

安装步骤	涉及的内容
安装前准备	产品配件是否齐全 安装工具以及零件是否齐全 安装环境是否符合要求
机械安装	安装的布局 移动、运输逆变器
电气连接	打开前门 直流侧接线 交流侧接线 接地连接 通信线连接
安装完成检查	光伏现场的检查 交流侧接线检查 直流侧接线检查 接地、通信及附件连接检查

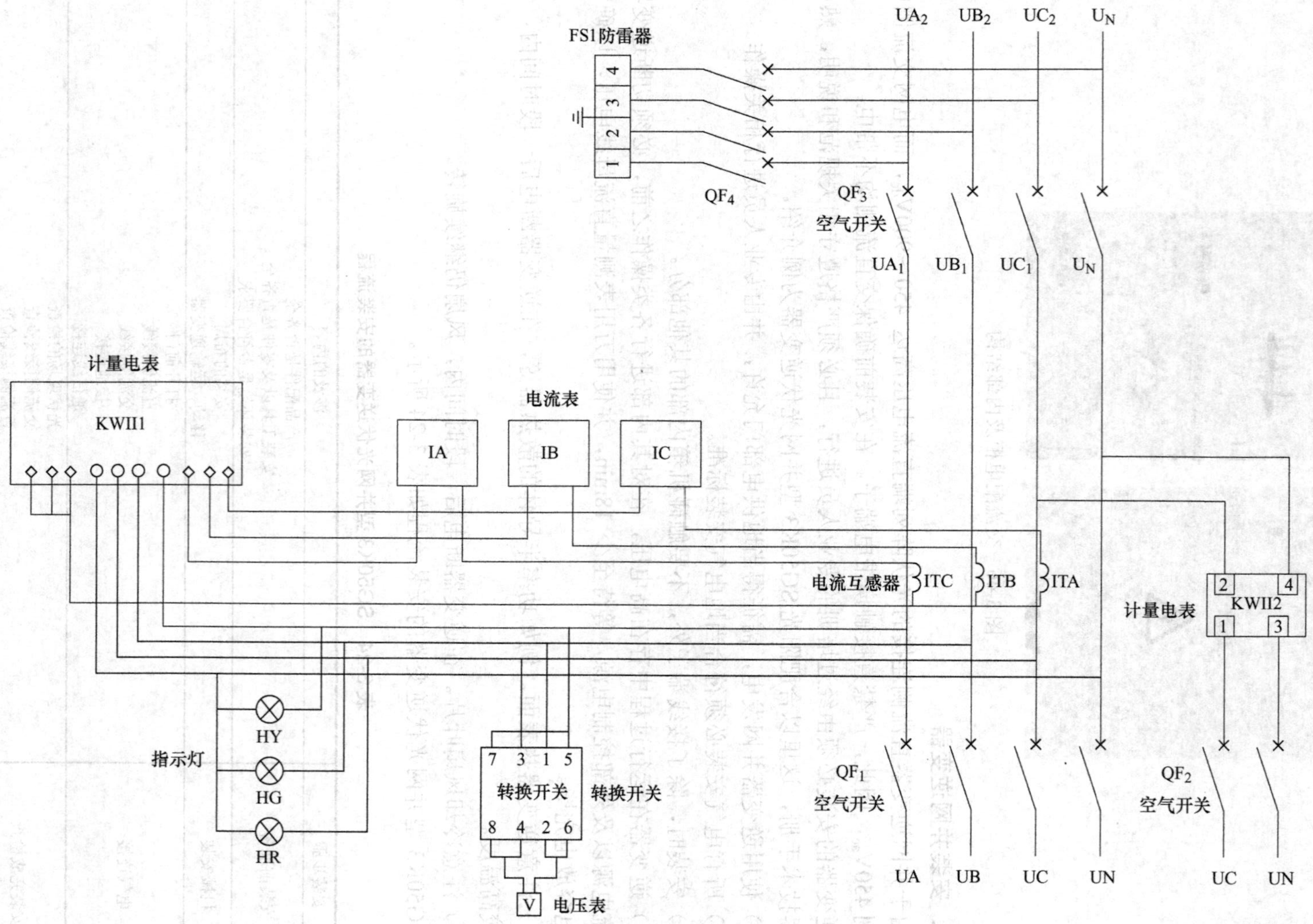

图3-47　交流配电柜主接线图

安装步骤 1：安装前准备。

产品配件包括逆变器柜门钥匙、合格证、保修卡、产品配套手册、出厂检验报告。

安装工具及零件包括吊车、铲车或叉车、扭矩扳手、螺钉旋具、剥线钳、压线钳、端子固定用内六角扳手、绝缘电阻表以及万用表。

环境要求包括安装地点为干燥的室内、尽量远离居民生活地方、安装地方不会晃动、安装位置应确保观测 LED 液晶较方便、环境温度在–25～55℃、上下左右与墙预留足够距离保证通风散热、安装环境清洁。

安装步骤 2：机械安装。

地面要求：逆变器需安装在平整的地面上，地面禁止出现凹陷或倾斜的情况。必须保证地基坚实、安全可靠。地基必须具备承受逆变器重量的承重能力。

空间要求：在安装逆变器时，必须与墙保留适当的距离，安装位置前方应保证 1000mm 的空间，背部应当保证大于 600mm 的空间，顶部应当保证大于 600mm 的空间，以方便安装，同时满足最窄维护通道、逃逸路线和通风散热的要求，如图 3-48 所示。

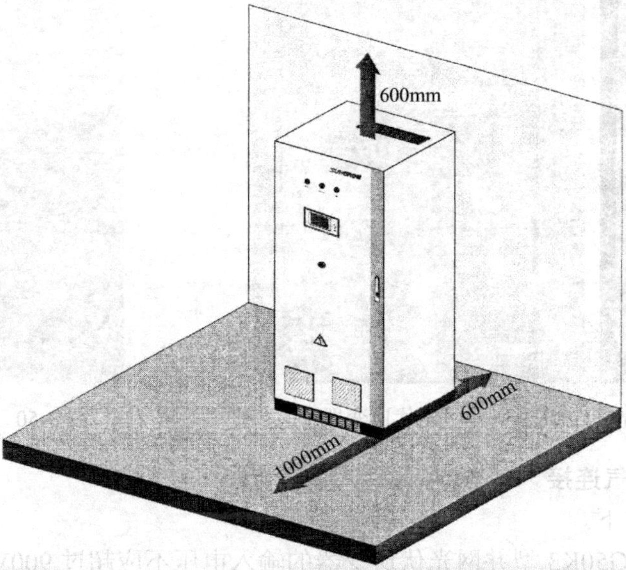

图 3-48　SG50K3 型并网逆变器安装空间要求

线槽设计：逆变器为下进线出线方式，电气操控室内应预设混凝土电缆地沟；或在操控室内地面安装钢支架，抬高安装面，在架空处敷设电缆。如预设电缆沟，可采用地脚螺钉或槽钢固定安装，如使用钢支架，逆变器可直接安装在支架上。

通风要求：

（a）通风环境：逆变器应避免安装在通风条件差、气流量低的场所，可以通过增加送风栅或风扇等施工措施获得更大的通风量；逆变器内部安装了冷却风机，为保证逆变器冷却空气供应，进风口应有充足的新鲜空气供应；必须要保证空气质量，通过施工措施过滤空气中的风沙、灰尘等悬浮物。

（b）电气操控室内必须有通风设施，如风机、通风管道等，确保逆变器产生的废热能排离设备，以符合允许的最大环境温度；为保证压力均衡，可在出风管道出口处另加向外排风的风扇；出风口的朝向应根据当地风向的实际情况选择；注意进风口、出风口的防尘措施及防淋设计；如需要加通风管道，则通风管道的尺寸应根据出风量的大小且应由专业人士设计。

其他防护：SG50K3 的防护等级为 IP20，适合安装在干燥、灰尘少的室内电站环境中。同时需要注意避免房屋漏水损坏逆变器。根据 EMC 要求和噪声级别，逆变器的设计应符合在工业环境中安装；接线完毕后，应将机器进出线孔缝隙大的地方，用防火泥或聚氨酯泡沫密封，以满足防鼠要求。

某学院楼顶光伏电站采用合肥阳光型号为 SG50K3 型并网逆变器（如图 3-49 所示），额定输出交流功率为 50kW。该设备总重量为 643kg，而设备需要安装在楼顶，因此，逆变器安装时采用了吊装，如图 3-50 所示。

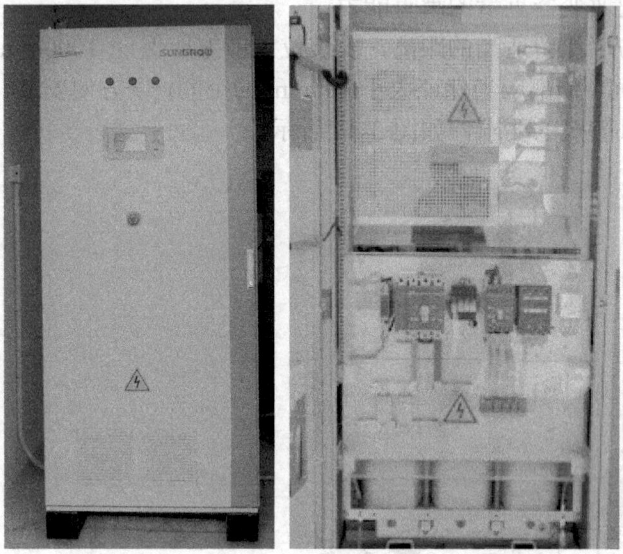

图 3-49　合肥阳光 SG50K3 型并网光伏逆变器

图 3-50　并网光伏逆变器吊装

安装步骤 3：电气连接。

电气连接要求如下。

a．输入要求：SG50K3 型并网光伏逆变器的输入电压不应超过 $900V_{dc}$，否则将损坏逆变器。用户在配置光伏阵列的串联数量时，需要充分考虑由于温度下降引起的电压上升。

对于 SG50K3 型并网光伏逆变器，光伏阵列的功率最大可配置到 55kWp。

b．输出要求：SG50K3 型并网光伏逆变器的输出为三相电网，并为用户提供 N 线端子，如果用户电网为三相三线制，可不接 N 线。

c．在安装逆变器前应得到当地的电力部门的允许，如表 3-25 所示。

表 3-25　电网要求

参数名称	参数要求
电网电压	310～450V
电网频率	47～52Hz

d．连接线：交直流连线的线径应保证最基本的过流能力。

e．断路器。为了保证设备安全安装和运行，一般需要配置有手动断路器。器件选择应当满足基本过流和过压能力。

电气连接总揽：SG50K3 型并网光伏逆变器的接线示意图如图 3-51 所示。

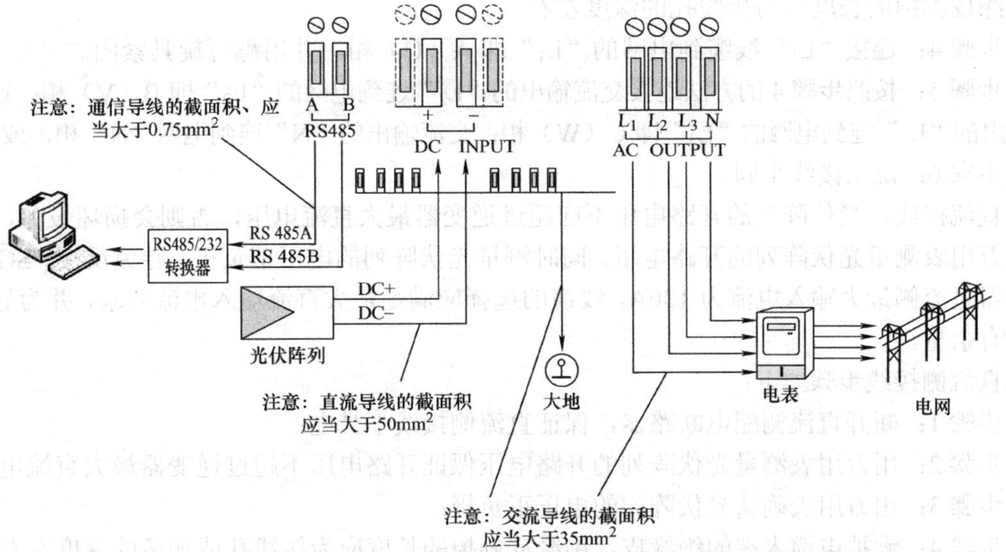

图 3-51　SG50K3 型并网光伏逆变器的电气接线示意图

线缆要求：

如表 3-26 所示。

表 3-26　连接线缆要求

线缆	线径大小要求/mm^2	每个端子可接导线数	螺栓/螺钉	扭矩（N·m）
光伏阵列 DC+	至少共 $50mm^2$	$1×50mm^2$ 或 $2×25mm^2$	M6	8
光伏阵列 DC−	同上	同上		
电网 L_1、L_2、L_3 相，N	各 $35mm^2$	各 1		
地线	$16mm^2$，电阻小于 4Ω	1	—	
通信线	$0.75mm^2$ 或 $1.0mm^2$ 通信线，建议使用屏蔽线	1 $2×0.75mm^2$ 或 $2×1.0mm^2$		

接线零部件：请注意接线部件的连接顺序，不正确的接线顺序可能导致起火燃烧。

功率电缆接线使用的铜鼻及固定螺钉等零件，设备交付时已经安装在对应接线端子处。其零件安装顺序如图 3-52 所示。

交流接线：请注意，连接交流电网时，将交流侧配电断路器断开，确保接触端子不带电。连接电网必须经相关部门允许并且遵照有关电网的所有安全规范。

SG50K3 并网光伏逆变器可接入“三相三线”电网及“三相四线”电网。“三相三线”电网中，“N”端子悬空。SG50K3 逆变器的交流侧输出电压为 310～450V_{ac}，与电网的接线路径如下。

步骤 1：断开交流侧断路器，用万用表测量确认端子已经断电。

步骤 2：确定交流连接电缆的相序。

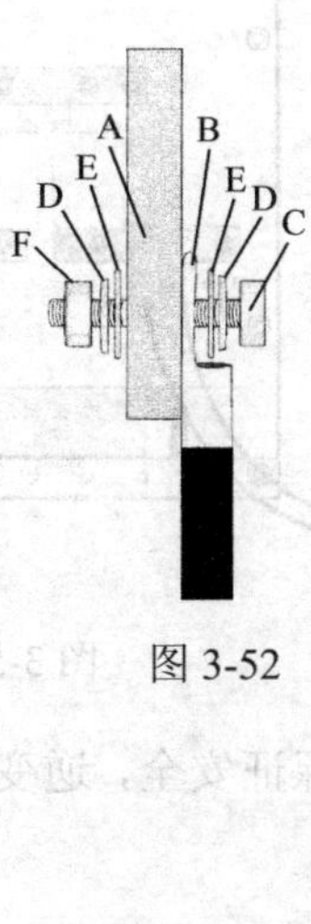

序号	名称
A	铜排
B	接线鼻
C	螺钉
D	弹性垫片
E	平垫
F	螺母

图 3-52　端子连接示意图

步骤 3：剥掉电缆末端的绝缘皮，SG50K3 的交流输出端用 4 路 $25mm^2$ 铜线。电缆末端的绝缘皮剥掉的长度应为接线孔的深度左右。

步骤 4：连接“L_1”线缆到电网的“L_1”即 A（U）相。并用螺钉旋具紧固。

步骤 5：按照步骤 4 的方法连接交流输出的“L_2”连到电网的“L_2”即 B（V）相；连接交流输出的“L_3”连到电网的“L_3”即 C（W）相；交流输出的“N”连到电网“N”相，或悬空。

步骤 6：确认接线牢固。

直流接线：光伏阵列的开路电压不应超过逆变器最大直流电压，否则会损坏设备，连接时用万用表测量光伏阵列的开路电压。同时测量光伏阵列的电压正负极，避免反接。SG50K3 逆变器直流侧最大输入电流为 130A，线缆的选择应满足最大直流输入电流要求，并为导线发热留有余量。

直流侧接线步骤如下：

步骤 1：断开直流侧配电断路器，保证直流侧接线不带电；

步骤 2：用万用表测量光伏阵列的开路电压保证开路电压不超过逆变器最大直流电压；

步骤 3：用万用表确认光伏阵列的电压正负极；

步骤 4：剥掉电缆末端的绝缘皮，绝缘皮剥掉的长度应为接线孔或铜鼻的深度左右；

步骤 5：光伏阵列的正极连到直流输入的“DC+”；

步骤 6：光伏阵列的负极连到直流输入的“DC−”；

步骤 7：确认接线牢固。

接地连接：直流输入接地连接：光伏阵列直流输入需要接地时，应根据需要使用接地线将“DC−”输入连接到接地铜排，如图 3-53 所示。

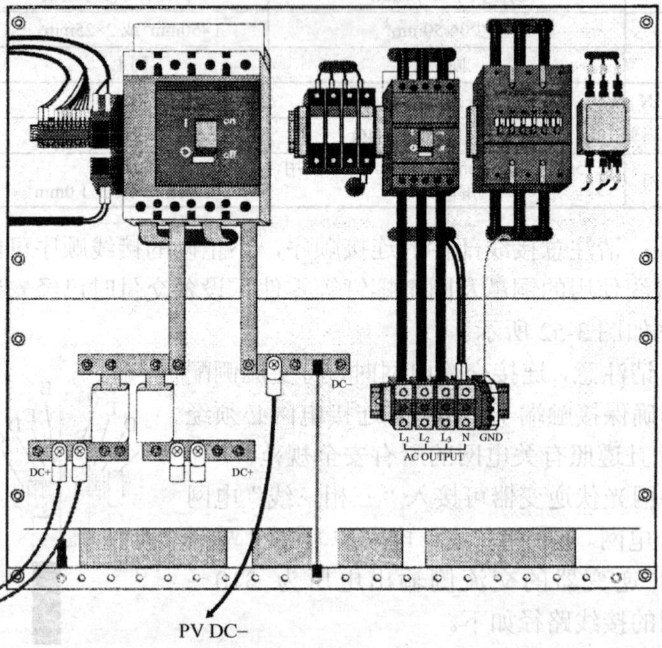

图 3-53　直流输入接地连接示意图

保护接地：为了保证安全，逆变器的接地端子（GND）必须单独就近通过导体可靠接地。

SG50K3 逆变器柜体以及内部器件的外壳，已经与 PE 铜排可靠连接。而交流端子旁的接地端子在逆变器内部与 PE 铜排通过导线连接。进行保护接地连接时，需要将接地端子与安装场地或电气操控室的等电位联结装置连接，且须良好接触，接地线缆线径不小于 $16mm^2$，接触电阻不得高于 4Ω。若有多台逆变器并联，为了安全，需要使没有用螺栓固定在一起的机柜的电势相等，使用至少 $16mm^2$ 粗的单芯黄绿电缆固定在机柜外壳的框架上（用电缆接线片和螺栓）。这将防止通信电缆的屏蔽层上因逆变器电位不等而出现电流。

通信连线：当采用 PC 对逆变器进行监控时，采用 RS485 总线的通信方式（如图 3-54 所示）。

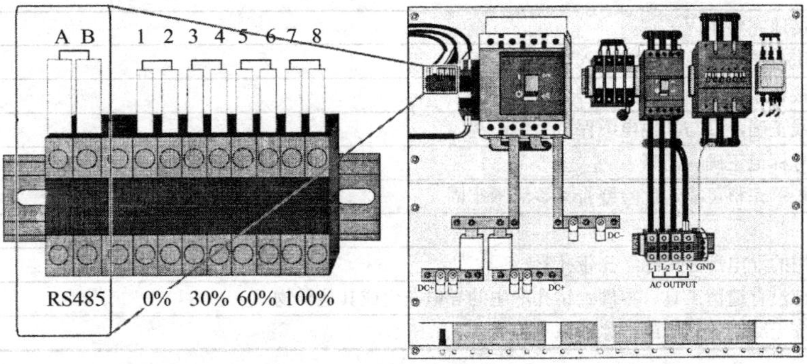

图 3-54　RS485 通信端口

单台逆变器与 PC 的通信连接方法如图 3-55 和图 3-56 所示。

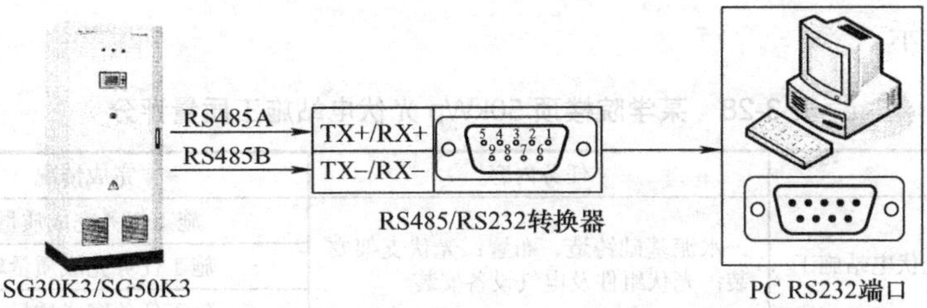

图 3-55　通过 RS485/RS232 转换器与计算机连接

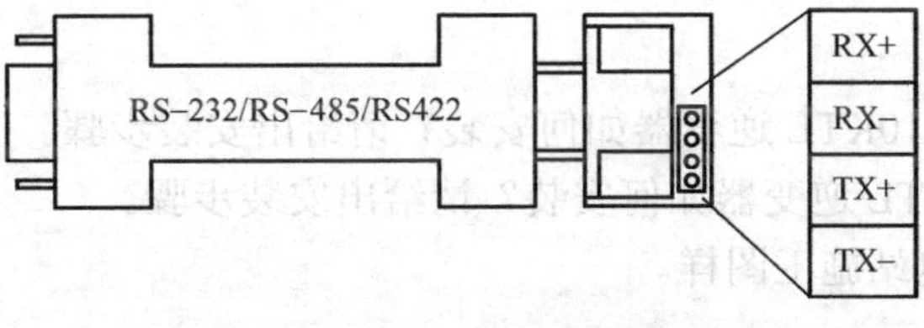

图 3-56　RS485/RS232 转换器

为了保证通信质量，RS485 通信连接线缆需采用双绞屏蔽线（推荐采用 RVVP−2×1.0 双绞屏蔽线）。屏蔽线的屏蔽层连接后，在监控终端处采用单点接地的方式。在铺设通信线缆的时候需要远离电力电缆，电缆在交叉时应保持直角。铺设时尽量使电缆长度最短，且与电力电缆保持距离。

安装步骤 4：安装完成检查。

在逆变器投入运行之前，要对其安装进行检查，至少两名工作人员按照表 3-27 所列的项目注意检查以确保各项安装的正确性。

表 3-27 逆变器安装完成检查表

机械安装检查项目	
□	逆变器无变形、损坏情况
□	逆变器底部固定、支撑稳定可靠
□	逆变器周围是有足够空间
□	逆变器所处环境的温度、湿度、通风状况符合要求
□	冷却空气流通顺畅
□	柜体密封防护完整可靠
电气安装检查	
□	逆变器接地完整牢固
□	电网电压与逆变器单元额定输入电压相匹配
□	电网连接相序正确，紧固力矩符合要求
□	通信接线正确，并与其他电缆保持一定距离
□	电缆线号标记正确、清晰
□	绝缘防护罩完整可靠，危险警告标签清晰牢固
其他检查	
□	所有无用的导电部分用绝缘扎带扎紧
□	柜体内部没有遗留工具、零件、钻孔产生的导电灰尘或其他异物
□	柜体内部无凝结的潮气或结冰现象

任务实施

根据施工图样，完成楼顶光伏电站施工。

任务考核

如表 3-28 所示。

表 3-28 某学院楼顶 50kWp 光伏电站施工质量评分

任务名称	任务内容	完成情况	分值
某学院楼顶 50kWp 光伏电站施工	水泥基础铸造、布置；光伏支架安装；光伏组件及电气设备安装	施工任务完成质量高	100
		施工任务完成质量较高	70
		施工任务完成质量不高	40

注：视具体完成情况，参照标准适当增减分。

思考与训练

1．华为 SUN2000-10KTL 逆变器如何安装？请给出安装步骤。

2．合肥阳光 SG3KTL 逆变器如何安装？请给出安装步骤。

3．如何看懂光伏电站施工图样。

3.3.3 光伏电站电气设备的检测

3.3.3.1 光伏组件串的测试

光伏组件串测试前应具备下列条件：

1）所有光伏组件应按照设计文件数量和型号组串并接引完毕；

2）汇流箱内各回路电缆应接引完毕，且标示应清晰、准确；

3）汇流箱内的熔断器或开关应在断开位置；

4）汇流箱及内部防雷模块接地应牢固、可靠，且导通良好；

5）辐照度宜在高于或等于 700W/m^2 的条件下测试。

光伏组件串的检测应符合下列要求：

1）汇流箱内测试光伏组件串的极性应正确；

2）相同测试条件下的相同光伏组件串之间的开路电压偏差不应大于 2%，但最大偏差不应超过 5V；

3）在发电情况下应使用钳形万用表对汇流箱内的光伏组件串的电流进行检测。相同测试条件下且辐照度不应低于 700W/m^2 时，相同光伏组件串之间的电流偏差不应大于 5%；

4）光伏组件串电缆温度应无超常温等异常情况；

5）光伏组件串测试完毕后，应按规范的格式填写记录，如表 3-29 所示。

表 3-29　光伏方阵测试记录表

光伏方阵测试报告					初次检查 定期检查		
安装位置					业主 日期		
检查内容描述					检查人 检测设备		
光伏组件串		1	2	3	4	……	*n*
光伏方阵	光伏组件						
	数量						
光伏方阵参数（按规定）	U_{oc}（stc）						
	U_{sc}（stc）						
光伏组串过电流保护器件	型号						
	额定电流/A						
	直流额定电压/V						
	容量/kA						
线缆	型号						
	相线/mm^2						
	地线/mm^2						
光伏组串测试	U_{oc}/V						
	U_{sc}/A						
	辐照度						
极性检查							
光伏方阵绝缘电阻	测试电压/V						
	正极－地/MΩ						
	负极－地/MΩ						
接地连续性（合适的地方）							
开关设备功能正常							
逆变器型号							
逆变器序列号							
逆变器工作正常							
电缆损耗测试							

3.3.3.2　汇流箱的检测

汇流箱检查应包括如下项目：

1）产品质量应安全可靠，通过相关产品质量认证；

2）室外使用的汇流箱应采用密封结构，设计应能满足室外使用要求；

3）采用金属箱体的汇流箱应可靠接地；

4）采用绝缘高分子材料加工的，所选用材料应有良好的耐候性，并附有所用材料的说明书、材质证明书等相关技术资料；

5）汇流箱接线端子设计应能保证电缆线可靠连接，应有防松动零件，对既导电又作紧固用的紧固件，应采用铜质零件；

6）各光伏支路进线端及子方阵出线端，以及接线端子与汇流箱接地端绝缘电阻应不小于1MΩ（DC500V）。

汇流箱应按环境温度、相对湿度、海拔、污秽等级和地震烈度等使用环境条件进行性能参数校验。可参照《汇流设备技术规范》CGC/GF 0372014进行。

3.3.3.3　光伏发电系统接入配电网检测

根据《光伏发电系统接入配电网检测规程》GB/T 30152—2013，光伏发电系统接入配电网的检测项目至少包括无功功率、运行适应性、电能质量、低/高压保护、频率保护和防孤岛保护等。测试宜以整个发电系统作为被测对象。当光伏发电系统更换不同型号变压器或逆变器时，应重新进行检测，当光伏发电系统更换同型号变压器或逆变器数量达到一半以上时，也应重新进行检测。

任务实施

填写光伏电站基本情况表，如表3-30所示，并完成光伏发电系统接入配电网检测项目，提交检测报告。检测结果应记录并包括以下内容：

1）被测光伏发电系统的规格参数。

2）检测设备的规格参数。

3）现场检测环境参数。

4）被测光伏发电系统的检测结果（在现场将各项检测结果如实记入原始记录表，原始记录表应有检测人员、校核人员和技术负责人员签名）。

5）其他相关内容。

表3-30　光伏电站基本情况表

检测机构	
电站名称	
电站业主	
电站地理位置信息	建设地址：
	经度：
	纬度：
	海拔：
电站基本信息	占地面积：
	装机容量：
	额定功率：

（续）

电站基本信息	组件类型：	
	组件型号：	
	逆变器型号：	
	无功配置：	
	接入电压等级：	
	变压器型号：	
气候条件	年均日照小时数：	
	夏季平均气温：	
	冬季平均气温：	

任务考核

如表 3-31 所示。

表 3-31　某学院楼顶 50kWp 光伏电站接入配电网检测报告评分

任务名称	任务内容	完成情况	分值
某学院楼顶 50kWp 光伏电站接入配电网检测报告	光伏电站基本情况； 测量设备； 无功功率检测； 运行适应性检测； 电能质量检测； 低/高压保护、频率保护和恢复并网检测； 防孤岛保护检测	检测报告完整、描述准确	100
		检测报告基本完整、描述基本准确	70
		检测报告不完整、描述不准确	40

注：视具体完成情况，参照标准适当增减分。

思考与训练

1．简单描述防孤岛保护的检测设备有哪些？它们各有哪些功能和技术参数？
2．光伏电站如何防孤岛效应？
3．光伏电站接入配电网需要做哪些检测？
4．使用 HT I-V400 设备完成光伏组串 I-V 曲线测试。
5．使用 HT PVCHECK 设备完成光伏组件及组串绝缘性能测试。
6．使用功率分析仪完成光伏电站并网点电能质量检测。

3.4　系统运行

3.4.1　某学院楼顶光伏电站的运行

逆变器投入运行前，宜将接入此逆变单元内的所有汇流箱测试完成。

逆变器在投入运行后，汇流箱内组串的投、退顺序应符合下列要求：

1）汇流箱的总开关具备灭弧功能时，其投、退应按下列步骤执行：

① 先投入光伏组件串小开关或熔断器，后投入汇流箱总开关；

② 先退出汇流箱总开关，后退出光伏组件小开关或熔断器。

2）汇流箱总输出采用熔断器，分支回路光伏组件串的开关具备灭弧功能时，其投、退应按下列步骤执行：

① 先投入汇流箱总输出熔断器，后投入光伏组件小开关；

② 先退出箱内所有光伏组件串小开关，后退出汇流箱总输出熔断器。

3）汇流箱总输出和分支回路的光伏组件串均采用熔断器时，则投、退熔断器前，均应将逆变器解列。

1．试运行要求

在试运行之间，应对设备的安装情况进行彻底的检查，应特别检查直流和交流端的电压是否符合逆变器的要求，以及极性、相序是否正确等。

检查系统的连接均已经符合相关标准规范的要求。并且系统已经良好接地，接地电阻对于整个系统安全具有决定意义，因此必须在首次试运行之前确定接地电阻符合要求。

特别需要注意的是，试运行前需要确保交流侧、直流侧所有开关均为断开状态。

2．试运行前的检查

（1）检查光伏阵列

在进行并网之前需要对现场光伏阵列进行检查，检查每一列的开路电压是否符合要求。

确保天气条件稳定，可使用光伏阵列 *I-V* 特性曲线测试仪记录光伏阵列的工作情况，选择在光伏阵列输出稳定的情况下进行试运行。

（2）检查逆变器

步骤 1：检查逆变器的安装和接线情况；

步骤 2：确保交直流断路器都处于断开状态；

步骤 3：确保急停按钮已经放开，并可以正常工作。

（3）检查逆变器电压

1）检查电网电压：检查逆变器的三相是否与电网三相相序连接正确；检查相电压及线电压是否都在预定范围内（如果电网电压偏差过大，则需要调整变压器的传输比），并记录电压值；测量相的 THD（总谐波失真），并查看曲线。若畸变情况很严重，逆变器可能无法运行。

2）检查直流侧电压：直流侧应从汇流箱连接逆变器。确保直流输入极性正确；测量并记录每一路开路电压。每路电压值应几乎相同，并且不超过逆变器允许的最大直流电压值。若电压偏差（在稳定的天气条件下）大于 3%，可能是光伏现场线路故障（某些光伏组串中光伏组件数量有偏差）、电缆损坏或接线松动。

3．开机前准备

当所有项目检查完毕且确认符合要求后进行开机准备。

步骤 1：再次确认电网线电压 $400V_{ac}$；

步骤 2：确保没有人员在对逆变器机柜内外电路进行操作；

步骤 3：将接线时卸下的接线处防护透明板安装到原来位置，然后关好柜体前门，将门锁锁好。

4．试运行

当逆变器连接到电网，工作方式如下：

1）光伏模块激活并开始提供电能；

2）SG50K3 并网逆变器开始给自身的直流母线充电；

3）若直流输入电压超过启动电压，逆变器等待电网的连接；

4）逆变器检查电网条件是否满足；
5）SG50K3 开始向电网提供电能；
6）将逆变器时间调整为当地时间。

5．完成试运行

逆变器并网运行后进行如下测试步骤：

步骤 1：检查逆变器是否存在异常，如噪声过大、发热量过大、出现异常气味或冒烟；

步骤 2：测量逆变器并网电压、电流及 THD 情况是否正常；

步骤 3：检查逆变器外壳接地是否正常；

步骤 4：操作 LCD 控制面板，检查其工作显示是否正常、准确。

SG50K3 并网逆变器试运行过程全部完成，无异常后方可进入日常运行维护过程。

SG50K3 并网逆变器运行过程包括启动与关闭、紧急停机、正常运转等过程。

启动过程：

1）启动机器前，使用万用表检测一下交直流电压是否满足机器启动条件；
2）闭合直流输入侧断路器；
3）闭合电网侧断路器；
4）当满足机器正常运行所需条件时，逆变器会自行启动并进行并网发电；
5）并网逆变器正常运行后，无须人为控制，并具有故障后自动启动和关机功能。

关机过程：

1）当太阳辐照度较低，不足以发电时，并网逆变器自动关机；
2）如需人为关机，必须通过面板上的液晶进行操作。

正常运转：

逆变器一旦正常运转，无须人为干扰控制，只有在维护及故障检修时才能打开柜门，在正常运转时应用钥匙将柜门锁死，钥匙应由专人保管，由专业人员打开柜门。

紧急关机过程：

如果需要紧急关机，在按下紧急停机按钮后，必须首先断开电网侧断路器，在断开直流侧断路器，否则可能导致直流断路器损坏和人身危险。

6．某学院楼顶光伏电站效率计算

并网光伏发电系统的总效率由光伏阵列效率、逆变器效率和交流并网效率三个部分组成。

（1）光伏阵列效率的测试

光伏阵列效率可以表示为

$$\eta = \frac{Q_{直流功率}}{H_{太阳辐射}} \times 100\%$$

式中 η——光伏阵列的效率；

$Q_{直流功率}$——光伏阵列实际直流输出功率（kW/m^2）；

$H_{太阳辐射}$——太阳辐射强度（kW/m^2）。

填写表 3-32。

表 3-32　某学院楼顶光伏电站发电效率

月份	发电效率
1	
2	
3	
4	
5	
6	
7	
8	
9	
10	
11	
12	

某学院楼顶光伏电站在______月中最高发电效率为______，最低发电效率为______，平均发电效率为______，较为稳定，系统运行顺利。光伏阵列的发电效率与其在能量转换和传输过程中的损失相关。这包括了光伏组件匹配损失、表面遮挡损失、不可利用的太阳辐射损失、温度影响造成的损失、最大功率跟踪精度不足造成的损失以及直流线路损失等。

（2）逆变器的转换效率

逆变器的转换效率=逆变器输出的交流功率/直流输入功率，填表 3-33。

表 3-33　逆变器转换效率

日期	逆变器的转换效率

（3）交流并网效率

逆变器交流并网效率是指逆变器输出至高压电网的传输效率，主要取决于升压变压器的效率。

任务实施

完成楼顶光伏电站逆变器的试运行过程，并记录光伏电站发电效率、逆变器转换效率。

任务考核

如表 3-34 所示。

表 3-34 某学院楼顶 50kWp 光伏电站试运行测试报告评分

任务名称	任务内容	完成情况	分值
某学院楼顶 50kWp 光伏电站试运行测试报告	逆变器试运行；光伏电站发电效率、逆变器转换效率测量	设计报告完整、描述准确	100
		设计报告基本完整、描述基本准确	70
		设计报告不完整、描述不准确	40

注：视具体完成情况，参照标准适当增减分。

思考与训练

1. 逆变器试运行过程中有哪些注意事项？
2. 如何准确测量光伏电站发电效率？
3. 光伏电站质量检查有哪些项目？
4. 光伏电站性能测试有哪些项目？
5. 使用 FLUKE 435II 或 HT Solar300N 设备完成并网逆变器转换效率的测量。

3.4.2 系统维护

光伏电站的维护是保证系统能够长期稳定正常运行的关键，包括日常维护和定期维护两部分内容。

3.4.2.1 系统日常维护

对于安装容量不大于 20kW 的光伏发电系统可由用户自行检查。但是对于安装容量大于 20kW 的系统则应由专业人员巡检。巡检内容和指导说明必须在光伏发电系统交付时作为文件交给用户，其内容应包括外观检查和设备内部的检查，特别是大电流密度导线、功率器件等。建议采用红外成像仪对光伏方阵、连接电缆和电气设备进行检查，找出异常发热和故障点。

3.4.2.2 系统定期维护

光伏发电系统应每年一次按照系统设计图样进行接地电阻和绝缘电阻的检查。对系统运行记录分析判断、发现问题、解决问题，并做好记录存档和保管。

光伏发电系统运维管理人员在系统日常维护过程中，除了应具备必要的专业知识外，还应具备高度的责任心。每天认真观察光伏发电系统中计量仪表数据，判断运行情况是否正常，并做好系统运行记录。

光伏发电系统的定期维护一般每月或每半个月进行一次，检查的内容如下（如表 3-35 和表 3-36 所示）。

表 3-35 光伏方阵检查维护

检查内容	检查方法	维护周期
光伏组件表面	目测光伏组件表面清洁情况，如果有积灰，可用干净的掸子进行清扫；如有污垢清扫不掉，可用清水（不能用腐蚀性溶剂）进行擦洗，然后用干净抹布（不能用硬物擦拭）将水迹擦干	视灰尘量多少而定
光伏支架	目测光伏方阵的金属支架有无腐蚀，如有腐蚀，应进行油漆等防腐处理；使用接地电阻测试仪测量光伏支架接地电阻	1～2 月
光伏方阵电性能	用光伏方阵 $I-V$ 测试仪测量光伏阵列光电参数及输出功率	1～2 月
光伏组件封装及连接接头	目测光伏组件有无封装开胶进水、太阳电池片变色及接头松动、脱线、腐蚀等，应及时进行维修或更换	1～2 月

表 3-36 光伏电站设备主要故障及检测方法

设备名称	常见故障	主要检测方法
光伏阵列	光伏组件受光面变色、组件裂纹、电池片栅线氧化或腐蚀、EVA 老化分层、背板材料分层、组件玻璃破损、热斑、组件短路、开路	组件和电池片外观检查、功率测试、红外热成像、电性能测试
汇流箱	通信中断、总汇流断路器老化失效、汇流箱内部短路烧毁、熔断器熔断、汇流箱门板密封条脱离老化、进出线防火封堵失效、接线端子虚接、浪涌保护器失效	外观检查、红外热成像、设备自带监控
并网逆变器	光伏组件串反接、过电压、过电流、过热、浪涌保护器失效、控制电源异常保护、内部线路接地或短路故障、逆变器绝缘电阻降低、逆变器因电网电压和负载波动较大而保护	外观检查、电性能测试、红外热成像、设备自带监控
交流配电柜	熔断器熔断、合闸线圈故障、内部低压电器过热失效、浪涌保护器失效	外观检查、设备自带监控

1）光伏发电系统运行记录。通过了解和分析运行记录，对系统运行状态做出判断，如发现问题，立即进行专业的维护和指导。

2）外观和设备内部情况。包括活动和连接部分、导线（特别是大电流密度的导线）、功率器件、容易锈蚀的地方等。

3）逆变器。定期检查冷却风扇是否正常，电线是否老化、各端子螺钉是否紧固，检查有无过热后留下的痕迹及损坏的器件。每年检查一次逆变器的电能质量和保护功能。

4）光伏方阵。可采用红外热像仪对光伏方阵、线路，找出异常发热点和故障点，并及时解决。

5）绝缘电阻和接地电阻。每年应对照系统设计图样对系统绝缘电阻和接地电阻进行检查。

配电柜的维护：定期清扫配电柜，及时修理更换损坏的部件和仪表；更换和紧固各部件接线端子；对锈蚀箱体要及时清理并做防锈处理。

防雷接地系统的维护：在雷雨季节前对防雷器进行检查，发现防雷模块显示窗口出现红色，应及时更换。

由于环境温度、湿度、灰尘以及振动的影响，逆变器内部的器件会发生老化及磨损等，从而导致逆变器潜在的故障发生。因此，有必要对逆变器实施日常和定期的维护，以保证其正常运转与使用寿命。

逆变器维护需由具备资质的电气工程师进行。在进行维护工作时，不要将螺钉、垫圈等金属件遗留在逆变器内，否则可能损坏设备。

1. 逆变器维护准备工作

1）关断逆变器，如果需要关断前级配电，保证需要接触的部分不带电；

2）切断所有辅助电路的电压；

3）等待至少 18min，待中间电路电容器放电完毕；

4）打开柜门，通过测量输入端子和中间电路端子的电压，确保没有出现危险电压。

2. 逆变器维护工作与周期

推荐的例行维护周期及工作内容如表 3-37 和表 3-38 所示。

表 3-37 逆变器例行维护

检查内容	检查方法	维护周期
保存软件数据	读取数据采集器的数据； 保存运行数据、参数以及日志到文件中； 更新软件	一个月1次
系统大致运行状态及环境	观察逆变器是否有损坏或变形； 听逆变器运行是否有异常声音； 在系统并网运行时，检查各项变量； 检查主要器件是否正常； 检查逆变器外壳发热是否正常，使用热成像仪等监测系统发热情况； 观察进出风是否正常（如果器件不能被有效冷却，将会由于过热而发生故障）； 检查逆变器周围环境的湿度与灰尘、塔筒空气入口过滤器功能是否正常	每半年1次
系统清洁	检查电路板及元器件的清洁情况； 检查散热器温度以及灰尘。如必要，须使用压缩空气并打开风机，对相模块进行清洁； 更换空气过滤网	每半年到1年1次（取决于使用环境的灰尘含量）
功率电路连接	检查功率电缆连接是否松动，按照之前所规定的扭矩再紧固； 检查功率电缆、控制电缆有无损伤，尤其是与金属表面接触的表皮是否有割伤的痕迹； 检查电力电缆接线端子的绝缘包扎带是否已脱落	首次调试之后半年，此后每半年到1年1次
端子、排线连接	检查控制端子螺钉是否松动，用螺钉旋具拧紧； 检查主回路端子是否有接触不良的情况、螺钉位置是否有过热痕迹； 目测检查设备终端等连接以及排线分布	1年1次
冷却风机维护与更换	检查风机叶片等是否有裂纹； 听风机运转时是否有异常振动声； 若风机有异常情况需及时更换	1年1次
断路器维护	对所有金属元件的锈蚀情况做常规检查（每半年）； 接触器年检，保证其机械运转良好； 检查运行参数（特别是电压以及绝缘）	每半年到1年1次
安全功能	检查紧急停机按钮以及LCD的停止功能； 模拟停机，并检查停机信号通信； 检查警告标签，如果有必要及时更换	每半年到1年1次
软件维护	优化软件； 检查各项参数设置	每半年到1年1次

表 3-38 逆变器故障处理

故障类型	产生原因	简单处理	备注
交流过频	电网频率高于52Hz	电网恢复正常后逆变器可自动重新并网运行	若经常发生故障，请检查电网
交流欠频	电网频率低于47Hz	电网恢复正常后逆变器可自动重新并网运行	若经常发生故障，请检查电网
接触器故障	机器内部与电网相连的接触器故障	每小时发生5次以内该故障，逆变器可自动重新并网运行	第6次发生该故障，需要断开交、直流电源，检查模块是否损坏。确认没有问题后再手动重启逆变器或联系逆变器售后服务
模块故障	机器内部故障	可能干扰，每小时发生5次以内该故障，逆变器等待5分钟后会自动重启	第6次发生该故障，需要断开交、直流电源，检查模块是否损坏。确认没有问题后再手动重启逆变器或联系逆变器售后服务
DSP故障	机器内部故障	每小时发生5次以内该故障，逆变器可自动重新并网运行	第6次发生该故障，需要断开交、直流电源，检查模块是否损坏。确认没有问题后再手动重启逆变器或联系逆变器售后服务

任务实施

完成光伏电站的日常维护和定期维护工作，并做好记录。

任务考核

如表 3-39 所示。

表 3-39　某学院楼顶 50kWp 光伏电站维护记录评分

任务名称	任务内容	完成情况	分值
某学院楼顶 50kWp 光伏电站维护记录	光伏方阵维护； 逆变器维护； 防雷接地系统维护； 配电柜的维护	记录内容完整、描述准确	100
		记录内容基本完整、描述基本准确	70
		记录内容不完整、描述不准确	40

注：视具体完成情况，参照标准适当增减分。

思考与训练

1. 简述光伏电站维护的工作内容和意义。
2. 光伏电站的运行指标有哪些？
3. 使用红外热像仪完成光伏组件热斑测试。

项目 4　顺德某医院 BIPV 并网光伏发电系统的设计与施工

4.1　项目规划

任务目标：

完成 BIPV 并网光伏发电系统规划工作，内容包括 BIPV 技术要求、系统技术方案选择、系统部件选型、发电量估算以及经济效益评估等。

任务描述：

顺德某医院光伏发电项目由顺德中山大学太阳能研究院负责光伏发电系统的设计，包括光伏系统布置、光伏组件布置设计、光伏组件串接线和线槽布置设计、逆变器安装设计等。系统并网接入设计则由广东省顺德市电力设计院承担，包括配电室设备布置设计和监控系统设计。系统光伏组件支架结构设计由顺德建筑设计院协助设计，如图 4-1 所示。

作为光伏专业的学生，请对该系统的规划设计方案进行复核，并给出自己的建议和意见。

图 4-1　顺德某医院 BIPV 光伏发电系统

BIPV 并网光伏发电系统规划

该项目位于佛山市顺德区（东经 112°55′，北纬 23°17′），项目所在地的太阳能资源较为丰富，年日照小时数平均值为 1718 小时，根据当地气象部门提供的太阳能辐射量信息可知，每年水平面上的辐射量为 1344.95kWh/m^2。

作为典型的 BIPV 系统，在项目规划设计时应考虑以下几个方面内容。

1）BIPV 系统的开发利用应综合考虑当地新能源的发展规划、电力部门并网基础设施、区域电网消纳电量的能力等因素。

2）BIPV 规划设计应根据建设地点的地理位置、气候特征及太阳能资源条件，确定光伏系统阵列的布局、朝向、间距、群体组合和空间环境。安装光伏系统的建筑，主要朝向宜为南向或接近南向。

3）光伏构件在建筑群体中的安装位置应合理规划，光伏构件周围的环境设施与绿化种植不应对投射到光伏组件上的阳光形成遮挡。这里光伏构件是指工厂模块化预制的，具备光伏发电功能的建筑材料或建筑构件，包括建材型光伏构件和普通型光伏构件。

4）对光伏构件可能造成光反射的情况应进行预测，对可能造成的光污染应采取相应的措施。光伏组件的表面质地、BIVP 系统的安装、太阳位置以及直接辐射强度等因素共同决定了 BIPV 系统向其他建筑物的反射光强弱（当光伏组件作为南立面墙的幕墙或屋顶天窗时，就会对光伏组件的颜色和反光性提出要求）。

5）安装光伏系统的建筑不应降低相邻建筑或建筑本身的建筑日照标准。

6）建筑之间产生的阴影受到建筑密度和建筑高度等多种因素影响。在城市中心高密度建筑区域，建筑之间的距离受到限制，阴影会长时间存在，应避免这些区域安装 BIPV 系统，尤其是光伏幕墙。因为光伏幕墙比较容易受阴影影响，需要比屋顶 BIPV 系统更多的空间。

7）要避免绿化种植，尤其是树木，产生的阴影对 BIPV 系统的影响。在 BIPV 规划设计时，可考虑将树种在建筑的北面（针对北半球 BIPV 系统），或者种植比较低矮的树，树的极限高度小于建筑屋顶高度，同时对树木定期进行修剪，尤其是在树木生长旺盛的夏季。

1．BIPV 的技术要求

BIPV（光伏建筑一体化）是在建筑上安装光伏系统，并通过专门设计，实现光伏系统和建筑的良好结合。因此，BIPV 使用的光伏构件与普通光伏组件不同，其类型、安装位置、安装方式和色泽的选择，应结合建筑功能、建筑外观以及周围环境条件进行，并与建筑外观相协调。《太阳能光伏发电系统与建筑一体化技术规程》CECS 418:2015 对 BIPV 系统做了技术要求方面的规定。

光伏构件的性能指标应满足国家现行有关标准的要求。国际上通用的光伏构件的质量及安全标准是 IEC 61215《地面用晶体硅光伏组件设计鉴定和定型》和 IEC 61730《光伏(PV)组件安全鉴定》。各国都有一定的特殊要求，一般要求光伏构件应获得国家认可的认证证书。此外，光伏构件还应满足一些应用上的特殊要求，例如光伏玻璃幕墙应符合《建筑幕墙》GB/T 21086 的性能要求。

为了保证建材型光伏构件的经济性，允许光伏构件的尺寸与同类建材有所不同，但是要保证其与建筑模数相统一，确保建筑的美观性。因此，建材型光伏构件应符合建筑模数协调要求，其模数与标称尺寸应符合现行国家标准《建筑模数协调标准》GB/T 50002，《厂房建筑模数协调标准》GB/T 50006 和《住宅建筑模数协调标准》GB/T 50100 的有关规定。

为了保证 BIPV 系统的设计寿命和可靠性，光伏构件的吸水率、抗弯曲强度、燃烧性能、使用寿命应满足表 4-1 要求。

表 4-1　光伏构件的性能指标要求

项目	指标	实验方法
吸水率/%	≤0.5	按现行国家标准《烧结瓦》GB/T 21149 的相关规定执行
抗弯曲强度（*N*）	≥2000	按现行国家标准《烧结瓦》GB/T 21149 的相关规定执行
燃烧性能	≥B1 级	按现行国家标准《建筑材料及制品燃烧性能分级》GB 8624 的有关规定执行
使用寿命	≥25 年	

吸水率的要求是考虑到太阳电池不能直接暴露在空气环境中，吸水率太高，容易导致太阳电池吸水从而降低太阳电池的使用寿命，也容易使建筑材料因吸水而在寒冷天气结冰膨胀缩短建材的使用寿命。

设定抗弯曲强度是保证材料在运输、搬运、安装和外力作用下，减少损耗的手段，可以提高光伏系统的可靠性。

对燃烧性能的规定是保证建筑安全的手段，因为光伏构件既是建筑材料，也是光伏发电器材，容易发热。

光伏构件的使用寿命是其选型时的重要指标，是 BIPV 系统使用寿命的保证。不同的气候环境对各种材料的寿命有一定的影响。

2．BIPV 系统部件选型

顺德某医院 BIPV 光伏发电系统主要由光伏组件、汇流箱、直流配电柜、逆变器、交流配电柜和监控系统组成，如图 4-2 所示。

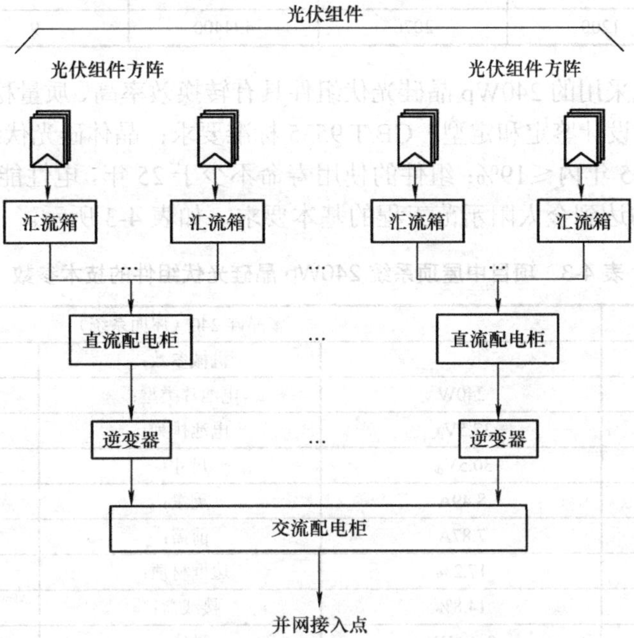

图 4-2　顺德某医院光伏发电系统构成图

BIPV 系统中光伏方阵的选择应符合下列规定：

1）光伏组件的类型、规格、数量、安装位置、安装方式和可安装场地面积应根据建筑设计及其电力负荷确定；

2）应根据光伏组件规格及安装面积确定光伏系统最大装机容量；

3）应根据并网逆变器的额定直流电压、最大功率跟踪控制范围、光伏组件的最大输出工作电压及其温度系数，确定光伏组件的串联数（简称为光伏组件串）；

4）应根据总装机容量以及光伏组件串的容量确定光伏组件串的并联数。

根据以上规定，本项目设计光伏方阵的总功率为 2.05MWp，共使用 44Wp 光伏组件 7933 块，240Wp 光伏组件 2076 块，具体配置如表 4-2 所示。

表 4-2　顺德某医院光伏发电项目具体布置

系统名称	组件功率/W	组件数量/块	接入功率/W	汇流箱数量	逆变器数量
1#楼立面	44	1020	44880	1	3
2#楼立面	44	4080	175120	4	12
3#楼立面	44	2820	118360	3	9
5#楼立面	44	464	20416	1	2
6#楼立面	44	833	35156	1	3
7#楼立面	44	645	26400	1	2
总　　计	264	9862	420332	11	31
1#楼屋顶	240	588	139200	3	1
3#楼屋顶	240	600	144000	3	
5#楼屋顶	240	240	57600		
6#楼屋顶	240	324	76800	1	
7#楼屋顶	240	324	76800	1	
总　　计	1200	2076	494400	9	

项目中屋顶系统采用的 240Wp 晶硅光伏组件具有转换效率高、质量稳定的特点，符合《地面用晶体硅光伏组件设计鉴定和定型》GB/T 9535 标准要求；晶体硅光伏组件衰减率 2 年内≤2%、10 年内≤9%、25 年内≤19%；组件的使用寿命不少于 25 年，电性能也能满足 IEC 61215 的要求，其他性能均达到金太阳示范工程的基本要求，如表 4-3 所示。

表 4-3　项目中屋顶系统 240Wp 晶硅光伏组件的技术参数

型号（STC）	多晶硅 240（屋面系统）		
电气参数：		机械参数：	
最大功率：	240W	电池片类型：	多晶 156×156
开路电压：	$37.5V_{dc}$	电池排列：	60（6×10）
最大工作电压：	$30.5V_{dc}$	尺寸：	1640mm×992mm×40mm
短路电流：	8.49A	重量：	21.0kg
最大工作电流：	7.87A	前盖：	钢化玻璃
电池转换效率：	17.2%	边框材质：	阳极氧化铝
组件转换效率：	14.8%	接线盒：	防护等级 IP67
功率功差：	0～+5W	导线：	$4mm^2$/12AWG，900mm
最大系统电压：	$1000V_{dc}$	最大系统电压：	$1000V_{dc}$
串联最大熔丝电流：	15A	连接器：	MC4
工作温度：	−40～+85℃	每个集装箱组件数：	650 片

项目中立面系统采用单晶硅双面夹胶玻璃组件，组件功率为 44Wp，电气参数如表 4-4 所示。

表 4-4　项目中立面系统采用单晶硅双面夹胶玻璃组件的技术参数

型号（STC）	双玻夹胶单晶硅组件 44W（立面系统）		
电气参数：		机械参数：	
最大功率：	44W	电池片类型：	单晶绒面蓝 125×125
开路电压：	$9.92V_{dc}$	电池排列：	16（2×8）
最大工作电压：	$8.24V_{dc}$	尺寸：	1290mm×350mm×20mm

（续）

型号（STC）	双玻夹胶单晶硅组件 44W（立面系统）		
短路电流：	5.64A	重量：	23.0kg
最大工作电流：	5.34A	侧面结构：	8mm 超白钢化+0.76mmPVB+单晶电池片+0.76mm PVB+10mm 普通钢化
电池转换效率：	17.6%		
组件转换效率：	9.67%		
功率功差：	0～+5W	接线盒：	防护等级 IP67
最大系统电压：	1000V_{dc}	导线：	4mm^2/12AWG，900mm
串联最大熔丝电流：	15A	最大系统电压：	1000V_{dc}
工作温度：	−40～+85℃	连接器：	MC4

BIPV 系统中的逆变器的总额定容量应根据光伏发电系统装机容量确定。独立光伏系统逆变器的总额定容量应根据交流侧负荷最大功率及负荷性质确定。并网逆变器的数量应根据光伏发电系统装机容量以及单台并网逆变器额定容量确定。并网逆变器的选择还应符合下列规定：

1）并网逆变器应具备自动运行和停止功能、最大功率跟踪控制功能和防止孤岛效应功能；

2）逆流型并网逆变器应具备自动电压调整功能；

3）不带工频隔离变压器的并网逆变器应具备直流检测功能；

4）无隔离变压器的并网逆变器应具备直流接地检测功能；

5）并网逆变器应具有并网保护装置，并应与电力系统具备相同的电压、相数、相位、频率及接线方式；

6）并网逆变器应满足电能转换效率高、待机电能损失小、噪声小、谐波少、寿命长、可靠性高及起、停平稳等功能要求。

本项目中选用的逆变器产品类型普遍齐全，应用方式灵活多变，外观设计也充满时代感，能充分满足电力系统性能、可靠性和审美观的需求，其产品在性能方面也不逊于进口产品，具有良好性价比，具体参数如表 4-5 所示。

表 4-5　项目中采用的逆变器技术参数

逆变器规格：	250kW	15kW	12kW	10kW
最大直流电压 Vmax：	900V_{dc}	1000V_{dc}	1000V_{dc}	1000V_{dc}
MPPT 跟踪电压：	450～820V_{dc}	380～800V_{dc}	330～820V_{dc}	250～800V_{dc}
直流输入功率：	275kWp	15.8kWp	12.8kWp	12.8kWp
直流输入最大电流：	600A	20A	20A	20A
交流输出功率：	250kW	15kW	12kW	10kW
额定电网电压：	400V_{ac}	400V_{ac}	400V_{ac}	400V_{ac}
允许电网电压：	310～450V_{ac}	310～450V_{ac}	310～450V_{ac}	310～450V_{ac}
允许电网频率：	50Hz/60Hz	50Hz/60Hz	50Hz/60Hz	50Hz/60Hz
功率因数：	≥0.99	≥0.99	≥0.99	≥0.99
最大效率：	97.4%	98%	98%	98%
欧洲效率：	95.4%	97.3%	97.2%	97.2%
防护等级：	IP20 室内	IP65	IP65	IP65
允许环境温度：	−20～+55℃	−25～+60℃	−25～+60℃	−25～+60℃
标准通信方式：	RS485	RS485	RS485	RS485
可选通信方式：	以太网/GPRS	以太网/GPRS	以太网/GPRS	以太网/GPRS
逆变器尺寸/mm：	800×2160×1800	648×695×232	648×695×232	646×695×232
重量：	2000kg	50kg	50kg	50kg

本项目中屋顶系统选用常规 250kW 带隔离变压器型并网逆变器，其拓扑结构如图 4-3 所示，立面系统则选用 10kW、12kW 和 15kW 组串式并网逆变器，其拓扑结构如图 4-4 所示。

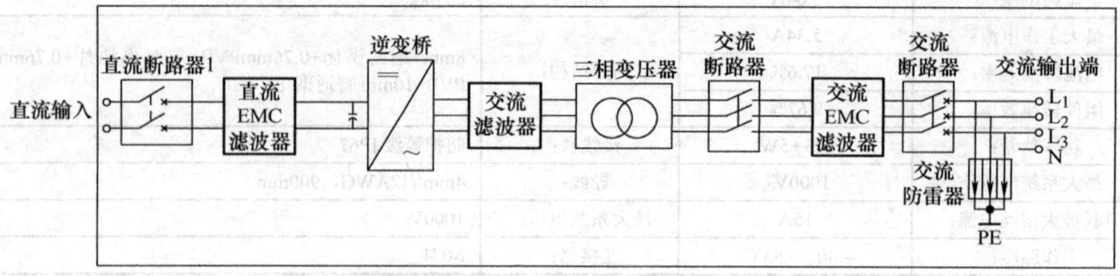

图 4-3　逆变器（250kW）拓扑结构图

BIPV 系统中光伏汇流箱的设置应符合下列规定：

1）汇流箱内应设置汇流铜母排；

2）每一个光伏组件串应分别由线缆引至汇流母排，在母排前应分别设置直流分开关，并宜设置直流主开关；

3）汇流箱的输入回路宜具有防逆流及过流保护；

4）汇流箱的输出回路应具有隔离保护措施；

5）汇流箱内应设置防雷保护装置及监控装置；

6）汇流箱的设置位置应便于操作和检修，并宜选择室内干燥的场所，设置在室外的光伏接线箱要具有可靠防止雨水向内渗漏的结构设计，采取防水、防腐措施，其防护等级不应低于 IP65。

本项目中使用的光伏阵列防雷汇流箱已广泛应用于光伏发电项目，符合 JB/T9666 国家标准及国际标准，防护等级不低于 IP65。内部电气开关、直流断路器、直流防雷模块（光伏专用防雷器）等皆选用名优品牌产品，除了能满足光伏组件直流汇流的需要，还具备防雷功能，具有极高的性价比，其特点如下：

1）同时满足多路光伏组件正负独立输入；

2）接入光伏组件串最大直流开路电压 1000V；

3）直流防雷模块，正负极之间和对地之间相互有效防雷；

4）防雷模块中光伏专用防雷器，额定电流≥15kA，最大电流≥30kA；

5）每路光伏组件都有熔断器保护，耐受电流 12A，耐压 1000V。

交流防雷配电柜和内部器件的安装，委托专业电器成套设备公司制造，全部采用厚度不小于 1.5mm 的冷轧钢板制作，外形美观，并做防腐处理，防护等级不低于 IP20，柜内电气元件采用国际知名品牌产品，使电气控制柜具备防雷接地、电能计量、隔离、通信、防逆流和过载保护等功能。交直流防雷配电柜内有接地保护、断路器、接触器和各种电表等模块。

交流配电单元：额定频率 50Hz，额定交流电压 0.4kV，三相四线制 3 路输入回路。

BIPV 系统设计应包括通信与计量系统，以确保工程实施的可行性、安全性和可靠性。通信与电能计量装置应符合下列规定：

1）光伏系统自动控制、通信和电能计量装置应根据当地公共电网条件和供电机构的要求配置，并应与光伏系统工程同时设计、同时建设、同时验收、同时投入使用；

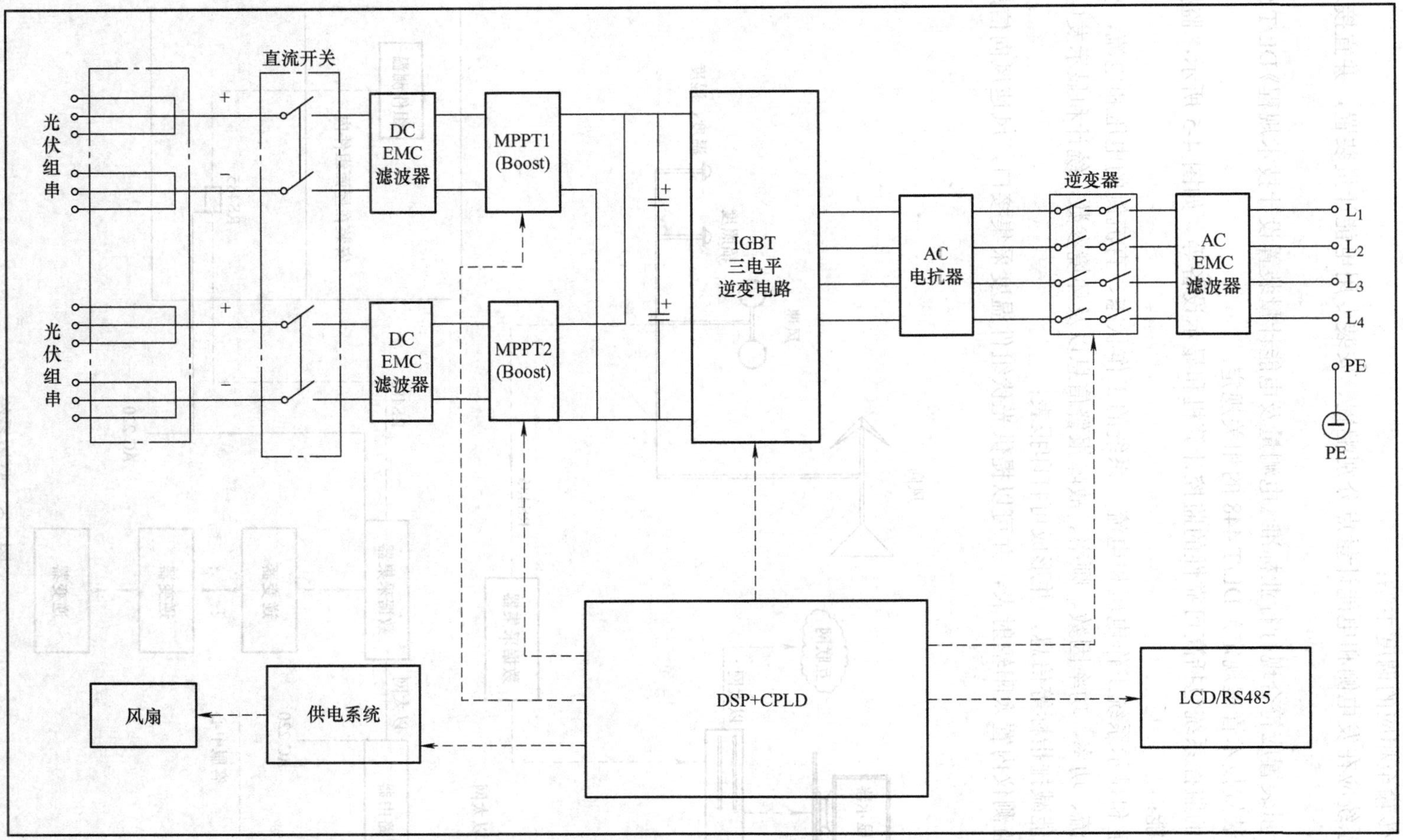

图 4-4 逆变器（10kW、12kW、15kW）拓扑结构图

2）光伏系统宜配置相应的自动化终端设备，以采集光伏系统装置及并网线路的遥测、遥信数据，并传输至相应的调度主站；

3）光伏系统应在发电侧和电能计量点分别配置、安装专用电能计量装置，并宜接入自动化终端设备；

4）电能计量装置应符合现行行业标准《电测量及电能计量装置设计技术规程》DL/T 5137 和《电能计量装置技术管理规定》DL/T 448 的相关规定。

本项目中的监控系统包括高可靠性的监控计算机和显示设备等。如图 4-5 所示，监控系统具有以下功能：

1）可测量和显示系统工作电压和电流、系统的工作状态、直流侧的电压和电流，交流输出电压和电流、功率、功率因数、频率、故障报警信息以及环境参数，统计和显示发电量、总发电量、节能减排指标等信息，并形成可打印报表；

2）环境监测仪内置太阳辐射表，并可以提供光伏组件温度采集接口，风速风向信息采集接口；

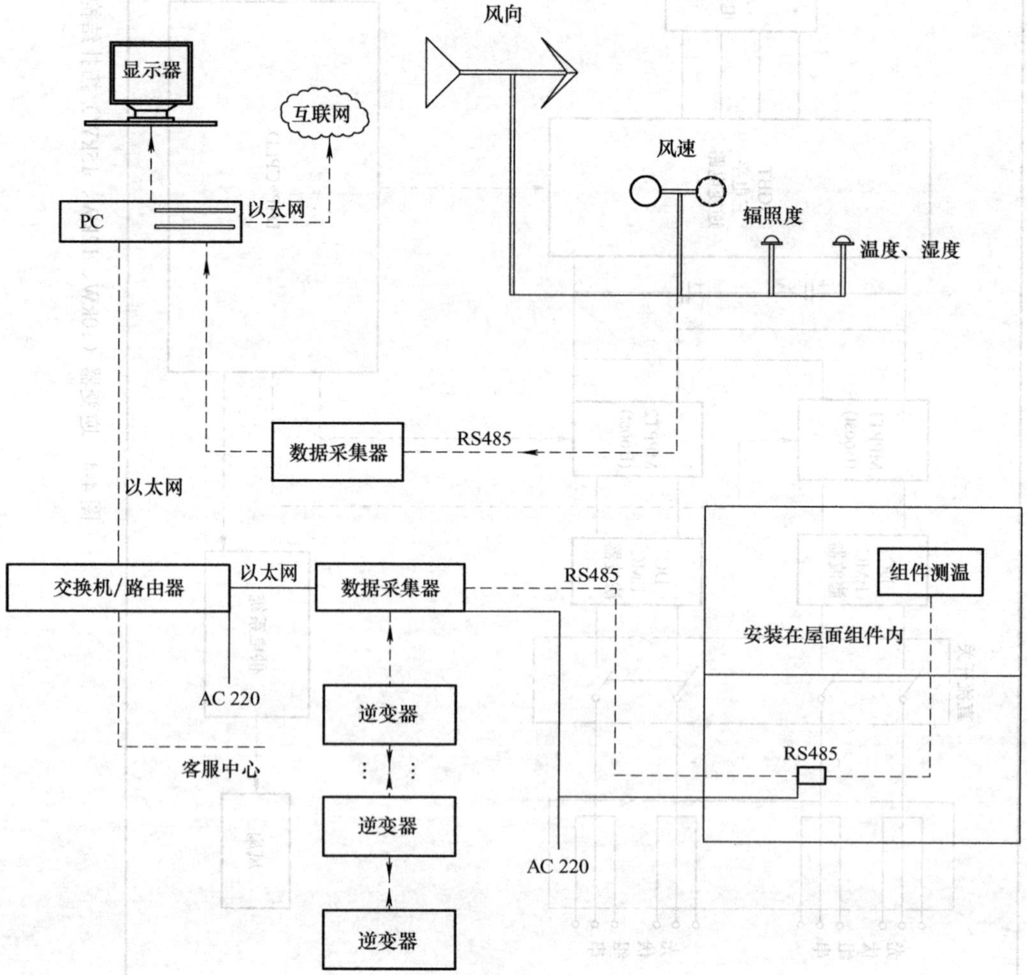

图 4-5　监控系统

3）系统具有数据存储查询功能，能够记录5年以上数据，可方便的归档查询；

4）系统具有开放的通信协议、标准通信接口，能实现实时通信，进行集中监控并实现故障自动记录、用电评价指标的记录计算；

5）系统具有以太网接口，通过计算机网络，在全球的任何一个地方都可以实现对系统的实时监测控制。

3．BIPV 系统发电功率的估算

光伏组件的倾角和方位角的唯一决定了光伏组件的朝向。光伏组件的方位角是指光伏组件向阳面的法线在水平面上的投影与正南方向的夹角。水平面内正南方向为0°，向西为正，向东为负。

不同朝向的光伏阵列的发电量不同，如图4-6所示，以广州为例。假定按照光伏阵列全年发电量最大（光伏阵列正南朝向，倾角19°）为100，当光伏阵列朝向为正东、正西以及朝南偏东和偏西45，同时光伏阵列倾角为0°、19°、90°布置时，光伏阵列全年发电量均有不同程度的减少。不同朝向安装的太阳电池的发电量：假定向南倾斜纬度角安装的太阳电池发电量为100；其他朝向全年发电量均有不同程度的减少。需要注意的是，该图中各面的百分比仅仅是对于某个特定地点的示意图，其他地点由于纬度和直射辐射量与散射辐射量比例的不同，不同方位各种倾角光伏方阵面上的太阳辐射量百分比也不会一样，发电量自然也随之不同。因此，这个示意图只能作为参考，不能实际应用。

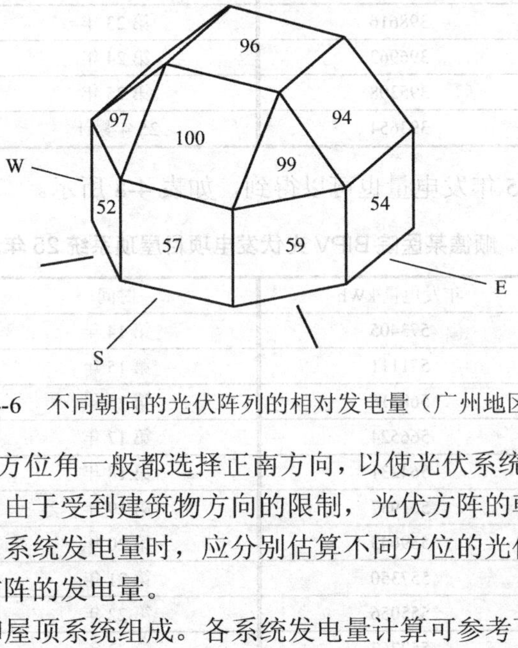

图4-6　不同朝向的光伏阵列的相对发电量（广州地区）

在我国，光伏组件的方位角一般都选择正南方向，以使光伏系统单位容量的发电量最大。但对于BIPV系统而言，由于受到建筑物方向的限制，光伏方阵的朝向往往不能全部朝向正南，因此，在估算BIPV系统发电量时，应分别估算不同方位的光伏组件形成子方阵的发电量，然后再求整个光伏方阵的发电量。

本项目由立面系统和屋顶系统组成。各系统发电量计算可参考下式：

$$Q=P\times R\times \eta_s/R_o$$

式中　Q——发电量（kWh）；

P——系统直流总功率（kW）；

η_s——光伏系统发电效率，如表4-6所示；

R_o——标准日照辐射强度（1kW/m^2）。

表 4-6 项目发电效率系数

名称/系数	K_1	K_2	K_3	K_4	K_5	$\eta_s=K_1\times K_2\times K_3\times K_4\times K_5$
BIPV 发电量	0.96	0.94	0.95	0.98	0.97	81%
电站发电量	0.96	0.93	0.95	0.98	0.95	97%

注：K_1——太阳电池运行性能修正系数；K_2——灰尘引起光伏组件透明度的性能修正系数；K_3——太阳电池升温导致功率下降修正系数；K_4——导电损耗修正系数；K_5——逆变器效率。

由此，可得到本项目立面系统 25 年发电量，如表 4-7 所示。

表 4-7 顺德某医院 BIPV 光伏发电项目立面系统 25 年发电量

时间	年发电量/kWh	时间	年发电量/kWh
第 1 年	413502	第 14 年	392000
第 2 年	411848	第 15 年	390346
第 3 年	410194	第 16 年	388692
第 4 年	408540	第 17 年	387038
第 5 年	406886	第 18 年	385384
第 6 年	405232	第 19 年	383730
第 7 年	403578	第 20 年	382076
第 8 年	401924	第 21 年	380422
第 9 年	400270	第 22 年	378768
第 10 年	398616	第 23 年	377114
第 11 年	396962	第 24 年	375460
第 12 年	395308	第 25 年	373806
第 13 年	393654	25 年累计	9841348

本项目屋顶系统的 25 年发电量也可以得到，如表 4-8 所示。

表 4-8 顺德某医院 BIPV 光伏发电项目屋顶系统 25 年发电量

时间	年发电量/kWh	时间	年发电量/kWh
第 1 年	573405	第 14 年	543588
第 2 年	571111	第 15 年	541294
第 3 年	568818	第 16 年	539001
第 4 年	566524	第 17 年	536707
第 5 年	564231	第 18 年	534413
第 6 年	561937	第 19 年	532120
第 7 年	559643	第 20 年	529826
第 8 年	557350	第 21 年	527533
第 9 年	555056	第 22 年	525239
第 10 年	552762	第 23 年	522945
第 11 年	550469	第 24 年	520652
第 12 年	548175	第 25 年	518358
第 13 年	545882	25 年累计	13647040

4．BIPV 的效益

BIPV 系统的效益包括经济效益的和环境效益。BIPV 光伏发电系统经济效益分析是一个很复杂的问题，它需要考虑系统造价及在整个寿命期间的运行维护费用。BIPV 系统造价属于初始投资成本，包括设备部件价格和规划、设计等投资费用，可以较准确的预测。但是，对于 BIPV 系统和一些设备部件的寿命则较难预测，运行维护费用很难准确估算。运行费用包括人员工资、定期维护、间或有之的必要的检修及其他可能的税收、保险金等。

BIPV 光伏发电系统的经济效益主要体现在：

（1）由于光伏系统与建筑一体化，省去了地皮规划，地皮、地表整顿，基建等费用；

（2）建材型光伏构件的使用可节省建筑装饰材料（玻璃幕墙）等。

BIPV 系统的环境效益体现在光伏发电的绿色清洁、温室气体及污染物的零排放上。

经计算，本项目预计第 1 年发电量为 98.7 万千瓦时，第一年可节约标准煤约 328.6 吨，减排二氧化碳约 854.5 吨，减排二氧化硫约 9.2 吨，减排氮氧化物约 2.3 吨，减少烟尘排放量约 0.5 吨。本项目预计 25 年发电总量为 2348.8 万千瓦时，25 年合计可节约标准煤共计 7821.7 吨，减排二氧化碳约 20336.2 吨，减排二氧化硫约 219 吨，减排氮氧化物约 54.7 吨，减少烟尘排放量约 11.7 吨。

任务实施

1）根据顺德某医院光伏电站项目设备规格，查找具体设备生产厂家和产品型号，并填写表 4-9。

表 4-9 顺德某医院光伏电站项目设备规格表

序号	名称及规格	单位	数量
1			
2			
3			
4			
5			
6			

2）完成顺德某医院光伏电站项目设备选型报告，用 AutoCAD 软件绘制光伏发电系统结构图，并详细描述所选设备的作用、选型依据等内容。

任务考核

如表 4-10 所示。

表 4-10 顺德某医院光伏电站项目规划报告赋分标准

任务名称	任务内容	完成情况	分值
顺德某医院光伏电站项目规划报告	并网光伏发电系统结构的选择分析报告； 太阳资源分析报告； 发电量的预测报告	报告完整、数据准确	100
		报告基本完整、数据基本准确	70
		报告不完整、数据不准确	40

注：视具体完成情况，参照标准适当增减分。

思考与训练

1. BIPV 应用的一体化形式有哪些？

2. 哪种类型的光伏组件在弱光下具有较好发电特性？

3. 在北半球，为了避免树木对建筑上的 BIPV 系统产生遮挡，应当将树木种植在建筑什么方位？

4. BIPV 系统的发电量的影响因素有哪些？

5. 光伏瓦属于建材一体型光伏组件吗？

6. 在屋顶安装光伏系统时，系统与屋顶之间应留有多大的空隙，用以通风和散热？

7. 可以采用哪些方法解决 BIPV 系统的阴影遮挡问题？

8. 哪种类型的光伏组件具有透明或半透明效果？

4.2 项目设计

光伏发电系统以何种方式集成在建筑物上，不光需要有技术性能方面的考虑，还需要美学、建筑质量等方面的考量，这给 BIPV 系统设计带来很大的挑战。一个集成度很好的项目，其评价标准较高，其建筑质量要达到高的标准，同时建筑本身的质量以及光伏发电系统的技术性能也需要满足要求。

1）自然集成：即光伏系统成为建筑物不可分割的一部分。

2）建筑物令人满意：光伏发电系统是否给设计增加了一些吸引眼球的特色。

3）组成结构完善：光伏组件的颜色和质地需要与其他润色材料相一致。在大多数情况下，光伏系统是按一定方式生产的。例如，用无边框组件取代有边框组件，或采用特别设计的光伏组件以获得合适的颜色、透明度、形状以及质地。

4）栅格、融合以及组成：光伏系统的尺寸要与建筑物的尺寸以及建筑物上的栅格相匹配。

5）整体融合：建筑的整体外表应与光伏系统相融合，并与建筑物整体相一致。在具有历史意义的建筑物上，倾斜型光伏发电系统比大尺寸光伏组件更耐看。而高科技建筑更适合采用高科技光伏发电系统。

6）工程质量良好：这不仅涉及建筑的防水、可靠性，还包括细节的完美，需要设计者的深思熟虑，以达到更好的效果。

7）设计创新：将光伏发电技术的创新思维融入 BIPV 设计中，增加建筑物的价值。

4.2.1 BIPV 阵列设计

BIPV 阵列设计的内容主要是光伏组串组合方式设计，包括光伏组件的串联数范围计算和光伏组串的并联数计算。

根据项目 1 的相关内容，光伏组件串联数范围取决于 3 个条件：

1）光伏组串最大开路电压不应超过逆变器允许的最大直流输入电压；

2）光伏组串的工作电压应处于逆变器 MPPT 电压中间范围内；

3）结合光伏组件的排布、汇流、安装条件等因素，合理选择组件串联数。计算过程中需要求光伏组件电压温度系数的影响。

光伏组串的并联数可根据逆变器额定容量及光伏组串的功率确定。

为获得更多的太阳能，光伏方阵的布置应尽可能地朝向太阳光入射的方向，如建筑的南面、西南、东南面等。这里我们只给出 1#楼造型架顶光伏组件平面布置图，如图 4-7 所示。

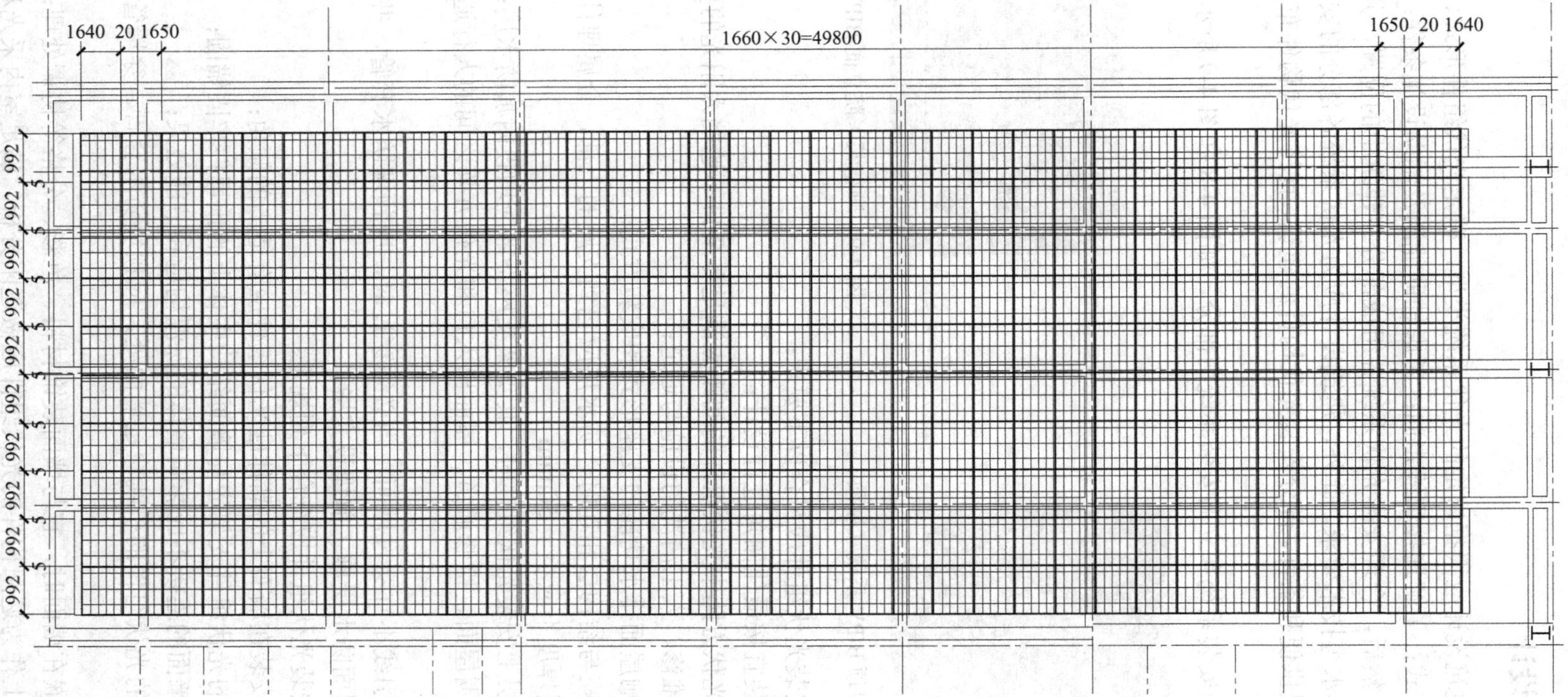

图4-7　1#楼造型架顶光伏组件平面布置图

图例　250W 多晶硅光伏组件（1640×992×35）

说明：该屋顶造型架共布置光伏组件 340 块，功率为 85kWp；1＃楼共有 3 个同样的屋顶造型架，总功率为 255kWp。

4.2.2 BIPV建筑设计

1）BIPV系统建筑设计应根据选定的光伏系统类型，确定光伏组件形式、安装面积、尺寸大小、安装位置方式；了解连接管线走向；考虑辅助能源及辅助设施条件；明确光伏系统各部分的相对关系。然后，合理安排光伏系统各组成部分在建筑中的位置，并应满足其所在部位的建筑防水、排水等技术要求。此外，建筑设计应为光伏系统各部分的安全检修、更新、光伏构件表面清洗提供便利条件。部分安装光伏构件的建筑，宜将光伏构件布置在人工清洁、清雪方便的位置为宜。

该项目包括屋顶安装系统和立面安装系统两部分，如图4-8和图4-9所示。

图4-8 顺德某医院屋顶BIPV系统（屋顶）

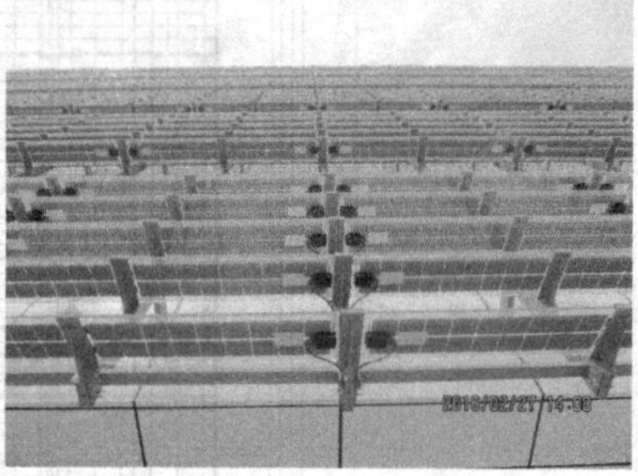

图4-9 顺德某医院立面BIPV系统（立面）

对于平屋面上安装光伏组件应符合以下要求：

① 光伏组件安装宜按最佳倾角进行设计；

② 支架安装型光伏方阵中光伏组件的间距应满足冬至日不遮挡太阳光的要求；

③ 应考虑设置维修、人工清洗的设施与通道；

④ 应选择不影响屋面排水功能的支座形式和安装方式；

⑤ 光伏组件支座与结构层相连时，防水层应包到支座的上部，金属埋件与螺栓宜采用混凝土防护，防护层厚度不应小于50mm；

⑥ 在屋面防水层上安装光伏组件时，其支架支座下部应增设附加防水层；

⑦ 光伏组件周围屋面、检修通道、屋面出入口和光伏方阵之间的人行通道上部应铺设屋面保护层；

⑧ 光伏组件的引线不宜穿过屋面，当必须穿过时，应预埋防水套管，并做防水密封处理。防水套管应在屋面防水层施工前埋设完毕。

而对于墙面上安装光伏组件应符合下列规定：

① 低纬度地区安装在墙面上的晶体硅光伏组件应有适当的倾角；

② 安装在墙面的光伏组件支架应与墙面结构主体上的预埋件牢固锚固；

③ 光伏组件与墙面的连接不应影响墙体的保温构造和节能效果；

④ 设置在墙面的光伏组件的引线穿过墙面处，应预埋防水套管。穿墙管线不宜设在结构柱处；

⑤ 光伏组件镶嵌在墙面时，宜与墙面装饰材料、色彩、分格等协调处理；

⑥ 安装在墙面上作为遮阳构件的光伏组件应做遮阳分析，满足室内采光和日照的要求。

⑦ 应采取保护人身安全的防护设施。

2）建筑体形及空间组合应为光伏构件接收更多的太阳光照射面积创造条件。光伏组件安装在建筑屋面、墙面或其他部分，不应有任何障碍物遮挡太阳光。一些建筑为了增大采光面积，建筑平面往往凹凸不规则，容易造成建筑自身对太阳光的遮挡。此外，对于建筑体型为 L 型、凹形的平面，也需避免自身的遮挡。光伏组件的安装位置宜满足冬至日全天有 3h 以上日照时数的要求。

3）BIPV 光伏构件不应对建筑形体完整构成破坏。直接采用光伏组件作为光伏构件，光伏组件不应跨越建筑变形缝设置，光伏组件的安装不应影响所在建筑部位的雨水排放。

4）光伏系统在屋面的布局应不影响建筑消防设施的安全运行。

5）建筑设计应满足光伏构件的散热要求，通过插件、支撑件的合理布置形成通风散热通道。

4.2.3 BIPV 结构设计

BIPV 结构设计应与工艺和建筑专业配合，合理确定光伏系统各组成部分在建筑中的位置。

在新建建筑上安装光伏系统，应考虑其传递的荷载效应。

在既有建筑上增设光伏系统，应对既有建筑的结构设计、结构材料、耐久性、安装部位的构造及强度进行复核验算，并应满足建筑结构及其他相应的安全性能要求。

支架、支撑金属件及其连接节点，应具有承受系统自重、风荷载、雪荷载、检修荷载和地震作用的能力。

对光伏系统的支架和连接件的结构设计应符合下列规定：

1）当非抗震设计时，应计算系统自重、风荷载和雪荷载作用效应；

2）当抗震设计时，应计算系统自重、风荷载、雪荷载和地震作用效应。

应考虑风压变化对光伏组件及其支架的影响。光伏组件或方阵宜安装在风压较小的位置。

蓄电池、并网逆变器等较重的设备和部件宜安装在承载能力大的结构构件上，并应进行构件的强度与变形验算。

当选用建材型光伏构件时，应向产品生产厂家确认相关结构性能指标，并应满足建筑物使用期间对产品的结构性能要求。

光伏组件或方阵的支架，应由埋设在钢筋混凝土基座中的钢制热浸镀锌连接件或不锈钢地脚螺栓固定。钢筋混凝土基座的主筋应锚固在主体结构内；当不能与主体结构锚固时，应设置支架基座。应采取提高支架基座与主体结构间附着力的措施，满足风荷载、雪荷载与地震荷载作用的要求。

连接件与基座的锚固承载力设计值应大于连接件本身的承载力设计值。

支架基座设计应进行抗滑移和抗倾覆等稳定性验算。

当光伏方阵与主体结构采用后加锚栓连接时，应符合下列规定：

1）锚栓产品应有出厂合格证；

2）碳素钢锚栓应经过防腐处理；

3）应进行锚栓承载力现场试验，必要时应进行极限拉拔试验；

4）每个连接节点不应少于两个锚栓；

5）锚栓直径应通过承载力计算确定，并不应小于10mm；

6）不宜在化学锚栓接触的连接件上进行焊接操作；

7）锚栓承载力设计值不应大于其选用材料极限承载力的 50%；

8）在地震设防区必须使用抗震适用锚栓；

9）应符合现行行业标准《混凝土结构后锚固技术规程》JGJ 145 的相关规定。

安装光伏系统的预埋件设计使用年限应与主体结构相同。

支架、支撑金属件和其他的安装材料，应根据光伏系统设定的使用寿命选择相应的耐候性能材料并应采取适宜的维护保养措施。

受盐雾影响的安装区域和场所，应选择符合使用环境的材料及部件作为支撑结构，并应采取相应的防护措施。

地面安装光伏系统时，光伏组件最低点距硬质地面不宜小于 300mm，距一般地面不宜小于 1000mm，并应对地基承载力、基础的强度和稳定性进行验算。

4.2.4 BIPV 电气设计

在 BIPV 规划、建筑和结构设计完成之后，就要进行 BIPV 电气设计；电气设计是光伏系统设计的一部分，应和建筑、结构等相关专业密切配合，选取合适的光伏发电系统电气结构，在满足发电量要求和提高系统效率的同时，做到和建筑形式的较好结合。

顺德某医院光伏发电项目电气设计中，根据建筑电气系统和电网条件，选择了集中式和组串式两种电气结构，以 1 号楼立面和屋顶系统为例，如图 4-10 和图 4-11 所示。

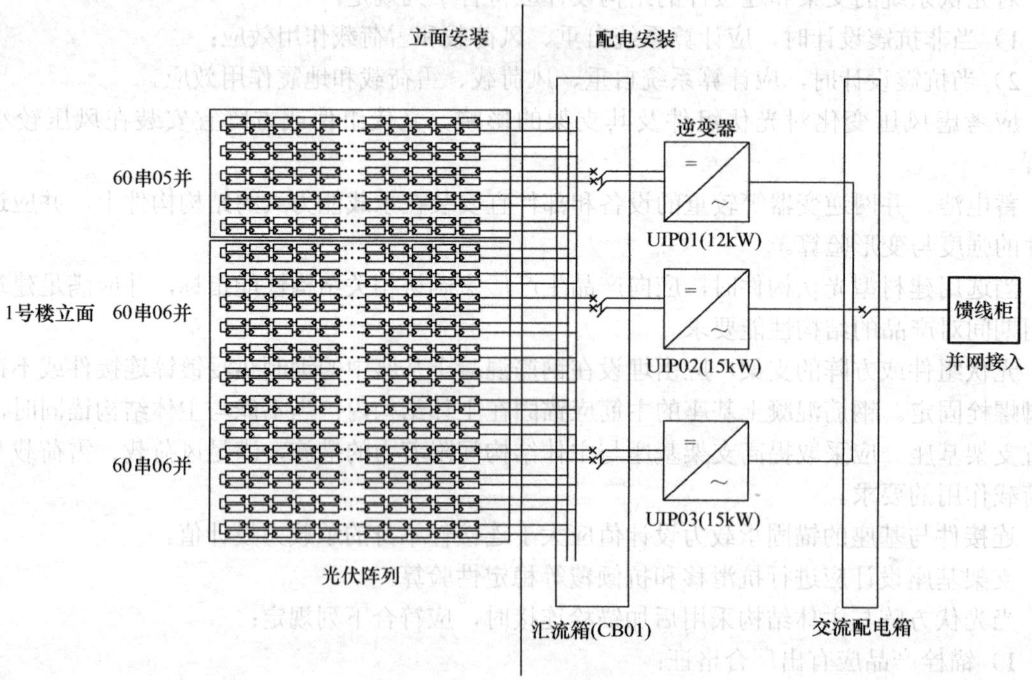

图 4-10　顺德某医院 BIPV 项目（1 号楼立面）系统电气图

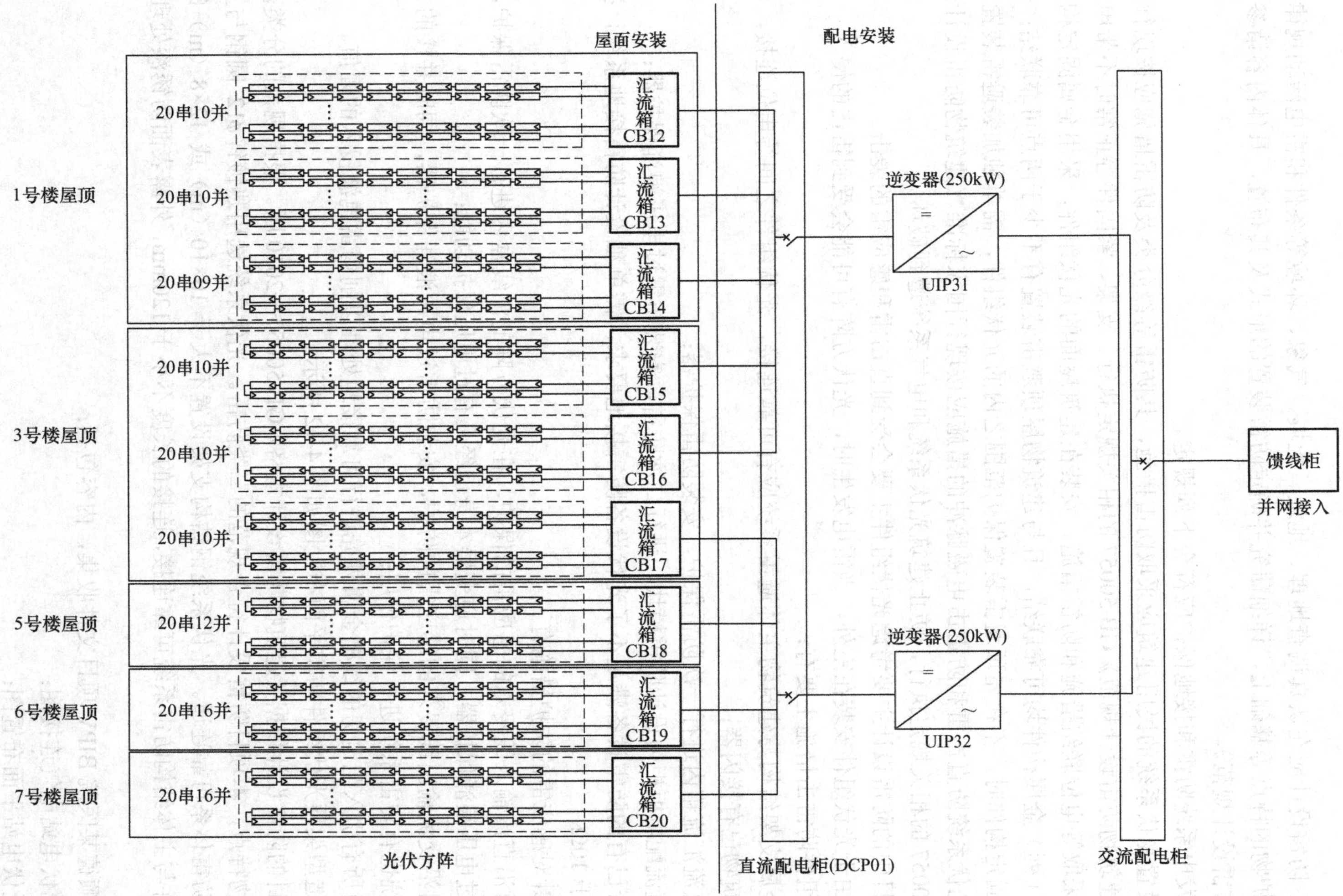

图 4-11　顺德某医院 BIPV 项目屋顶系统电气图

4.2.5 BIPV 防雷设计

BIPV 防雷设计应在认真调查地理、地址、土壤、气象、环境等条件和雷电活动规律，以及被保护物的特点等基础上，详细研究并确定防雷装置的形式及其布置，具体内容请参考《建筑物防雷设计规范》。

光伏发电系统防雷和接地保护应符合下列规定。

1）设置光伏系统的民用建筑应采取防雷措施，其防雷等级分类及防雷措施应按现行国家标准《建筑物防雷设计规范》GB 50057 的相关规定执行。支架、紧固件等正常时不带电金属材料要采取等电位联结措施和防雷措施。安装在建筑屋面的光伏组件，采用金属固定构件时，每排（列）金属构件均可靠联结，且与建筑物屋顶避雷装置有不少于两点可靠联结；采用非金属固定构件时，不在屋顶避雷装置保护范围之内的光伏组件，需单独加装避雷装置。

2）光伏系统防直击雷和防雷击电磁脉冲的措施应按现行国家标准《建筑物防雷设计规范》GB 50057 的相关规定执行，防止建筑光伏系统和电气系统遭到破坏。

本项目中的防雷设计主要考虑光伏组件主要会受到直击雷和感应雷的袭击。

（1）由于光伏组件安装在室外，当雷电发生时，光伏方阵有可能会受到雷击的侵入

光伏组件防雷击措施主要有：

1）金属支架结构与建筑物主体避雷系统应有可靠连接，光伏组件之间等电位连接，合理利用建筑物已有接闪器；

2）直流汇流箱内进行一次防雷保护，安装防雷保护器；

3）直流配电柜柜内设计防雷模块，进行二次防雷，安装防雷过电压浪涌保护器；

4）若已有的防雷设备满足不了光伏设备防雷接地要求，需单独设计防雷接地系统，接地电阻小于 10Ω。

（2）针对感应雷的防护措施有

1）对沿直流输入线侵入的感应雷的保护，在光伏方阵的汇线盒内进行一次防雷保护，安装防雷过电压浪涌保护器，同时逆变器本身已经具有过电压保护功能；

2）对沿交流输出线侵入的感应雷的防护，安装防雷过电压浪涌保护器，同时并接的外部电网系统也有防雷系统进行保护作用；

3）对所有引入配电房的线槽金属外壳进行可靠接地处理以削弱雷电波侵入的幅值。

1#楼造型架顶光伏组件防雷平面布置图如图 4-12 所示。

本项目的防雷设计依据《建筑物防雷设计规格》GB 50057—2010 版。根据规范的分类范围和建筑物特点，本项目防雷设计符合规范的二类防雷。光伏系统选用热镀锌ϕ12 圆钢与主体结构的防雷体系可靠连通。光伏系统钢结构支架设置不大于 10×10（m）或 12×8（m）的避雷网，并与主体结构防雷系统可靠连接，连接的长度不小于 120mm，外露表面防锈漆处理。

任务实施

完成顺德某医院 BIPV 项目文件收集，内容包括：

1）光伏电站电气连接图；

2）光伏电站平面布置图；

3）不同类型光伏组件技术参数：开路电压 U_{oc}、短路电流 I_{sc}、额定工作电压 U_m、额定工作电流 I_m、电流温度系数α、电压温度系数β、功率温度系数δ、NOCT 值；

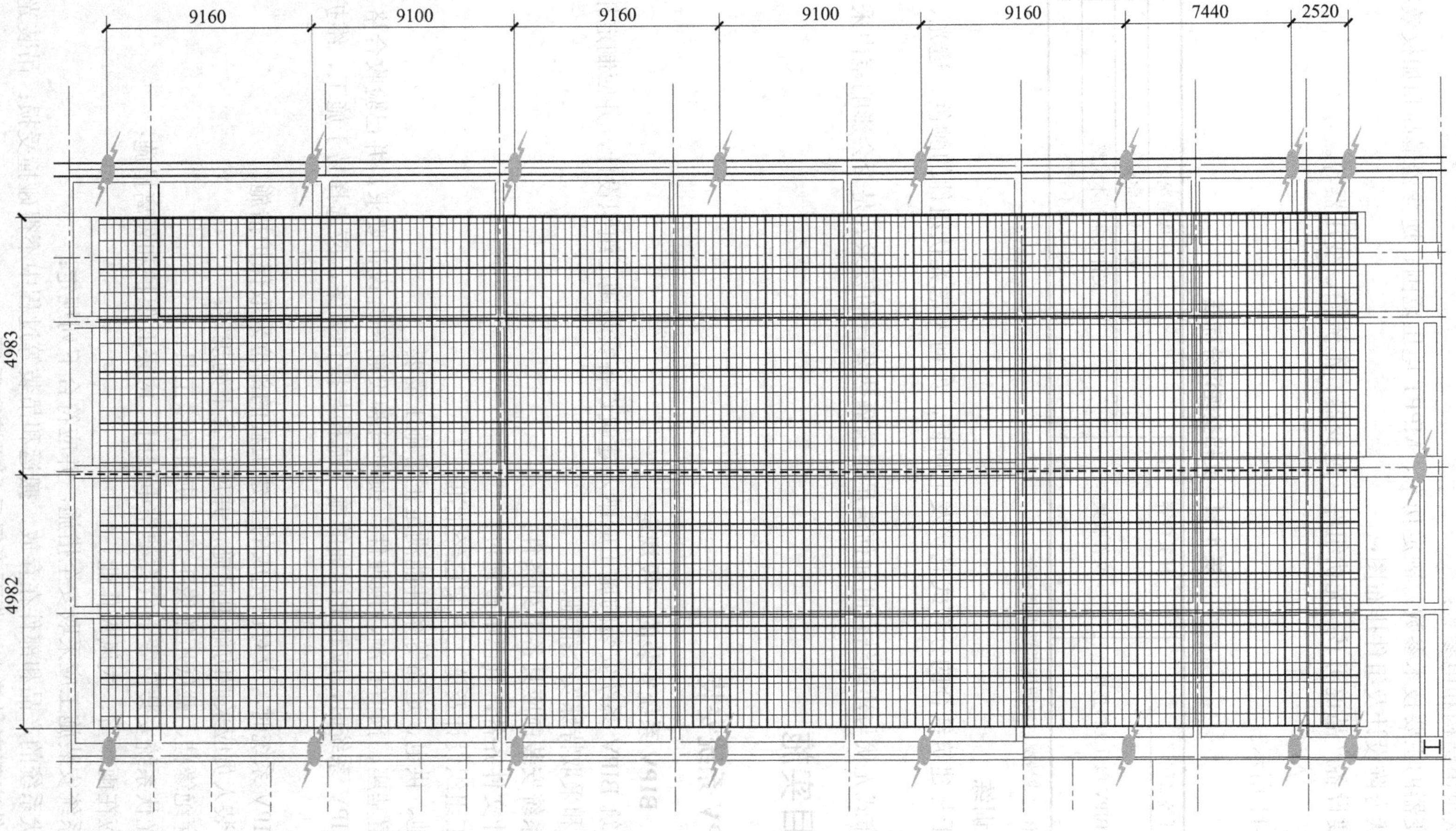

图 4-12　1#楼造型架顶光伏组件防雷平面布置图

图例：光伏系统防雷网与主体结构避雷系统连接点；— — — — 热镀锌ϕ12 圆钢。

4）光伏组串结构和电参数；

5）逆变器的主要技术参数：额定功率、MPPT 电压范围、逆变器最高和加权效率等；

6）光伏方阵设计及组件排布图；

7）主要设备产品说明书：光伏组件、逆变器、汇流箱、变压器等。

任务考核

如表 4-11 所示。

表 4-11　文档整理评分标准

任务名称	任务内容	完成情况	分值
顺德某医院 BIPV 项目文档整理	文件收集	文件收集完整	100
		文件收集基本完整	70
		文件收集不完整	40

注：视具体完成情况，参照标准适当增减分。

思考与训练

1．对于与建筑结合的分布式光伏发电项目，如何考虑光伏组件的颜色、透光、尺寸和形状？

2．分布式光伏与建筑结合时如何满足建筑隔热隔音的要求？是否会影响室内采光？

4.3 项目实施

4.3.1 BIPV 系统安装

4.3.1.1 BIPV 系统安装的一般规定

新建建筑 BIPV 系统安装的施工应纳入建筑设备安装施工组织设计，并应制定相应的安装施工方案和采取特殊安全措施。

BIPV 系统安装前应具备下列条件：

1）设计文件齐备，且已审查通过；

2）施工组织设计及施工方案已经批准；

3）场地、供电、道路等条件能满足正常施工需要；

4）预留基座、预留孔洞、预埋件、预埋管和设施符合设计要求，并已验收合格。

安装 BIPV 系统时，应制定详细的施工流程与操作方案，应选择易于施工、维护的作业方式。

安装 BIPV 系统时，应对已完成的土建工程的部位采取保护措施。

施工安装人员应采取防触电措施，并应符合下列规定：

1）应穿绝缘鞋、戴低压绝缘手套、使用绝缘工具；

2）当光伏系统安装位置上空有架空电线时，应采取保护和隔离措施；

3）不应在雨、雪、大风天作业。

BIPV 系统安装施工应采取安全措施，并应符合下列规定：

1）光伏系统的产品和部件在存放、搬运和吊装等过程中不得碰撞受损；吊装光伏组件时，光伏组件底部应衬垫木，背面不得受到碰撞和重压；

2）光伏组件在安装时，表面应铺遮光板遮挡阳光，防止电击危险；

3）光伏组件的输出电缆不得非正常短路；

4）对无断弧功能的开关进行连接时，不得在有负荷或能形成低阻回路的情况下接通正负极或断开；

5）连接完成或部分完成的光伏系统，遇有光伏组件破裂的情况应及时采取限制接近的措施，并应由专业人员处置；

6）不得局部遮挡光伏组件，避免产生热斑效应；

7）在坡度大于 10° 的坡屋面上安装施工，应采取专用踏脚板等安全措施。

4.3.1.2　基座安装

安装光伏组件或方阵的支架应设置基座。

基座应与建筑主体结构连接牢固，并应由专业施工人员完成施工。

屋面结构层上现场砌筑（或浇筑）的基座，完工后应做防水处理，并应符合现行国家标准《屋面工程施工质量验收规范》GB 50207 的规定。

预制基座应放置平稳、整齐，固定牢固，且不得破坏屋面的防水层。

钢基座顶面及混凝土基座顶面的预埋件，在支架安装前应涂防腐涂料，并应妥善保护。

连接件与基座之间的空隙，应采用细石混凝土填捣密实。

4.3.1.3　支架安装

安装光伏组件或方阵的支架应按设计要求制作。如图 4-13 和图 4-14 所示。钢结构支架的安装和焊接应符合现行国家标准《钢结构工程施工质量验收规范》GB 50205 的要求。

图 4-13　顺德某医院 BIPV 立面系统支架安装

图 4-14　顺德某医院 BIPV 立面系统支架安装

支架应按设计要求安装在主体结构上，位置应准确，并应与主体结构牢固固定。

固定支架前应根据现场安装条件采取合理的抗风措施。

钢结构支架应与建筑物接地系统可靠连接。

钢结构支架焊接完毕，应按设计要求做防腐处理。防腐施工应符合现行国家标准《建筑防腐蚀工程施工及验收规范》GB 50212 和《建筑防腐蚀工程质量检验评定标准》GB 50224 的要求。

装配式方阵支架梁柱连接点应保证结构的安全可靠，不得采用单一摩擦型节点连接方式，各支架部件的防腐镀层要求应由设计根据实际使用条件确定。

4.3.1.4　光伏构件安装

光伏组件在建筑表面上的安装做法可参考国家标准图集《建筑太阳能光伏系统设计与安装》10J908—5 和相关专业的要求。

安装在建筑各部位的光伏组件，包括直接构成建筑围护结构的光伏构件，应具有带电警告标识及相应的电气安全防护措施，并应满足该部位的建筑围护、建筑节能、结构安全和电气安全要求。光伏组件强度应满足设计强度要求。

光伏组件或方阵应按设计要求可靠地固定在支架或连接件上。

光伏组件或方阵应排列整齐。光伏组件之间的连接件，应便于拆卸和更换。

光伏组件或方阵与建筑面层之间应留有安装控件和散热间隙，并不得被施工等杂物填塞。

光伏组件或方阵安装时必须严格遵守生产厂指定的安装条件。

坡屋面上安装光伏组件时，其周边的防水连接构造必须严格按设计要求施工，且不得渗漏。坡屋顶坡度超过 10° 时，要设置施工脚踏板，防止人员或工具物品滑落。严禁下雨在屋顶施工，如图 4-15 所示。

图 4-15　顺德某医院 BIPV 立面系统光伏构件的安装

4.3.1.5　光伏系统电气设备安装

电气装置安装应符合现行国家标准《建筑电气工程施工质量验收规定》GB 50303 的相关规定，如图 4-16 所示。

电缆线路施工应符合现行国家标准《电气装置安装工程电缆线路施工及验收规范》GB 50168 的相关要求，如图 4-17 所示。

图 4-16　顺德某医院 BIPV 系统防雷汇流箱的安装

图 4-17　顺德某医院 BIPV 系统电缆线路施工

电气系统接地应符合现行国家标准《电气装置安装工程接地装置施工及验收规范》GB 50169 的相关要求，如图 4-18 所示。

光伏系统直流侧施工时，应标识正负极性，并宜分别布线，如图 4-19 所示。

图 4-18　顺德某医院 BIPV 系统防雷汇流箱接地

图 4-19　顺德某医院 BIPV 系统直流侧电缆施工

在并网逆变器等控制器的表面，不得设置其他电气设备和堆放杂物，并应保证设备的通风环境。

穿过楼面、屋面和外墙的引线应做防水套管和防水密封处理。

任务实施

完成顺德某医院 BIPV 项目设备安装说明书的编制。

任务考核

如表 4-12 所示。

表 4-12　顺德某医院 BIPV 项目设备安装说明书评分标准

任务名称	任务内容	完成情况	分值
顺德某医院 BIPV 项目设备安装说明书	光伏组件安装； 逆变器安装； 光伏支架安装； 其他部件的安装	说明书完整、描述准确	100
		说明书基本完整、描述基本准确	70
		说明书不完整、描述不准确	40

注：视具体完成情况，参照标准适当增减分。

思考与训练

1．在建筑幕墙上安装光伏组件应符合哪些规定？

2．在坡屋面上安装光伏组件应符合哪些规定？

3．在阳台上安装光伏组件应符合哪些规定？

4.3.2　BIPV 系统调试和工程验收

建筑工程验收前应按国家现行标准的相关规定对光伏系统进行调试与工程验收。

4.3.2.1　BIPV 系统调试

1）工程验收前应按现行国家标准《光伏发电站施工规范》GB 50794、《家用太阳能光伏电源系统技术条件和试验方法》GB/T 19064 的要求对设备和光伏系统进行调试和检测。

2）BIPV 系统的调试应包括单体调试、分系统调试和整套光伏系统启动调试，并应按下列步骤进行：

① 按电气原理图及安装接线图进行，确认设备内部接线和外部接线正确无误；

② 按光伏系统的类型、等级与容量，检查其断流容量、熔断器容量、过压、欠压、过流保护等，检查内容均应符合其规定值；

③ 按设备使用说明书有关电气系统调整方法及调试要求，用模拟操作检查其工艺动作、指示、信号和联锁装置的正确、灵敏可靠；

④ 检查各光伏支路的开路电压及系统的绝缘性能；

⑤ 以上4条检查调整合格后，再进行各系统的联合调整试验。

3）逆变器停运后，需打开盘门进行检测时，应切断直流、交流和控制电源，并确认无电压残留后，在有人监护的情况下进行。

4）逆变器在运行状态下，严禁断开无灭弧能力的汇流箱总开关或熔断器。

5）调试和检测完成后，应填写相关调试记录。

4.3.2.2 BIPV工程验收

1．BIPV工程验收的一般规定

建筑工程验收时应对光伏系统工程进行专项验收。

光伏系统工程验收前，应在安装施工中完成下列隐蔽项目的现场验收：

1）预埋件或后置螺栓（或锚栓）连接件。

2）基座、支架、光伏组件四周与主体结构的连接节点。

3）基座、支架、光伏组件四周与主体围护结构之间的建筑构造做法。

4）系统防雷与接地保护的连接节点。

5）隐蔽安装的电气管线工程。

光伏系统工程验收应根据其施工安装特点进行分项工程验收和竣工验收。

所有验收应做好记录，签署文件，立卷归档。

2．BIPV分项工程验收

分项工程验收宜根据工程施工特点分期进行。

对影响工程安全和系统性能的工序，必须在本工序验收合格后才能进入下一道工序的施工。主要工序应包括下列内容：

1）在屋面光伏系统工程施工前，进行屋面防水工程的验收；

2）在光伏组件或方阵支架就位前，进行基座、支架和框架的验收；

3）在建筑管道井封口前，进行相关预留管线的验收；

4）光伏系统电气预留管线的验收；

5）在隐蔽工程隐蔽前，进行施工质量验收；

6）既有建筑增设或改造的光伏系统工程施工前，进行建筑结构和建筑电气安全检查。

3．BIPV系统竣工验收

光伏系统工程交付用户前，应进行竣工验收。竣工验收应在分项工程验收或检验合格后进行。

竣工验收应提交下列资料：

1）设计变更证明文件和竣工图。

2）主要材料、设备、成品、半成品、仪表的出厂合格证明或检验资料。

3）屋面防水捡漏记录。

4）隐蔽工程验收记录和分项工程验收记录。

5）系统调试和试运行记录。

6）系统运行、监控、显示、计量等功能的检验记录。

7）工程使用、运行管理及维护说明书。

任务实施

完成顺德某医院 BIPV 项目验收文档的收集工作。

任务考核

如表 4-13 所示。

表 4-13　顺德某医院 BIPV 项目验收文档整理评分标准

任务名称	任务内容	完成情况	分值
顺德某医院 BIPV 项目验收文档	文件收集	文件收集完整	100
		文件收集基本完整	70
		文件收集不完整	40

注：视具体完成情况，参照标准适当增减分。

思考与训练

1．光伏系统安装人员在安装过程中应采取哪些防触电措施？

2．安装施工光伏系统时应采取哪些安全措施？

4.4　系统运行

4.4.1　BIPV 系统运行

BIPV 系统的运行与维护，首先要确保安全问题，其次要通过经济合理的维护周期、维护方法，使得系统运行在最佳发电状态，延长使用寿命，产生最大的经济、社会效益。

BIPV 系统的主要部件包括光伏组件、支撑结构、直流汇流箱、直流配电柜、控制器、逆变器、交流配电柜及线路、建筑结合部件、储能装置、数据通信系统等，各个部件的使用寿命、使用环境、产品性能等参数不尽相同。为保证 BIPV 系统的运行，各个部件均应按照产品标准的规定来使用。对不能正常使用的部件，需要及时维修、更换，防止事故发生。

为了防止火灾等事故发生，BIPV 系统主要部件的周围应避免放置杂物。为了防止设备过热、短路等事故，延长设备使用寿命，增加发电量，需保持设备的洁净和周围环境的通风散热。

为了防止噪声污染，BIPV 系统运行时所产生的声音应符合设计要求。另外，温度、声音、气味的异常也是判断系统出现故障的重要信号。指示灯正常工作以便观察系统运行状态。

BIPV 系统中的计量设备应符合国家现行有关规定，以便今后获得相关的政策补贴。

由于 BIPV 系统本身的特点，要求运行与维护人员根据自身的工作内容熟悉相应的光伏、电气或建筑的相关知识。

为了衡量系统的性能以及做好管理工作，BIPV 系统运行和维护的全过程需做好详细的记录。

4.4.2 BIPV 系统维护

BIPV 系统的日常维护宜选择在晚上或阴天进行。

BIPV 系统维护前应做好安全准备，并应断开所有应断的开关，必要时应穿绝缘鞋，戴绝缘手套，使用绝缘工具。

为了防止在运行和维护过程中发生人员触电事故，需注意断电、绝缘等事项。

1. 光伏方阵的运行维护

安装型 BIPV 系统中光伏组件的运行与维护应符合下列规定。

1）光伏组件表面的灰尘、污垢等不洁物会严重影响光伏系统的发电效率，因此光伏组件表面需要保持清洁，有必要对光伏组件表面进行清洗。清洗光伏组件时应符合下列规定：

① 可使用柔软洁净的布料擦拭光伏组件，不应使用腐蚀性溶剂或硬物擦拭光伏组件；

② 不宜使用与组件温差较大的液体清洗组件；

③ 不应在风力大于 4 级、大雨或大雪等气象条件下清洗光伏组件。

2）光伏组件应根据光伏建筑一体化系统运行与维护规范（JGJ/T 264−2012）规范表要求定期检查，当出现下列情况之一时应及时调整或更换组件：

① 光伏组件存在玻璃破碎、背板灼焦、明显的颜色变化；

② 光伏组件中存在与组件边缘形成连通通道的气泡；

③ 光伏组件中存在任何电路形成连通通道的气泡；

④ 光伏组件接线盒变形、扭曲、开裂或烧毁，接线端子无法良好连接，如表 4-14 所示。

表 4-14 安装型光伏组件巡检周期

检查内容	巡检周期		
	小于 50kWp	50～1000kWp	大于 1000kWp
组件表面清洁情况	1 次/月	1 次/周	1 次/周
组件外观、气味异常	1 次/月	1 次/周	1 次/周
组件带电警告标识	1 次/月	1 次/周	1 次/周
组件接地情况	1 次/季度	1 次/月	1 次/月
组件温度异常	1 次/季度	1 次/月	1 次/月
组件串电流一致性	1 次/季度	1 次/月	1 次/月

光伏组件的玻璃破碎、背板灼焦等明显的颜色变化表面组件已经损坏，会大大降低系统的发电量，且存在不安全因素；其中，光伏组件明显的颜色变化主要是指封装材料脱层、光伏组件中进入水汽等现象。

3）由于光伏组件是发电部件，因此光伏组件上的带电警告标识不得缺失。

4）由于光伏组件是整个 BIPV 系统的发电部件，对于使用金属边框的光伏组件，边框应可靠接地。边框和支撑结构应结合良好，两者之间接触电阻不应大于 4Ω。

5）当太阳辐照度为 500W/m^2 以上，风速不大于 2m/s，且无阴影遮挡时，同一光伏组件外表面（电池片正上方区域）温度差异应小于 20℃。在正常运行状态下，同一光伏组件电池上方的表面温度差异在 5～10℃。因为系统安装的地理位置、辐照量等都会影响到温差，并且检测方法不同，温差也会有一定的不同，考虑到恶劣的环境，同一光伏组件电池上方的组件外表面温度差异需小于 20℃，如超过 20℃会降低系统的发电效率，还存在较大安全隐患。

装机容量大于 50kWp 的光伏电站，宜配备用于检测光伏组件外表面温度差异的红外线热像仪。

6）应使用直流钳型电流表在太阳辐射强度基本一致的条件下测量接入同一直流汇流箱的光伏组件串的输入电流，并计算其平均值，各组件串与平均值的偏差不应超过 5%。

支撑结构是保证光伏系统正常运行的必要外部条件，支撑结构的维护应符合下列规定：

① 螺栓、焊缝和支撑结构的连接等应牢固可靠；

② 支撑结构表面的防腐层，不应存在开裂和脱落现象，否则应及时处理。巡检周期如表 4-15 所示。

表 4-15　支撑结构巡检周期

检查内容	巡检周期		
	小于 50kWp	50～1000kWp	大于 1000kWp
支撑结构连接情况	1 次/半年	1 次/月	1 次/月
支撑结构防腐蚀情况	1 次/半年	1 次/月	1 次/月

建材型和构件型 BIPV 系统的运行与维护，除应符合 JGJ/T 264-2012《光伏建筑一体化系统运行与维护规范》中对安装型 BIPV 系统中光伏组件的相关规定外，还应符合下列规定：

① 光伏建材和光伏构件应根据表 4-16 的要求定期由专业人员检查、清洗、保养和维护，当出现下列情况时应立即调整或更换，否则不但影响幕墙美观，还严重影响其隔热、发电等功能。

a．太阳能光伏中空玻璃内结露、进水，影响光伏幕墙工程的视线和热性能；

b．玻璃炸裂，包括玻璃热炸裂和钢化玻璃自爆炸裂；

c．镀膜玻璃脱膜；

d．玻璃松动、开裂、破损等。

表 4-16　建材型和构件型光伏系统的巡检周期

检查内容	巡检周期		
	小于 50kWp	50～1000kWp	大于 1000kWp
外观异常	1 次/季度	1 次/月	1 次/周
排水系统	1 次/季度	1 次/月	1 次/周
门窗、五金件、螺栓	1 次/季度	1 次/月	1 次/周
密封胶	1 次/季度	1 次/月	1 次/周

② 光伏建材和光伏构件的排水系统应根据表 4-16 的要求定期疏通、保持畅通。

③ 采用光伏建材或光伏构件的门、窗应启闭灵活，五金附件应无功能障碍或损坏，安装螺栓或螺钉不应有松动和失效等现象。

④ 光伏建材或光伏构件的密封胶应无脱胶、开裂、气泡等不良现象，密封胶条不应发生脱落或损坏。

⑤ 对光伏建材和光伏构件进行检查、清洗、保养、维修时所采用的机具设备应牢固，操作灵活方便，安全可靠，并应有防止撞击和损伤光伏建材和光伏构件的措施。

⑥ 在室内清洁光伏建材和光伏构件时，应防止水流入防火隔断材料及组件或方阵的电气接口。

光伏方阵与建筑物结合部分应符合下列规定：

① 光伏方阵应与建筑主体结构连接牢固，在台风、暴雨等恶劣天气过后，应普查光伏方阵的方位角及倾角，使其符合设计要求。

② 光伏方阵整体不应有变形、错位、松动。

③ 用于固定光伏方阵的植筋或后置螺栓不应松动；采取预制基座安装的光伏方阵，预制基座应保证平稳、整齐，不得移动。

④ 光伏方阵的主要受力构件、连接构件和连接螺栓不应损坏、松动，焊缝不应开焊，金属材料的防锈涂膜应完整，不应有剥落、锈蚀现象。

⑤ 支架结构只用于支撑光伏方阵和光伏组件所承受的风荷载或地震作用，因此，光伏方阵支撑结构上或光伏方阵区域内不应附加其他设施，如遮阳设施、管线、室内装修紧靠光伏建筑支架杆件、广告牌等；光伏系统区域内不应增设对光伏系统运行及安全可能产生影响的设施，如表 4-17 所示。

表 4-17 光伏方阵与建筑物结合部的巡检周期

检查内容	巡检周期		
	小于 50kWp	50～1000kWp	大于 1000kWp
光伏方阵角度	1 次/半年	1 次/半年	1 次/半年
光伏方阵整体情况	1 次/半年	1 次/半年	1 次/半年
光伏系统锚固结构	1 次/半年	1 次/半年	1 次/半年
受力构件、连接构件、螺栓	1 次/半年	1 次/半年	1 次/半年
光伏系统周边情况	1 次/半年	1 次/半年	1 次/半年

2. 逆变器的运行维护

逆变器的运行与维护应符合下列规定：

① 逆变器不应存在锈蚀、积灰等现象；逆变器的散热环境应良好，以免影响逆变器的稳定性和可靠性；逆变器运行时不应有较大振动和异常噪声。

② 逆变器上的警示标识应完整无破损。

③ 逆变器中模块、电抗器、变压器的散热风扇应能根据温度变化自动启动和停止，否则将直接影响逆变器的安全和寿命；散热风扇运行时不应有较大振动及异常噪声，当出现异常情况时应断电检查。

④ 应根据下表的要求定期通过断开交流输出侧断路器，检查逆变器的工作情况，当出现异常情况时应断电检查。

⑤ 逆变器中直流母排电容温度过高或超过使用年限时，应及时更换。

⑥ 逆变器的输出电能质量应符合电网并网或系统设计的要求。巡检周期如表 4-18 所示。

表 4-18 逆变器的巡检周期

检查内容	巡检周期		
	小于 50kWp	50～1000kWp	大于 1000kWp
外观异常	1 次/季度	1 次/月	1 次/月
警示标识	1 次/季度	1 次/月	1 次/月
散热风扇	1 次/季度	1 次/月	1 次/月
断路器	1 次/季度	1 次/季度	1 次/季度
母排电容温度	1 次/季度	1 次/月	1 次/月
电能质量	1 次/2 年	1 次/2 年	1 次/2 年

3．防雷和接地系统的运行维护

光伏接地系统与建筑接地装置的连接应可靠。建筑结构钢筋构成整体网笼，使用竖向钢管穿过建筑基础并埋入地数米，通常具有良好的接地性能。光伏接地系统一般是连接在建筑结构钢筋上，需要保持连接可靠。

光伏组件、支撑结构、电缆金属铠装与屋面金属接地网格的连接应可靠。屋面避雷网格一般为利用屋面板钢筋焊接成的 10m×10m 或 12m×8m 的网格，所有网格就近与建筑结构圈梁或柱钢筋连接或与屋面避雷带连接，需要保证接地性能良好。

光伏方阵与防雷系统共用接地装置的接地电阻值应在设计规定的范围内。

光伏方阵的监视、控制系统、功率调节设备接地线与防雷系统之间的过电压保护装置功能应有效，其接地电阻应在设计规定的范围内。

光伏方阵防雷装置应有效，并应在雷雨季节到来之前、雷雨过后及时检查。巡检周期如表 4-19 所示。

表 4-19　接地与防雷系统的巡检周期

检查内容	巡检周期		
	小于 50kWp	50～1000kWp	大于 1000kWp
光伏接地系统与建筑接地装置连接	1 次/半年	1 次/半年	1 次/半年
组件、支撑结构、电缆金属铠装接地连接	1 次/半年	1 次/半年	1 次/半年
接地线的接地电阻	1 次/半年	1 次/半年	1 次/半年
过电压保护装置	1 次/半年	1 次/半年	1 次/半年
防雷装置	1 次/半年	1 次/半年	1 次/半年

4．电缆的运行维护

光伏系统的电缆选型及敷设应符合设计要求。

电缆不应在过负荷的状态下运行，电缆的铅包不应出现膨胀、龟裂现象。

电缆在进出设备处的部位应封堵完好，不应存在直径大于 10mm 的孔洞。

对于电缆对设备外壳造成过大压力、拉力的部位，电缆的支撑点应完好。

电缆保护钢管口不应有穿孔、裂缝和显著的凹凸不平；金属电缆管不应有严重锈蚀。

室外电缆井内的堆积物、垃圾应及时清理。电缆井内堆积物、垃圾如不能及时清理，将会影响电缆的检修、维护甚至造成电缆的损坏。

电缆沟或电缆井的盖板应完好无缺；电缆沟内不应有积水或杂物；电缆沟内支架应牢固，无锈蚀和松动现象；铠装电缆外皮及铠装不应有影响性能的锈蚀。

当光伏系统中使用双拼或多拼电缆时，应检查电流分配和电缆外皮的温度。

电缆终端头接地应良好，绝缘套管应完好、清洁，无闪络放电痕迹；电缆相色应明显、准确。

金属电缆桥架及其支架和引入或引出的金属电缆导管应可靠接地；金属电缆桥架间应可靠连接。桥架与支架间螺栓、桥架连接板螺栓固定完好，以达到可靠连接的目的。

桥架穿墙处防火封堵应严密、无脱落。

5．直流汇流箱、直流配电柜的运行维护

直流汇流箱和直流配电柜是否完好、接线端子接触是否良好会直接影响光伏发电系统的电性能安全，如存在问题，可能会导致打火漏电等安全隐患。因此，直流汇流箱和直流配电柜不得存在影响使用的变形、锈蚀、漏水、积灰，箱体外表面的安全警示标识应完整无破损，箱体上的防水锁启闭应灵活。直流汇流箱和直流配电柜各个接线端子不应松动、锈蚀。

直流输出母线的正极对地、负极对地、正负极之间的绝缘电阻过小，会影响人身安全。因此，直流汇流箱和直流配电柜的直流输出母线的正极对地、负极对地的绝缘电阻应大于0.5MΩ。

直流汇流箱和直流配电柜配备的直流断路器规格应符合设计要求，动作应灵活，性能应稳定可靠。

直流汇流箱和直流配电柜配置的浪涌保护器应有效。

直流汇流箱内直流熔丝的规格应符合设计要求。

直流配电柜的直流输入接口与直流汇流箱的连接应稳定可靠。

直流配电柜的直流输出与并网主机直流输入处的连接应稳定可靠，否则会直接影响发电系统的稳定性和可靠性。

6. 交流配电柜的运行维护

交流配电柜维护前应提前通知停电起止时间，并应将维护所需工具准备齐全。

交流配电柜维护的安全事项应符合下列规定：

1）操作电源侧（或带电侧）真空断路器时，应穿绝缘靴，戴绝缘手套，并应有专人监护；

2）停电后应验电，并应确保在配电柜不带电的状态下进行维护；

3）分段保养配电柜时，带电和不带电配电柜交界处应装设隔离装置；

4）电容器对地放电之前，不得不触摸电容器柜；

5）配电柜保养完毕送电前，应确保无工具遗留在配电柜内。

根据国家标准《建筑电气工程施工质量验收规范》GB 50303关于成套配电柜、控制柜（屏、台）和动力、照明配电箱（盘）安装中相关内容，交流配电柜维护时应检查下列项目：

1）配电柜的金属底座与基础型钢的镀锌螺栓应可靠连接，防松零件应齐全；

2）配电柜标明被控设备编号、名称或操作位置的标识器件应完整，编号应清晰、工整；

3）母线接头应连接紧密、无变形、无放电变黑痕迹，绝缘应无松动和损坏，紧固连接螺栓不应生锈；

4）手车、抽出式成套配电柜推拉应灵活，无卡阻碰撞现象；动触头与静触头的中心线应一致，且触头应接触紧密；

5）配电柜中开关的主触点不应有烧熔痕迹，灭弧罩不应烧黑和损坏，各接线螺栓应紧固，配电柜内应保持清洁；

6）应把各分开关单元从抽屉柜中取出，紧固各接线端子；应检查电流互感器、电流表、电度表的安装和接线，紧固断路器进出线，清洁开关柜内和配电柜后面引出线处的灰尘；手柄操作机构应灵活可靠；

7）低压电器发热物件散热应良好，切换压板应接触良好，信号回路的信号灯、按钮、光字牌、事故报警等动作和信号显示应准确；

8）配电柜间线路的线间和线对地间绝缘电阻值，馈电线路应大于0.5MΩ；二次回路应大于1MΩ。

7．数据通信系统的运行维护

监控及数据传输系统的设备应保持外观完好，螺栓和密封件应齐全，操作键应接触良好，显示数字应清晰。

对于无人值守的数据传输系统，系统的终端显示器，每天应至少检查 1 次有无故障报警，当有故障报警时，应及时维修。

每年应至少对数据传输系统中输入数据的传感器灵敏度进行一次校验，同时应对系统的模拟/数字（A–D）变换器的精度进行检验。

超过使用年限的数据传输系统中的主要部件，应及时更换。

任务实施

结合顺德某医院光伏项目，根据 BIPV 系统特点，完成光伏电站管理及操作人员培训手册的编写。培训内容包括光伏系统的工作原理和相关设备的功能，光伏系统的设计要点、关键参数、各种设备的操作、常见故障及其排除方法，光伏系统运行维护等。

任务考核

如表 4-20 所示。

表 4-20　光伏电站管理及操作人员培训手册评分标准

任务名称	任务内容	完成情况	分值
光伏电站管理及操作人员培训手册	光伏电站管理及作人员培训相关内容	培训手册内容完整、规范	100
		培训手册内容基本完整、规范	70
		培训手册内容不完整、不规范	40

注：视具体完成情况，参照标准适当增减分。

思考与训练

1．BIPV 系统运行过程中可能出现哪些故障？

2．BIPV 系统维护涉及哪些内容？

参 考 文 献

[1] 中华人民共和国住房和城乡建设部，中华人民共和国国家质量监督检验检疫总局. 光伏发电站设计规范：GB 50797-2012[S]. 北京：中国计划出版社，2012:11.

[2] Dan Chiras，Robert Aram，Kurt Nelson. 太阳能光伏发电系统[M]. 张春朋，姜齐荣，译. 北京：机械工业出版社，2011.

[3] 沈辉，曾祖勤. 太阳能光伏发电技术[M]. 北京：化学工业出版社，2005.

[4] Geoff Stapleton，Susan Neill. 太阳能光伏并网发电系统[M]. 王一波，郭靖，译. 北京：机械工业出版社，2014.

[5] 李英姿. 太阳能光伏并网发电系统设计与应用[M]. 北京：机械工业出版社，2014.

[6] 王文静，李海玲，周春兰，赵雷，等译. 光伏技术与工程手册[M]. 北京：机械工业出版社，2011.

[7] 郭家宝，汪毅.光伏发电站设计关键技术[M]. 北京：中国电力出版社，2014.

[8] 蒋华庆，贺广零，兰云鹏.光伏电站设计技术[M]. 北京：中国电力出版社，2014.

[9] 张中青.分布式光伏发电并网与运维管理[M]. 北京：中国电力出版社，2014.

[10] 谈康. 光伏电站及其并网方式探讨[J]. 电力需求侧管理，2012:56-58.

[11] 游志远，冯垛生，顾承华，李祥超. 太阳能发电装置防雷保护[M]. 北京：中国电力出版社，2014.

[12] 中华人民共和国住房和城乡建设部，中华人民共和国国家质量监督检验检疫总局.光伏发电站施工规范：GB 50794-2012[S]. 北京：中国计划出版社，2012:11.

[13] 中华人民共和国住房和城乡建设部，中华人民共和国国家质量监督检验检疫总局. 光伏发电工程施工组织设计规范: GB/T 50795-2012[S]. 北京：中国计划出版社，2012:11.

[14] 中华人民共和国住房和城乡建设部，中华人民共和国国家质量监督检验检疫总局. 光伏发电工程验收规范:GB/T 50796[S]. 北京：中国计划出版社，2012:11.

[15] 何花. 广州某高校建筑能耗现状及节能策略分析[J]. 制冷，2014:33-36.

[16] 白建波. 太阳能光伏系统建模、仿真与优化[M]. 北京：电子工业出版社，2014.

[17] 崔容强. 并网型太阳能光伏发电系统[M]. 北京：化学工业出版社，2007.

[18] 杨洪兴. 光伏建筑一体化工程[M]. 北京：中国建筑工业出版社，2012.

[19] 李现辉，郝斌. 太阳能光伏建筑一体化工程设计与案例[M]. 北京：中国建筑工业出版社，2012.

[20] 沈辉，褚玉芳，王丹萍，张原译. 太阳能光伏建筑设计——光伏发电在老建筑、城区与风景区的应用[M]. 北京：科学出版社，2013.

[21] 海涛，何江. 太阳能建筑一体化技术应用（光伏部分）[M]. 北京：科学出版社，2015.

[22] 中国建筑标准设计研究院. 10J908-5 建筑太阳能光伏系统设计与安装[M]. 北京：中国计划出版社，2014.

[23] 中国建筑标准设计研究院. 02D501-2 等电位联结安装[M]. 北京：中国计划出版社，2014.

[24] 中国建筑标准设计研究院. D501-1~4 防雷与接地安装[M]. 北京：中国计划出版社，2013.

[25] 中国建筑标准设计研究院. 15D202-4 建筑一体化光伏系统电气设计与施工[M]. 北京：中国计划出版社，2015.